城市与气候变化

［英］哈莉特·巴尔克利 著

陈卫卫 译

商務印書館
创于1897 The Commercial Press

Harriet Bulkeley

CITIES AND CLIMATE CHANGE

ISBN：9780415597050

致谢

尽管本书是作者本人的工作，实际上它是许多人共同的作品，在这里我要感谢很多人。首先，我要感谢罗德里奇出版社的编辑团队，尤其感谢菲耶·林克和安德鲁·莫德的耐心工作。其次，我要感谢我的同事，他们帮助我加深理解了这些年城市应对气候变化的本质，我尤其要感谢米歇尔·贝冢、乔安·卡明、瓦内萨·卡坦·布洛托、加雷思·爱德华兹、西蒙·盖伊、迈克·霍德森、马修·霍夫曼、克里斯汀·克恩、西蒙·马文、赫克·施罗德对本书的贡献。我的研究和本书因得到ESRC气候变化资助——城市转型：气候变化、全球城市和社会技术网络转型（资助编号：RES 066 27 0002）的支持取得很大的进展。

本书受益于许多研究人员的投入，我要感谢杰拉德·艾肯、凯瑟琳·巴顿、瓦内萨·卡坦·布洛托、加雷思·爱德华兹、萨拉·富勒、安德烈斯·卢克和乔纳森·希尔弗对本书的贡献，包括照片、文本框和案例研究等工作。安德里亚·阿姆斯特朗·迪万帮助我整理文字、图片和文献，我非常感激她的编辑工作。我还要感谢澳大利亚纽卡斯尔市，允许我使用图3.1中的照片；感谢齐格弗里德·阿德内德允许我使用安曼城的照片（图3.2）；感谢世界自然基金会和伦敦帝国学院允许我复制使用图3.3中的图表。

最后，我还要感谢我的伴侣皮特和我的孩子埃洛蒂和西娅，他们为本书的出版承受了很多。没有他们，这一切就不可能完成。

目录

1 气候变化：一个城市性问题?

前言 ······ 002
气候变化与城市的关系 ······ 006
城市与气候变化的未来 ······ 011
章节概述 ······ 016
讨论 ······ 018
延伸阅读 ······ 018

2 城市气候风险与脆弱性

前言 ······ 022
气候变化对城市的影响 ······ 024
气候变化与城市脆弱性 ······ 031
结论 ······ 043
讨论 ······ 044
延伸阅读 ······ 044

3 城市温室气体排放核算

前言 …… 048
评估城市对气候变化的贡献 …… 050
温室气体排放的城市差异和驱动因素 …… 061
结论 …… 072
讨论 …… 072
延伸阅读 …… 073

4 城市气候变化治理

前言 …… 076
城市气候变化应对的历史 …… 078
城市气候治理的本质 …… 095
结论 …… 107
讨论 …… 108
延伸阅读 …… 108

5 减缓气候变化与低碳城市

前言 …… 112
什么是减缓? …… 113
制定减缓政策 …… 115
城市政府减缓气候变化的实践 …… 123
减缓气候变化的驱动因素和挑战 …… 137
结论 …… 145
讨论 …… 148
延伸阅读 …… 148

6 气候适应，弹性城市?

前言 …… 152
什么是适应? …… 153
制定适应政策 …… 160
城市政府气候变化适应的实践 …… 173
城市气候变化适应的驱动因素和障碍 …… 189
结论 …… 198
讨论 …… 199
延伸阅读 …… 200

7 城市气候变化创新与替代方案

前言 …… 202
播种变革的种子? …… 204
实践中的创新 …… 212
替代方案：超越主流? …… 227
结论 …… 238
讨论 …… 239
延伸阅读 …… 240

8 结论

改变气候，还是改变城市? …… 243
城市未来：走向气候正义? …… 248

参考文献 …… 251
索引 …… 269

1

气候变化：一个城市性问题？

前言

在过去二十年中，“气候变化”一词对许多人来说都很熟悉。无论是通过刊登在全国性报刊上的印度“新德里电视台—丰田绿色亚瑟”活动、世界自然基金会的“地球一小时”活动，还是越来越多的企业承诺去解决这个问题，气候变化一词被收入了流行词汇库（Hulme 2009）。尽管如此，气候变化仍然是一个遥远的问题。在世界上很多地方，对很多人来说，人类活动可能导致全球大气长期变化的程度和后果都被掩盖。这一方面可能因为持续的科学有争议和政治家试图否认这个问题的意义和重要性，另一方面也可能是其他更紧迫的事情占据了人们在日常生活中的关注点。气候变化问题看起来似乎很遥远，存在于人们日常生活的背后，只有在特定的情况下才浮现在我们的视线里，例如，在国际领导人在最近的谈判或是其他与气候相关的灾难爆发时寻求一致的解决方案。

这些特性让气候变化问题成为了当今时代最受关注和最具争议性的事件之一。虽然大多数人赞同这是一个需要持续关注和采取行动改善的严重问题，但在过去二十年里，国际谈判还没有给出一个使全世界满意的答复。这些谈判过于繁长，并且缺乏国际层次的决议方案，致使很多人觉得解决气候变化问题是注定要失败的。在这种情况下，值得我们考虑的是，气候变化产生的可能危害是什么？在 2007 年第四次评估报告中，政府间气候变化专门委员会（简称 IPCC）表示发现了重要的科学证据，“从目前观测到的全球平均气温和海洋温度不断上升，大面积冰雪融化以及全球平均海平面不断上涨的形势来看，气候系统变暖是毋庸置疑的，并且已经开始对区域性自然系统形成影响”（IPCC 2007a）。IPCC 指出，在 1970—2004 年期内，全球温室气体（GHGs）排放量增加 70%（见专栏 1.1）。“自 20 世纪中期以来，全球平均气温的升高很可能是由观测到的人为排放 GHG 浓度的增加所导致的”（IPCC 2007c）。针对气候变化的可能结果，IPCC 确立了一套面向世界不同人群和不同地区自然系统的潜在影响清单，如表 1.1 所示。

专栏 1.1

什么是温室气体排放？

温室气体是指大气中那些吸收和重新放出红外辐射的自然和人为的气态成分。这些红外辐射由地球表面、大气层和云层发射出的。这种现象导致温室效应。水蒸气（H_2O）、二氧化碳（CO_2）、氧化亚氮（N_2O）、甲烷（CH_4）和臭氧（O_3）是地球大气层中主要的温室气体。此外，大气中还有一些完全人造的温室气体，例如根据《蒙特利尔议定书》认定的卤化碳和其他含氯化物和溴化物。除了《京都议定书》规定的温室气体二氧化碳、一氧化二氮、甲烷，还包括六氟化硫、氢氟碳化物和全氟化碳。

（IPCC 2007b）

虽然 IPCC 中的表述及其对全球增温潜势和后果的慎重评估已成为社会上对气候变化认识的一部分，但对于其他人来说，也恰恰是这种表述减小了对气候变化潜在长远影响的社会参与度。从这个角度来看，约翰·乌里（John Urry）所说的“新灾变论”——气候变化——被视为工业社会失败的征兆，“没有人能保证工业时期以来的日益繁荣、财富、活力和连续性将永远持续下去。黑暗的新纪元即将到来”（Urry 2011：36）。环境保护主义理论家比尔·麦吉本（Bill McKibben）、詹姆斯·洛夫洛克（James Lovelock）和马克·林纳斯（Mark Lynas）等认为，大气中温室气体排放量的增加很可能导致一系列严重的灾难性后果和影响，致使全球的市场经济崩溃，出现大量气

2

表 1.1　气候变化的区域影响

地区	气候变化的潜在影响
非洲	到 2020 年，7500 万至 2.5 亿人可能会面临日益严重的水资源压力。 到 21 世纪末，预计海平面上升将影响到低洼的沿海地区，有大量人群受影响。
亚洲	到 2050 年，淡水的供应，特别是在较大的流域，预计将减少。 沿海地区，特别是人口密集的大型三角洲地区，将有洪水增加的风险。 气候变化预计将加快城市化，加剧经济发展对自然资源的压力。
澳大利亚和新西兰	到 2020 年，生物多样性的重大损失预计将发生，包括在大堡礁和昆士兰潮湿的热带地区。 到 2030 年，澳大利亚南部和东部地区的水安全问题预计将加剧。 到 2050 年沿海发展和人口增长将加剧海平面上升，风暴和海岸洪水风险增加。
欧洲	在欧洲南部，气候变化预计将加剧高温和干旱，并减少水的可用性。 气候变化预计还将增加热浪的次数和野火发生的频率。
拉丁美洲	在拉丁美洲的许多热带地区存在物种灭绝、生物多样性减少的风险。 降水模式改变、冰川消失，预计将显著影响水的可用性。
北美洲	西部山区的气候变暖将加剧对过度分配的水资源的竞争。 城市热浪预计在数量、强度和持续时间上都会增加，对健康造成潜在的不良影响。 沿海地区和栖息地亟待解决气候变化与发展和污染相互影响问题。

3

资料来源：IPCC，2007c。

候难民，对当前的政治形式构成极大威胁（McKibben 2011；Lovelock 2009；Lynas 2004）。在这种情况下，气候变化不是一个能够依靠新科学知识和政治声明就能解决的问题，还需要经济和社会组织运作的形势发生彻底的转变。

虽然在对气候变化带来挑战的问题上还存在不同的理解，但“科学管理者”和“新灾变论”的观点都倾向于认为，这是一种包含了复杂科学性和多元政治性的全球性事件。因此，把气候变化作为一种城市问题来考虑似乎有些有违常理；作为一种包含温室气体排放、大气状况、全球失调、极端事件、国际谈判、迅速增长的人口和世界经济的综合现象，气候变化乍一看似乎与城市相关甚微。

然而，正如本书的后续即将详细阐述的那样，人们现在越来越清晰地意识到，城市不仅仅是这个全球事件进程中的背景，而且是产生气候变化脆弱性和风险的核心和应对可能出现挑战的关键环节。理解城市气候变化的性质需要我们不仅对问题产生、发展、在城市间转化的方式进行研究，也使气候变化成为了规划和创造未来城市时的重要部分。

本章余下内容分为三个部分。第一部分将更详细地讨论如何以及为何我们可能看到气候变化带来的全球挑战与城市相关。第二部分探讨气候变化的含义，以及针对气候变化问题如何塑造城市的未来。从上面的讨论可以清楚地看出，对气候变化的思考唤起了对未来景象和相关性的一些构想。毋庸置疑，在全球气候变化中，城市的作用在科学、政治、文化景象若隐若现。因此，对未来城市气候变化的多样性思考，在理解城市为何被视为气候危机的原因和解决方案方面具有启发性。然而，在这些乌托邦和反乌托邦式的漫画背后，我们需要仔细考虑和验证气候变化是如何以及怎样变为一个城市问题的。本章的第三部分概述了解决这 4

一挑战的方法。

在介绍这些内容之前，我们要先了解一些专业词语。在本书中，“都市”和“城市”，这两个术语可互换使用。一般来讲，“城市”指具有都市特征的特定地方或地区（如人口密度、社会经济活动、公众文化形式），但超出了城市地方行政当局（本书称为城市政府）的管辖，其边界难以界定。而在城市发展过程中，不同社会群体和个人（如妇女、儿童）、经济上富裕程度和流动性、不同经济水平和社会地位，造成了城市间的显著差异。虽然使用“都市”或“城市”这个术语太容易掩盖这些差异，但是作为普及性图书使用这种简写的术语是不可避免的。本书旨在探索和调查城市内部及城市间面临的多层面气候变化问题之间的差异，并考虑其对社会和环境道德的影响。

气候变化与城市的关系

早在 20 世纪 80 年代，气候变化问题在科学和政治议程上开始突出显现。虽然早期的科学调查显示，当大气中某些特定气体存在时，会通过截获太阳辐射而导致大气升温，但直到 20 世纪 80 年代国际政治界才开始意识到这种物理现象的潜在影响（Paterson 1996）。经过一系列科学会议和政治首脑会议，在 1992 年达成了旨在应对气候变化的里程碑式国际协议——《联合国气候变化框架公约》（UNFCCC）。《联合国气候变化框架公约》的核心是将大气中温室气体浓度稳定在气候系统免遭危险的人为干扰（人类引起）破坏的水平上，还要认识到需要适应气候变化的潜在影响（UNFCCC 1992）。尽管个别国家的温室气体排放对全球都有影响，特别是在对气候变化没有重大贡献的经济最不发达地区，但是在 UNFCCC 签约历程中，气候变化被一致认为是人类需要共同面对的问题。

因此解决气候变化问题，需要各国集体参与，减少温室气体排放；承认发达国家和发展中国家在温室气体减排方面的不同责任。按照这个方式，各国聚焦于如何达成一项国际协议，将不同国家纳入“共同但有区别的目标和时间表”中，1997 年建立了《京都议定书》，作为实现这一目标的手段。《京都议定书》中 38 个工业化国家承诺在 2008—2012 年间，将温室气体的排放量在 1990 年的平均基础上降低 5.2%，并建立一套可实现各国都能完成目标的灵活运作机制。这就包括建立经济发达国家之间的碳交易和清洁发展机制（CDM），即经济发达国家承担更多减排项目，以减少在经济欠发达国家的 GHG 排放量，从而实现其国家减排目标。在签署《京都议定书》之后，谈判依旧在继续，如何实施这些规定，特别是当气候变化议程已成为包含了不同领域的活动时，我们应该如何适应气候变化的影响，以及如何减少森林砍伐对大气圈的影响。这些谈判也反映了不同国家和地区在过去二十年内的立场变化，包括美国勉强同意加入国际公约，一些主要的工业经济体例如巴西、印度、中国、墨西哥认识到，要为了全世界减排温室气体目标发挥自己的作用。2009 年，国际社会、全球媒体、非政府组织和许多对气候变化响应有利益相关的公司聚集在哥本哈根进行了一系列的谈判，相信打破这种僵局是有可能的。随着这些谈判的失败，种种令人失望的迹象表明，温室气体排放能对气候带来多大的改变以及多大程度上被认为是需要共同解决的全球性问题，不同群体之间存在很大分歧（Bulkeley and Newell 2010）。

然而，依然有很多其他方式来观察气候问题和解决气候问题。退一步来看，我们不去考虑全球共同气候这一问题，转而考虑温室气体如何排放、为何排放以及在哪排放，同时考虑一下可能感受到的气候变化风险，这样在我们的脑海将会想到不同的产生过程、产生者和出现可能性。对气候变化起作用的并不是那些一直存在且不可见的排放源，而是人们在家庭和汽车中使用能源和用来生产消耗品和商品的产物，以及人们对土地和森林管理过程中的产物。而在不同的国家发展进程中，温室气体产生的过程是不均衡的，这就造成了当前的大气状况以及对气候变化采取共同但有区别的责任。与此同时，气候变化的影响并非均匀分布，而是发生在特定的地点，如易发生洪涝或干旱的地区，并以完全不同的方式影响不同的社会群体，这取决于当地居民对风险的应变能力和适应力。气候变化与政治经济结构和人们日常生活密切交织，这也是它为什么在国际上难以解决的原因之一。然而，这也表明我们可以从不同的角度考虑气候变化，而不是作为一个全球性问题。气候变化在世界各地都是以同样的方式发生，但是各国或区域有着完全不同的历史和地理背景，这会体现在时空分布的差异性以及对经济和社会的影响上。

正是在这种气候变化的观点下，在不同单一民族国家之间、国界线内和跨越国界的多样化进程中，逐渐引出了城市的概念（见表 1.2）。虽然“城市”作为任何单一实体，其定义、性质和特点是高度变化和有争议的，但可以看出，20 世纪的城市化进程正在快速发展——特别是在欧洲、北美洲和大洋洲的工业化国家，以及近些年快速发展的亚洲。因此，2010 年，全球有一半以上的人口生活在某种形式的都市环境中，这被广泛地认为是一个“城市”。到 2030 年，预计全球近 80 亿人口将有超过 50 亿人口居住在城市，而最不发达国家的城市化进程可能最快。虽然大城市将继续快速增长，但大多数城市化预计将发生在较小的城市中心（UN-Habitat 2011：2）。作为人口快速增长的主要地方，城市已经被视作了气候变化问题的一部分。一方面，城市现在被视为潜在的气候脆弱点。由于经济发展的历史，城市被认为是特别容易受到气候变化影

响的地方。2006年斯特恩为英国政府所做报告指出，

> 世界上的很多主要城市（前50中的22个）正在面临沿海风浪带来的洪涝威胁，包括东京、上海、香港、孟买、加尔各答、卡拉奇、布宜诺斯艾利斯、圣彼得堡、纽约、迈阿密和伦敦。
>
> （Stern 2006：76）　7

表 1.2　城市与气候变化：问题还是解决方案？

城市作为气候问题的一部分？	城市作为气候变化解决方案的一部分？
2010年，世界超过一半以上的人口居住在城市。	城市政府对当地塑造城市的脆弱性和影响温室气体排放量的许多流程负有责任。
到2030，世界83亿的人口中，有近50亿将住在城市里。	城市政府有来自当地居民的民主授权，解决影响城市的问题。
一直以来城市在易受改化的地区发展，如沿海地区、河沿岸地区。	城市政府一直以来公布可持续气候发展状况。
快速的城市化发展导致气候变化，加剧城市挑战。	各市可以作为一个"实验室"测试创新的方法。
城市代表经济和社会活动产生的温室气体排放量的浓度。	城市政府可以与私营企业和民间组织合作。
城镇产生超过70%的全球能源相关的二氧化碳排放量。	城市代表愿意对气候变化采取行动的私营企业聚集。
到2030年，超过2006年年能源需求水平的80%的增长，来自非经合组织国家的城市。	城市为动员社会资源应对气候变化提供了舞台。

资料来源：联合国人居署 2011：91。

与此同时，快速的城市化进程造成了城市内部的脆弱性，就像“城市中心的人们压力过大，被迫生活在危险的地区……很多人在洪水区沼泽地或是不稳定的山坡等非正式居住区建立自己的家园”，这些地方都缺乏必要的基础设施和基本服务（UN-Habitat 2011：1）。

另一方面，城市排放大量的温室气体，被认为是造成气候变化风险的首要因素（Bulkeley and Betsill 2003；UN-Habitat 2011：91）。在城市中，工业、运输业、养殖业和商业建筑中都大量集中的消耗能源，这意味着城市是温室气体排放的中心，特别是最重要的温室气体二氧化碳。国际能源署（IEA）发现，城镇能源消耗需求量超过三分之二，“占全球能源二氧化碳排放量的 70% 以上”。到 2030 年，他们预测，占世界人口总量 60% 的城镇将消耗世界能源需求的四分之三以上，“以 2006 年需求为基础，非经合组织国家的城市对能源需求预计将增加 80%”8（International Energy Agency 2009：21）。也就是说，未来绝大多数能源需求量来自于经济合作与发展组织（OECD）之外的最不发达和发展中国家。

随着不断增长的城市人口和能源需求，城市被认为既是气候变化的受害者也是罪魁祸首。与这种悲观观点相反，不断涌现出来的观点认为，城市可以是气候变化问题解决的一部分（见表 1.2；也可参见 Bulkeley and Betsill 2003；UN-Habitat 2011：91）。要了解气候变化和都市气候脆弱性存在形式之间的关系，城市发展的本质和日常使用的能源就需要认识到城市管理机构，在本书中称为城市政府，在塑造这些过程中所起到的作用。城市政府在城市规划、建筑规范、运输供应和能源供给、水和废物的处理方面具有重要而多变的作用，而这些方面形成了当前的脆弱性和温室气体排放模式。考虑到这些权力及被赋予城市政府层面的民主任务，城市政府被视为在减缓和适应气候变化挑战中具有一定地位。城市历史与可持续发展问题相关，城市具有测试新技术和新途径的能力，有能力提供可以产生应对气候变化的新型方法而成为创新中心；越来越多的城市已成为寻求应对气候变化的私人和民间组织的家园。在某些情况下，这些民间组织正在发展独立的应对措施来减缓和适应气候变化，但其他方面，城市政府可以提供研究基础，从而与这些不同范围内的民间组织建立伙伴关系，共同解决问题。正是在这种观点下，城市政府在介入关键政策领域、民主任务、可持续发展规划、创新经验，以及与其他有关行为体的伙伴关系都能发挥作用。世界主要城市市长呼吁哥本哈根世界气候大会关注气候变化中城市反馈的重要性：

> 我们，以全世界主要城市市长和州长的身份……要求大家认识到，地球未来的成败掌握在城市的手中。
>
> （Copenhagen C1imate Communiqué, December 2009）

城市与气候变化的未来

世界各国城市政治负责人集体参加 2009 年市长气候峰会，峰会与哥本哈根国际气候谈判一起举行，而城市代表了我们共同的全球未来的战场。然而，对于城市的功能以及未来发展的状况存在不同的观点，看起来是目前面临的风险。由于气候变化已成为一个大众文化问题，并已进入不同形式的政治、社会和艺术意识中，城市未来的问题与我们对气候问题的认识和如何应对紧密联系在一起。

9

基于这种观点，有一种论述认为气候变化的潜在性导致灾难性后果和现有文明形式的崩溃。城市占据了这种观点的中心。在 2004 年的电影《后天》中，快速突变的气候变化造成全球灾难肆虐，气候灾害袭击了洛杉矶、新德里和东京，洪水淹没纽约更是作为主要情节。2010年10月到2011年3月，在伦敦博物馆举办了“写给未来的明信片”展览，艺术家罗伯特·格雷福斯和迪德尔·马杜克·琼斯展现了伦敦未来气候的多样性，力图通过海平面上升、冰川突变、干旱和气候迁移等表现城市的脆弱性。城市不知不觉中成为了气候变化世界中的受害者。这些图片和论述反映了联合国和国际能源署所表达的日益增长的城市人口和能源需求的官方统计数据，但城市从一套抽象的计算转变为被视为无穷的消费、贪婪和欲望。在伊恩·麦克尤恩2010年的小说《追日》中，主人公描述了他在空中鸟瞰城市时矛盾的内心：

> 这些日子，无论何时，他只要来到一座大城市，就会像这样，既不安，又着迷。这些巨大的混凝土伤口与钢筋搅拌在一起的导管，将川流不息的车辆从地平线运过来又送回去——在它们面前，自然界的种种遗迹只能日渐萎缩。巨大的压力、层出不穷的发明、渴望与需求凝聚成一股股盲目的力量，看起来非但无从遏制，更是正在滋生某种热能，某种现代社会的热能，经过种种巧妙转换，它成了他的课题，他的职业。文明的灼热气息，他能感觉到它，每个人现在都能感觉到，在脖子上，在脸上。
>
> （McEwan 2010：109）

国际能源署在讨论城市应对可再生能源的机会和局限性时，讲述了“双城记”的故事（International Energy Agency 2009，27—37）。一个城市是“荒凉山庄”，受气候变化与城市功能失调双重影响，包括能源短缺、城市拥堵、饮用水短缺，造成了城市未来凄凉的景象，以及被忽略和衰败的反乌托邦式观点。另一个城市是“远大前程”，代表着“过渡到新的、去中心化的、脱碳的能源世界”的美好景象，“这是最好的时代”（International Energy Agency 2009：31）。一系列能提供低碳能源的新技术融入了一个干净、充满活力和相互关联的社区，从而形成新的乌托邦城市。这种高科技、低碳乌托邦的景象与城市关联越来越密切：富裕、持续的经济繁荣和所有人都能负担得起的能源。 10

对于城市发展公司阿鲁普（Arup）来说，应对气候变化的挑战需要一个整体、综合的城市观：“创造一个有弹性的城市需要从技术层面理解许多独立的元素，对政策和监管框架进行整合。阿鲁普可以很好地帮助解决一切问题”（Arup 2011a）。在这个观点中，城市系统能够针对气候变化进行编组，从而为适应和减缓气候变化的挑战，创造系统性和综合性的应对措施。当然，这样乌托邦式的技术和管理方式及想法，在城市舞台上并不是最新的，它已经被多次使用和争论。依据特定的城市意识，它将城市作为一个可知并且可以干预的系统。换句话说，以这种方式考虑城市对气候变化的反应预先认为，城市是一个相对有组织的系统，干预措施可以很容易地被规划和实施。从 IBM 到绿色和平组织、从能源公司到政府，各种组织已经开始创建平台和接口，通过这些平台和接口，这些观点可以被用来测试城市未来的新形势（见专栏 1.2）。

城市对气候变化响应的其他乌托邦观点略有不同。这些观点的基础是将城市作为独立活动者自我组织活动的一个应急反应场所，在这个场所中，重新配置的城市经济体中具有存在不同城市生活的根本可能性。但是这些观点的主要论述并不太成熟，是一个被称为“分散式参与”（Foresight 2008：117）的愿景。其中多个活动者设法制定提供低碳能源和运输的措施，或“从下到上”解决城市脆弱性问题，提高促进抵御能力。对于某些人来说，这是一个“颠覆性创新，便宜又好用的产品 11

专栏 1.2

虚拟城市应对气候变化：LogiCity

LogiCity 是一款有趣的交互式电脑游戏，具有其独特之处。该游戏主要针对 25 岁以下的年轻人，是一款 3D 虚拟城市中的游戏，具有五项主要活动类型，其中玩家可以设置减少普通居民碳足迹的任务。参与者通过游戏的工作方式，收集有关气候变化的信息，以及目前每个人对造成气候变化的主要温室气体（CO_2）排放贡献的主要方式。

它将个人放在一个虚拟的环境，在还来得及的时候，让他们尝试并体验个人行为可能对地球产生的潜在影响。用户可以通过快速前进到 2066 年实时查看他们行动的直接结果。

这个游戏是英国环境、食品与农村事务部（Defra）气候挑战计划的一部分，旨在提高全国各地公众的气候变化意识。国家能源基金会、南邦（Logicom）和英国天然气公司（British Gas）也为游戏的发展提供一定的支持。

（LogiCity 2012）

替代现有产品或服务，经常在从前被忽略的消费者中产生新玩家”的故事（Willis *et al.* 2007：4）。就支持采纳而言，这往往是对社区的反应形式，并认识到“规划和干预设计应该以人为本，是以实践和创新为切入点的实践”，应该努力克服现有的制度和政治制约因素（Levine *et al.* 2011: ix）。对于另一些人来说，这一愿景与现行的经济增长、消费和城市化标准截然不同，例如，在城市中建立食品和能源的新型供应方式，并通过不同的集体活动进行管理。转型城镇运动（第七章中会作进一步讨论）是围绕社区进行的，这在城镇越来越多地被采纳：

这种社区间转变措施，正在积极和共同地为居住在其中的人们

创造更快乐、更公平和更强大的社区和地方。同时，这些举措更加适合处理伴随着经济和能源挑战的冲击和混乱的气候状况。 12

（Transition Town Network 2012）

尽管这些对于城市应对气候变化的不同乌托邦式观点在如何看待技术、经济、政府和社区的作用方面有很大不同，但是他们都认为城市是充满可能的地方，可能面对更深远的系统变化，甚至崩溃。这样来说，应对气候变化的方式不仅是应对一个看似全球性的环境问题，也是对城市系统和日常生活的重新配置。

这或多或少隐含地表示，我们对于气候变化下的政治、经济、文化方面的设想已经将城市包含在内（见图 1.1）。然而反乌托邦式的观点则认为气候变化可以摧毁整个城市景观，也可以使城市成为灾难爆发的中

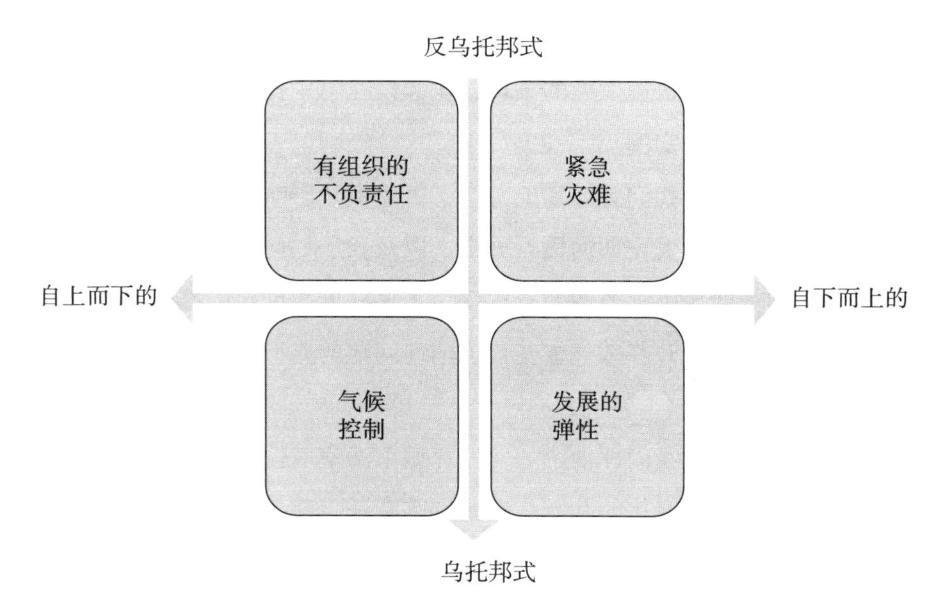

图 1.1　城市气候变化的未来设想

13 心。城市被认为是气候变化导致的复杂突发危险的受害者，或者因为其不负责任的组织行为，导致气候变化出现危险结果的罪魁祸首。乌托邦式的观点认为应对气候变化的社会和技术手段要通过对未来城市的设想来实现。一方观点认为未来的气候控制主要通过管理变化和技术创新来完成。然而，另一方观点则认为，城市景观更加应急和分散，气候变化的复杂性不会导致灾难，而是发展具有根本潜力的创新形式和基本替代品。

章节概述

城市现在是气候变化的一个议程。城市对气候变化产生的影响依赖于我们对城市的认识方式，这是本书的主题。在本书中，来自不同城市和社区的例子用于说明和探讨提出的问题和论点。考虑到涵盖材料的范围，我们鼓励读者使用章节后提供的参考文献和延伸阅读，更深入地探讨个案。这是一个快速发展的领域，比起仅在书中提及的，还包括很多更有价值的研究和实例。

在第二章中，我们更详细地考虑了气候变化影响因素和脆弱性挑战的问题。对于气候变化如何影响城市，以及我们如何又为什么要了解与气候变化相关的城市脆弱性，本章探讨了这些方面创建的准确和有用信息所面临的挑战。开普敦气候变化脆弱性问题的典型案例研究说明了这些问题。

在第三章中，我们评估了如何核算城市温室气体排放量，以及在城市层面上产生气候变化的共同且有区别的责任。建立可靠的、精确的城市温室气体排放模型所面临的挑战只涉及技术问题，但其他问题则涉及我们应该如何划定城市边界以及与经济生产和消费过程的更广泛联系。

正如安曼案例研究所显示的那样，这些都是重要的问题，特别是城市为了采取行动应对气候变化而寻求获得国际财政支持。

在第四章中，我们将探讨如何了解城市对气候变化的反应，关注那些可以被描述为“调控”的城市响应：即可以被视为涉及某种程度的干预，从而带领或指导他人行为的城市反应。这一章概述了多级环境中城市气候变化治理发展的历史、至今已经部署的不同的管理模式，以及塑造了城市响应的驱动和障碍。墨尔本的例子详细阐述了这些过程。

14

虽然许多城市环境的现实状况意味着难以将气候变化减缓与适应分开，但是国际公约、国家政策和应对气候变化的财政都支持保持这种分化。在城市层面，迄今为止，在减缓和应对气候变化存有显著差异。

第五章重点介绍气候变化减缓和低碳城市，阐述了核心术语和问题，详细阐述了城市缓解政策的发展情况，审视了实践中缓解措施发展的证据，分析了缓解措施的驱动因素和障碍响应。以圣保罗为例，进一步深入探讨了解决缓解进程的方式。

在第六章中，通过讨论“适应”的定义和重要辩论，分析出现的适应政策，考察城市层面适应性实践活动，以及了解塑造“适应”反应中非常关键的驱动因素和障碍，从而解决适应问题。费城的案例研究表明，适应政策和措施最近才出现在城市议程上，并说明了他们正在寻求克服脆弱性问题的方法。

第五章和第六章将城市政府置于中心位置，侧重正式的政策制定进程和干扰问题，以及城市政府应对各种干扰所采取的措施。第七章则从不同的方面展开，通过各国家和非政府组织，探讨针对城市应对气候变化的创新和替代方案。尽管发展和实施城市气候变化政策面临重大挑战，但有迹象显示，在明显关注气候变化的城市中，相应的项目和举措越来越多。本章还探讨了“气候变化试验”增长的原因，以及我们如何理解其在城市气候变化反应中的作用，考察了四种不同类型的试验——政策创新、生态城市试验、新型技术和变革措施，同时，发现了城市中不同形式的气候变化反应涉及社会正义问题，分析了替代方法出现的原因和方式，以及人们看待气候变化和城市间的相互的影响。

第八章总结了本书讨论的主要议题和论点，考察了其对社会和环境正义问题的影响，提出了城市应对气候变化的未来展望。

讨论

- 为什么气候变化被视作一种城市问题？
- 选择一个或几个气候变化作品——书、电影、诗歌或展览，分析其中气候变化和城市的关系。分小组或班级，对照比较不同文本之间的差异，讨论该如何解释这种现象。
- 举一个你熟悉的城市为例——你的家乡、你游览过的地方、也许是你现居住的城市，2020 年、2030 年和 2050 年在四种不同形式的气候变化下，如图 1.1 所示，为城市发展设计可替代方案。你认为那种最有可能，为什么？以小组或班级形式，举行一场城市会议，讨论应实施那种方案——哪一方胜出了？为什么？

延伸阅读

有一些关于城市和气候变化专题的经典著作和重要报告，可供参考阅读：

这是一本整理后的内容合集，其中多个章节涉及解决不同发展中国家的脆弱性和适应问题：

Bicknell，J., Dodman，D. and Satterthwaite，D. *et al.*（2009）*Adapting Cities to*

Climate Change: Understanding and Addressing the Development Challenges. Earthscan，London.

第一本研究城市应对气候变化的书，阐述了城市缓解方法的出现背景和六个个案研究城市的政策制定和实施过程：

Bulkeley，H. and Betsill，M. M.（2003）*Cities and Climate Change: Urban Sustainability and Global Environmental Governance*. Routledge，London.

以下这书探讨了世界城市如何应对气候变化，提供了全球和几个主要城市的概况，包括伦敦，纽约和上海的具体实例：

Hodson，M. and Marvin，S.（2010）*World Cities and Climate Change：Producing Urban Ecological Security*. Open University Press，Milton Keynes.

16

以下这本对城市气候变化挑战的综合分析，展示了很多案例和例子：

Rosenzweig，C.，Solecki，B.，Hammer，S. and Mehrota，S.（2011）*Climate Change and Cities: First Assessment Report of the Urban Climate Change Research Network*. Cambridge University Press，Cambridge.

这本是对城市与气候变化之间关系的综合分析，网站包含个别城市的背景研究，以及与其他城市可持续发展报告的链接：

UN-Habitat（2011）*Global Report on Human Settlements: Cities and Climate Change*. UN-Habitat, Nairobi, Kenya. www.unhabitat.org/content.asp?typeid=19&catid=555&cid=9272.

这是世界银行关于城市和气候变化专题的重要的、里程碑式报告：

World Bank（2010）*Cities and Climate Change: An Urgent Agenda*. World Bank, Washington DC. 更多文件和分析可在线获取：http://climatechange.worldbank.org/content/new-report-sees-cities-central-climate-action.

以下电子资源提供了创造虚拟城市的不同方式，作为探索应对气候变化的不同方式的手段：

www.greenpeace.org.uk/EfficienCity　用作不同能源技术信息门户的虚拟城市。

www.electrocity.co.nz/Resources/　新西兰能源公司网站，专为高中学生设计，

有助于研究不同种类的替代方案和决策者的影响。

www-01.ibm.com/software/solutions/soa/innov8/cityone/index.html 模拟不同城市部门的现实决策，使玩家能够在全球分享他们的设计经验。

17 对于城市和气候变化的图像视图，请参见：www.postcardsfromthefu ture.co.uk/.

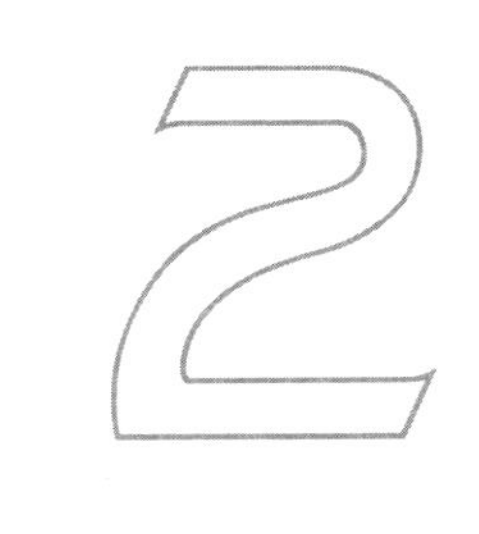

2 城市气候风险与脆弱性

前言

> 气候变化并不是人居环境面临的唯一压力，它会与其他压力相结合，引起水资源短缺或者治理结构不合理的问题。在每个城市和社区，面临的压力也不尽相同，严重程度也各异。在世界各地，很多人群聚居区都承受着人口持续增长、普遍存在的不平等、管理分散、财政紧张和基础设施老化等多重压力。
>
> （Wilbanks *et al*. 2007：373）

上述报告摘自《气候变化专门委员会2007年第四次评估报告》，气候变化受诸如人口增长、患病率增加、城市扩张、服务不足、基础设施老化和长期的贫穷等影响城市地区压力的因素影响而加剧。在城市地区，这些风险以不同的方式相结合，给城市居民创造了特殊的挑战和机会，对社会的组织和运作则产生更为根本的挑战。因此，了解气候变化对城市的影响，意味着要了解如何增加或减弱现有的脆弱性。在气候变化术语中，脆弱性与人或场所在风险中暴露程度相关。城市可能易受气候变化影响的程度是其可能遇到的风险的产物——与气候变化的不同方面相关——比如暴露的方式，以及应对风险的能力（见专栏2.1）。

18

从一开始，很明显，并不是每个城市都会以相同的方式体验到气候变化的风险，而且这些经验在任何一个城市环境中的组织和个人之间都会有很大差异。气候变化可预测的影响从海平面上升到热浪，从风暴到干旱，不同的地方或多或少都会面临类似的风险。此外，人们认为，气候变化将产生严重的破坏力和矛盾冲突，体现在城市环境和布局中。与此同时，城市在应对气候变化的渐变影响和极端突发事件的能力和方法

专栏 2.1

气候变化脆弱性的定义

依据政府间气象变化委员会，脆弱性是一个系统容易受到影响，无法应付的程度，气候变化的不利影响包括气候变化和极端天气。脆弱性是一个函数的性质、幅度、气候变化率和变化的系统被暴露的灵敏度和它的自适应能力。

有很大的区别，这或多或少与潜在的冲突和人口流动有关。人口流动对未来气候变化的影响是灾难性的。无论位于哪个区域，中低收入国家可能更容易受到气候变化的影响。

> 城市尺度的脆弱性在发展中国家的城市表现得可能更明显，反映了这些城市的人口增长速度总是比基础设施的承受力增长得更快；发展中国家现有的应对气候变化的适应性以及受未来的气候变化风险的影响要远大于发达国家。
>
> （Hunt and Watkiss 2011：17）

19

在这方面，本章探讨了城市如何以及为什么易受气候变化风险的影响。本章的第一部分概述了气候变化对城市的影响，区分了气候变化可能产生的直接和间接影响，并考虑了城市气候风险的评估问题。第二部分研究了城市的地理位置、城市发展过程、城市社区的社会经济条件是城市脆弱性的形成的主要因素。通过深入研究开普敦气候变化脆弱性的案例，详细探讨了这一问题。

气候变化对城市的影响

正如第一章所强调的，气候变化会导致一系列影响，这些影响有很大的区域差异，包括海平面上升、极端天气发生率增加、洪涝期和干旱期的降雨模式变化，以及温度升高和极端温度事件。本节首先探讨城市风险的性质，进而讨论如何评估和评价气候变化对城市的影响。

城市面临风险？

在城市尺度，有五种气候风险至关重要（Hunt and Watkiss 2011：15）：

- 沿海城市的海平面上升（包括风暴潮）
- 极端天气事件（例如：暴风、洪水、极端高温、干旱）
- 健康
- 能源使用
- 水量和水质

气候风险中的每一种都有可能对城市产生直接或间接的影响，其中一些风险可能是积极的，例如，为旅游业创造新的经济机会，或由于气温上升，减少冬季对能源的需求，以及降低冬季死亡率，但绝大多数还是消极的影响（见表 2.1）。

在某些城市，气候变化可能会加剧现有的风险，例如沿海地区的洪水和热浪。对有些城市来说，气候变化则可能带来新的挑战（见专栏 2.2）。对于这类城市，有一个特殊的案例就是它们依赖冰川河流来供应水源和能源。据预测，到 21 世纪末，包括安第斯山脉和喜马拉雅山脉在内的许多山脉的冰川将大大退缩，导致河水流量减少，水力发电项目失败以及清洁可使用水资源短缺。虽然这本书着重于城市对气候变化的反馈作

20

表 2.1 气候风险和对城市的影响

气候风险	对城市的直接影响	对城市的间接影响
沿海城市的海平面上升	洪水泛滥，居民无家可归 沿海的洪水和风暴潮 海岸侵蚀和土地流失 水位上升和排水问题 沿海环境盐度增加 经济和休闲活动	生态系统动态变化 沿海地区的使用变化 海洋经济风险
极端天气事件	风暴、洪水、热浪和干旱对基础设施系统、财产、生计和生活造成的损害	经济生产链风险 城市食品供应风险
健康	热浪和严寒的生理效应 虫媒病发病率的变化 极端事件的生理和心理健康影响	医疗卫生更广泛的系统风险
能源使用	冬季和夏季能源需求的变化 更多地使用空调导致限电	水电能源系统风险 随着温度的增加，传输损耗增加，能源供应降低
水量和水质	降水量减少和地下水回灌限制水的可用性 冰川消融减少城市供水 随着温度的增加水的需求增加 随着河流流量减少水的质量下降	经济生产链风险 城市食品供应风险

21

资料来源：亨特和沃基斯 2011。

用，正如本例所示，需要记住的很重要的一点是，气候变化对城市的影响不仅体现在城市边界内，也会通过水源、食品和资源供应网络对城市功能产生影响。关注这种资源网络的联系性和潜在的破坏性，赞成“新灾变论”（Urry 2011：36）的人认为，气候变化的影响将超出对某些部门和资源的孤立的影响，可能会导致广泛的破坏和冲突，引起地缘政治

专栏 2.2

城市风险

墨西哥城

到 2080 年预计平均气温上升 4℃，平均降水量下降 20%。墨西哥城可以期待一个更激烈的水文循环，这可能会影响到仍然为墨西哥城提供大部分淡水的含水层。可预见的蒸发—蒸腾速率的增加和降水径流和地下水补给速率的减少，会降低城市居民的淡水供应和经济活动。

（Romero-Lankao 2010：160）

基多

基多将是一个面临由于冰川退缩而缺水的城市。官方研究表明，气候变化正在影响山岳冰川；下水道沉积、土地用途变更、循环水使用冲突，以及由于温度升高，水的使用量增加导致地面和地表水减少，从而影响水资源供给。

22

（Hardoy and Pandiella 2009：214）

纽约

海平面上升速度加快和沿海洪水加剧一直是纽约市及其周边地区极为关切的问题。纽约有约 600 英里的海岸线，这种人口稠密的复杂城市环境已经容易出现与天气有关的自然灾害损失，是世界易遭受沿海洪灾的前十个城市之一，在美国是因洪灾造成严重经济损失的仅次于迈阿密的城市。

（Rosenzweig et al，2011：2）

多伦多

气候变化已经在多伦多城随处可见。在过去的十年中，这个城市遭受了极端的高温、洪水、干旱、新的病虫害、新的媒介传播疾病，以及其他由气候变化引起的更严重的问题。

（Toronto Environment Office 2008：6）

动荡。

预测气候变化影响的时间和范围至关重要，但充满了不准确性，这是气候变化对城市影响的本质决定的。一方面，海平面和全球气温预计将在下个世纪逐步升高，另一方面降雨会减少或增加，这取决于各地区的具体情况。气候模式能够提供一个相当准确的区域图展示气候变化的影响，渐变和长期影响可能相对容易评估。然而，气候变化会导致更高频率和强度的极端事件，如风暴和热浪，这些极端事件具有更高的空间分辨率，即在任何时候都会影响一个小范围的区域，这种影响用区域气候模式难以捕获。因此，在城市尺度上发现这类事件的规律和风险水平是非常困难的。另一个困难在于气候变化会导致气候系统产生"临界点"（tipping points），它会在相对较短的时间内导致现有气候环境产生根本的变化。比如，科学家对气候变化的潜在危害会导致北大西洋海洋环流模式破坏表示担忧，海洋环流模式破坏将导致欧洲迅速地变冷（10年计数），并对全球气候产生广泛影响。这是潜在的、快速的、深远的影响，可能会出现城市中世界末日的景象，正如第一章讨论的那样。然而，当前影响评估的不确定性，意味着人们很难把城市气候风险评估纳入考虑范围。 23

影响评估

城市面临的最大挑战之一是评估风险及其相关成本。由于很难确定城市中气候影响的范围和程度，估算由此而升高的城市成本（和效益）一直都是挑战。考虑当前事件发生的损失，并结合可预测的气候变化趋势来估算未来的损失是通常采用的方法。然而，这种方法在城市尺度上进行具有挑战性。比如，尽管保险公司已经开始量化城市在气候变化条件下风暴灾害的总体增加幅度，但只仅限于有限的城市中（Hunt and

Watkiss 2011）。在美国，对纽约和迈阿密的估算表明，一次风暴或飓风事件的最大损失大概是该区域生产总值的 10%—25%（该地区的经济产品）（Hunt and Watkiss 2011：26）。城市洪水造成的损失方面也有一些估算。研究人员在美国波士顿市的一项研究中发现，如果不采取恰当措施，到 2100 年，总损失将超过 570 亿美元，而其中由气候变化影响而导致的损失将达 260 亿美元（Hunt and Watkiss 2011：27）。2005 年，在印度孟买，洪水导致重大的经济损失，约为 17 亿美元（Ranger *et al.* 2011：141）。类似估算当前和未来风险损失，在明确气候变化而引起的灾害的潜在危害以及应对措施方面有积极作用。然而在城市尺度上估算损失充满了不确定性，如上文所述，不确定性来源于城市地区未来难以预测的气候变化以及因灾难而产生的物资、基础设施、生活和生计的损失估算。不仅如此，关注气候变化带来的经济影响就意味着关注难以用货币衡量的影响，包括生命和健康的影响，以及生活条件的影响。鉴于气候变化的损失基于资产或人口来评估，城市内部和城市之间可能存在显著差异，气候变化的影响如何被评估成为至关重要的问题。

24

为解决这一问题，使用当前事件和全球模型相结合的方法来预测未来气候的影响，有些城市进行了大胆尝试，用全球和区域气候变化模式对当地气候变化的影响进行合理预测。纽约城市热岛倡议（NYCRHII）就是这样的一个情况（Corburn 2009, Rosenzweig *et al.* 2011)。NYCRHII 项目由纽约州能源研究和发展管理局赞助，目的是把科学家和政策制定者聚集在一起共同评估纽约气候变化在城市热岛效应方面的潜在影响，寻找减少城市脆弱性的最有效和最经济的方式（见专栏 2.3）。科学家们与政策顾问合作，使用区域气候模型 Penn State/NCAR 中尺度模型，确定城市中热浪可能的发生率，评估不同方法对减少发生率的影响，包括植树造林、创建“绿色”屋顶、地表亮化如人行道（Corburn 2009：

专栏 2.3

城市热岛效应

城市热岛效应是城市地区温度高于周围地区环境温度的现象。它是由常见城市地表成分如建筑、道路、人行道等吸收热量并将热量辐射回城市引起的。城市中绿地不足或水资源缺乏会加剧这一效应。虽然估算各不相同，与农村相比，城市热岛效应会导致城市温度提高 3℃—4℃。由于城市热岛效应是城市化程度和城市景观的形态和性质相结合的产物，随着城市化的发展，城市热岛效应将持续增加。温度升高和可预测的与气候变化相关的热事件共同作用下，城市未来可能会有更严重的热岛效应。

417）。为了达到这一目的，模型必须降尺度模拟，这就是说，必须要比正常使用的区域气候模型具有更高的分辨率。在这个案例中，对模型中的指定的变量分辨率降尺度为 1.3 公里，而不是通常“模型”计算采用的 4 公里或更大的分辨率（Corburn 2009：418），并且通过将植被覆盖等当地土地利用数据考虑进来，这些都是会影响城市热岛效应的因素。

然而，在杰森·科尔本（Jason Corburn 2009）的分析中，他发现这个过程并不简单。该模型的初步结果表明，减少城市热岛效应的措施对降低地表温度没有显著作用。这个结果与城市林业部门和其他部门的经验认知相反，这表明模拟工作没有充分考虑城市小气候的影响。为了捕获到更细微的细节，模型分辨率降低到 10 平方米的网格。模型模拟结果表明，地表亮化是最有效的政策措施（Corburn 2009：420）。然而，这一建议引起了争议，具有城市设计和运输专业知识的政策顾问怀疑这些措施的可行性和费用评估的准确性，导致模型模拟方法的改变。经修订的结果表明，城市植树将是解决这一特定气候影响的最有效策略。然而，这个解决方案再次引起争议，“公园管理部门关注到这一结论，认 25

为建模者高估了可用的种植街道树木的面积，从而高估了其降温效果和潜力”（Corburn 2009：422）。考虑到模型所涉及的模糊性和不确定性，该项目的最终报道证实，减少城市高温压力的三种方法，效果都是相似的，但种植树木或许是执行起来成本最低的方法（Corburn 2009，Rosenzweig *et al.* 2011）。

乍看之下，纽约城市热岛效应项目出现的情况似乎是失败的研究——连续修改模拟条件以整合适当的数据，以及与政策制定者及其具体利益不断谈判。事实上，可以说，这恰恰证明了进行任何城市气候影响评估的复杂性：科学和政策知识相结合才能产生正确认知。这是因为，为了细化对气候影响的评估，需要将城市尺度气候变化的预测与全球和区域尺度上的气候变化相结合，并了解当地特定的气候和城市环境。以这种方式，评估的结果才能够为当地政府提供解决问题所需的证据和合适方法（见第六章）。

这种城市影响评估方法和其广泛应用有三点缺陷。首先，这一过程依赖于本地化科学知识的有效性、将知识纳入政策的机构能力和重要资源的影响。这体现在到目前为止，对气候变化影响的评估几乎只集中在对海平面的研究上，而难以模拟、评估、但发生频率更高的其他事件却几乎没有涉及（Hunt and Watkiss 2011）。其次，对涉及的相关问题进行详细评估，是采取行动解决问题的必要先决条件。正如上文提到的纽约城市热岛效应项目，报道的最终结论是不同的干预措施对减少未来热浪的风险都发挥作用。毫无疑问，模拟过程被用于引导政策导向以及被不同机构认可，但是是否众多的气候模拟都要求达到这样的结果是存在争议的。最后，这些评估主要是由科学家和利益相关者共同完成。在这一过程中，被气候风险影响最大的人们的观点却往往会被忽视。在非洲，英国慈善行动救援机构采取了一种可以替代的方法——参与型脆弱性分析（PVA）。这种参与型脆弱性分析包括决策者和当地社区组织共同评估是什么原因导致城市的脆弱性，以及如何解决这些问题（Douglas *et al.* 2008)。这样的过程不仅可以为受风险影响的人们发声，也揭露了引发风险的细节，即危险暴露程度，而这些咨询专家和当地决策者并不总能接触到。通过关注脆弱性而不是风险本身，这些方法也许能为制定政策和适应措施的选择提供更为适当的参考（见第六章）。

虽然在全球范围内，我们可以肯定地说，气候变化将对城市产生重大影响，确定这些影响是什么和这些影响意味着什么是一个重大议题。此外，正如我们在本章开始时所看到的那样，气候变化对城市影响的重要性取决于它们如何与城市现有的压力和风险相互作用，这种分析总是必须基于对城市中现有的脆弱性动态的理解之上。 27

气候变化与城市脆弱性

气候变化的城市影响可能很大。气候变化是否影响以及怎样影响城市取决于基础设施、建筑物、人员和活动暴露方式以及暴露程度。风险和暴露之间的关系我们称其为脆弱性。城市对气候变化影响的脆弱性通常被认为是纯粹地理位置上的，例如，处于沿海和河岸的城市会被认为对洪水的风险是具有脆弱性的。不过，实际情况更加复杂。城市脆弱性不仅是地理位置的结果，还受到城市化进程、日常生活和气候风险之间相互作用的影响。有人认为，脆弱性是气候影响施加在城市地区造成的基础设施系统、社区和生计的物质、经济和政治风险的结果。也有人认为，脆弱性是一个深刻的社会过程。城市中的不同群体暴露在不同程度风险水平之下，受社会地位不平等影响应对气候影响的能力各不相同。考虑到城市气候脆弱性特性的三个不同因素：地理位置、具体场所和社会群体，城市气候变化的风险及其形势的看法不同。

城市是脆弱的地点

大多数关于城市气候变化风险的研究集中在海平面上升和沿海洪水的影响（Hunt and Watkiss 2011：20）。对于为什么会出现这种情况有非常多的解释。首先，沿海区域是高密度人口聚集区域，是城市的中心。据统计，世界上 10% 的人口生活在低海拔的沿海区域（McGranahan *et al*. 2007：22），2005 年世界 20 个人口最多的城市中，有 13 个是港口城市，这对国家和全球经济的运作至关重要（Hanson *et al*. 2011：89）。第二，IPCC 预测，未来 80 年，海平面可能会上升 0.2—0.6 米，这表明沿海地区会受到一定程度的气候变化影响，但由于冰川和海洋温度以及全球大气温度的变化之间复杂的反馈机制，这种影响很难预测。第三，沿海地区和三角洲地区是城市经常坐落的区域，也遭受着自然和人为引发的地面下沉，进一步造成海平面上升。简而言之，在分析海平面上升对城市的影响时，位于沿海和城市人口增长的地区经常被看作处于气候变化风险之中。

28

在研究气候变化对主要港口城市的影响时，苏珊·汉森（Susan Hanson）及其同事明确了城市人口和资产（如建筑物、基础设施系统、公共设施、车辆、物资等）在海平面上升、地面下沉和人口增长等问题下的暴露形况。当然，沿海城市暴露在了风暴潮和洪水的双重风险之下。汉森的研究表明，特别是在三角洲地区，城市人口面临此种风险的威胁更大。伴随可预测的海平面升高、地面下沉和人口增长，亚洲迅速扩张的城市会面临更严峻的气候变化风险。虽然发达国家的资产暴露在沿海和气候风险方面在目前最为显著，但到下个世纪，随着亚洲城市财富的不断增加，亚洲城市资产将面临气候变化威胁的风险，可能会遭受巨大的损失。从这个方面来讲，城市化进程和经济增长趋势意味着更多的人群和财富会暴露在易受气候变化和当地沉降共同影响的地区。这种情况表明沿海城市人口增加导致沿海地区气候更加脆弱。然而，这类研究相对于其他气候风险评估来说更难进行预测，主要原因在于不确定性，例如降雨变化预测模式、风暴或热浪发生的强度等。与此同时，虽然这些方法对评估未来城市脆弱性的大体趋势方面非常有用，但是仅仅解释了城市化如何产生气候风险以及城市群体如何感受到这些风险的过程。

城市是脆弱的地方

不关注城市的地理位置，而是了解城市的物质和经济发展如何导致其面临气候风险，这一点很重要。从这个角度来看，气候影响不仅发生在城市，而且从根本上塑造了城市，气候影响是城市地区形成过程中不可分割的一部分。有些城市景观特征加剧了城市对气候风险的暴露程度，其中最重要的恐怕要数城市热岛效应，城市景观的特点使城市温度高于附近农村地区的温度。渗透性极差的硬化路面，使暴雨产生的积水流迅速地从排水系统排掉，限制了储水量，增加了用水的需求，这反而使城市地区变得更容易发生洪涝灾害或者出现干旱天气。除此之外，城市地区还有一些基础设施系统也会增加城市风险的暴露程度，特别是暴露于某些与气候相关的风险下的基础设施系统，例如地下交通系统和排水系统；或者已经承受巨大压力的设施，例如快速增长的散乱居民点的卫生系统和排水网络，或者已建成的城市地区的电网系统。 29

重要的是，城市地区基础设施系统相互连接、相互依赖，这就意味着一个系统中的风险会对另一个系统产生负面影响。例如，“废水处理系统故障会增加对供水处理的需求，水质污染会增加洪水损失，水质不达标会减少电厂冷却水的可用性”（Kirshen *et al.* 2008：106）。1994—

2004年进行的气候对波士顿地铁的长期影响的研究（CLIMB）发现，气候变化会导致重要的系统交互影响。例如，在能源领域，到2030年，"人均能源需求可能比1960—2000年的平均水平增加一倍多，气候变化贡献了至少20%的增长率"，其余由人口因素造成（Kirshen *et al*. 2008：111）。夏季能源需求的增长预计会在城市地区产生其他一些影响，包括夏季空气污染加重、患疾病率增加，以及影响水的可利用性和水质（见表2.2）。研究表明，气候变化与其他经济社会过程一起影响城市基础设施系统的运作，这就造成了城市的脆弱性。

表2.2 气候影响和能源与其他城市系统的相互作用

	能源	健康	交通	河水泛滥	海平面上升	水	水质
能源	**夏天** 更多的电力需求；更多的电力不足；更多的地方排放物	**夏天** 空气质量下降；更高的发病率和死亡率	**夏天** 如果能源短缺，铁路服务损失，交通信号损失，空中交通中断	不适用	不适用	**夏天** 冷水需求增加	**夏天** 冷却水增加会影响水质（加热、排放）
	冬天 更少的汽油；燃料油需求降低	**冬天** 空气质量提高					

资料来源：柯申等2008：115。

因此，了解城市对气候相关风险产生的脆弱性过程至关重要。虽然大多数关于未来气候影响的研究集中在人口和经济增长率预测上，但更重要的是，要认识到脆弱性也是历史性的，也是通过城市潜在的政治、经济和社会动态创造的。在中低收入城市，城市面积扩张，这些扩张是通过发展先前被认为对人类居住过于脆弱的地区来实现的。例如，拉丁美洲的城市扩张“发生在河漫滩或山坡上，或其他不适合定居的地区，如易受洪水或受季节性风暴、海浪或其他天气相关风险影响的地区”（Hardoy and Pandiella 2009：204）。通常这些是非正式的居住区，缺乏土地使用权，经济困难，市政投资不足，缺乏政治权利，这些问题形成了发生气候风险的条件。这种定居方式在亚洲和非洲经常出现。例如，在拉各斯，城市发展和洪水频发地区非正式居住区的扩大意味着，“据估计，该城市 70% 的人口生活在环境条件极差的贫民窟中，房屋经常会受到洪水持续几个小时的袭击，洪水会带来未经处理的污水和垃圾”（Adelekan 2010：433）。

32

不仅城市化的程度和特征很重要，城市发展对资源在城市中的使用和管理方式有影响。罗梅－罗兰考（Romero-LanKao 2010：157）在分析墨西哥城处理水问题时指出，该城市“已经无法应对全球日益变暖环境下的各种气候灾害（例如洪涝和干旱）”。墨西哥城净水的供应、使用和污水处理是该地区城市化和农业生产的历史产物，从阿兹特克人到现任市政府，管理者始终都控制水道和排水系统，获取更多的水资源。2005—2030 年期间，该市人口预计将增长 17.5%，但供水量预计将减少 11.2%，这还不算在该地区降水减少的影响（Romero-Lankao 2010：166）。墨西哥城容易发生洪涝，一方面原因是城市处于山谷，另一方面原因是地区排水和水流的自然走向，城市化进程加快导致的地表径流更快，以及城市污水和废水处理系统年久失修。

气候变化影响、城市历史和当前城市发展动态之间复杂的相互作用意味着水资源短缺和洪水风险并不是均匀地发生在所有城市中。考虑到历史因素，西方富裕的城市地区有更加可靠的自来水供应和更有效的排水系统。相反，东方则缺少足够的基础设施系统，尽管在人口聚集区已经建设了排水系统，但是这在城市中的贫困地区却是不足的。例如，“Chaleo 和 Netzalhualcoyotl 的排污系统功能不佳……导致贫困社区长期遭受污水淹没”（Romero-LanKao 2010：170）。这是因为“关于基础设施供应的决策是以维持和巩固富裕地区受益为目的，造成了供水空间不平等”（Romero-LanKao 2010：111）。因此，导致城市气候风险现状的不仅仅是财产和人口分布区域恰好位于脆弱地点导致的。气候风险是环境和社会过程之间相互作用的产物，因此贫困地区面临的风险也是城市化进程必然的产物。从这个意义上讲，气候风险与城市地区产生的其他压力是相互结合的。因此，了解气候脆弱性的因果关系就意味着我们需要了解未来的气候风险和城市化进程的背景，考虑特定地点的历史以及未来的发展方向。

34

城市是脆弱的社区

了解气候脆弱性在城市内和城市间的差异对认识其过程的复杂性有一定帮助。但是，关于城市内不同社区如何以及为何经历脆弱性的信息寥寥无几。如上所述，城市中最贫穷的地方也是最有可能遭受气候风险影响的地方，“最易遭受风险的个人、团体和地方是城市风险暴露程度最大的群体，同时也是最敏感、最有可能遭受暴露之苦和适应能力最弱的群体”（Romero-Lankao 2010：158）。就气候脆弱性而言，城市贫困是很重要的因素，这不仅仅是因为这些城市地区特别是中低收入国家城市住房和基础设施不足，而且这会导致家庭和个人应对能力弱，从而加剧受灾程度（见“城市案例研究——开普敦”）。然而，尽管贫困是城市脆弱性最重要的影响因素，却不是唯一的因素。由于人群具有的某些属性，城市中的不同群体多多少少会受到气候风险影响的伤害，比如年龄和性别、居住和工作的建筑、社交网络。尽管洪水给人身安全和财产带来了重大的风险，但是风险影响的性质、分布、影响范围比其定义的更不均匀、更广（见专栏 2.4）。

城市案例研究——开普敦

开普敦的气候变化和脆弱性

开普敦是南非最大的城市之一，人口迅速增长，居住在西开普省的人口超过 350 万，其中许多居民生活在贫困条件下的非正式居住区。开普敦的气候条件与地中海相似，夏季干燥温暖，冬季潮湿多风。气候变化会对这些天气模式产生一些影响，可能会加剧与西开普气候有关的问题。这些气候过程将增加城市特别是贫穷社区的脆弱性。此外，海岸线长达 300 多公里，海平面上升，风暴潮增加将增加气候变化带来的复杂的、相互关联的风险和危险。开普敦面临的气候变化脆弱性广泛，为城市政府、社区和其他城市参与者就水供应、洪水、健康、生活和生物多样性等问题提出了许多挑战。

气候变化所预期的气温升高将对城市的城市供水产生压力，包括可用水量减少，用于降低家庭和商业区室温的水资源需求增加。受其发展速度快以及可能的气候变化影响，预计开普敦将成为南非第一个用水需求超过水存储量的城市。这将带来一些潜在的影响，包括水利基础设施和服务成本上升，贫困家庭负担更重，随着成本变得难以承受，这会增加他们的脆弱性。但是，考虑到气候变化，增加供水的脆弱性并非是该市唯一与水有关的挑战。随着预测的极端天气事件增加，风暴将对开普敦造成更多威胁，会面临洪水泛滥的风险，因为排水系统无法处理风暴带来的大量积水，海岸的防御工程抵挡不住增强的潮汐。最贫困的人们常常被迫居住在开普平原区这样荒芜的地区，开普平原区是城市冲积平原的一部分，这里的人群最容易受到气候风险的影响。洪水灾难证实了这些脆弱性，当人们失去家园、生计和公共设施，他们被迫缓慢地重建家园，却总是获得少之又少的外部支持。尽管开普敦花费大量时间和物资援助受灾群众，但是由于城市有其他的需要优先解决的事项以及受困群众众多，这些时间和救援往往是不够的，这也显示了城市应对自然灾害和极端天气的脆弱性。

36

随着不同气候变化过程对城市的影响，健康脆弱性也会增加。例如，更加干旱的环境会影响粮食安全。干旱意味着粮食产量减少，价格上涨，贫困家庭和健康问题的人如艾滋病病人的生活成本增加，住房不足或房屋不足以防潮湿和抵御加剧的寒冷。潮湿和寒冷的冬季对开普敦及其社区造成的严重健康风险，结核病、肺炎和感冒等疾病预计会增加，给家庭和城市带来额外压力。这种脆弱性可以在很多方面影响家庭：从赚钱的人不能工作，到失学儿童，甚至死亡。冬季需要保持温暖，开普敦的能源成本飙升意味着许多家庭用燃油存储匮乏，因此许多居民不得不使用石蜡取暖。但是，使用石蜡会引起严重的火灾，尤其是在非规划的非正式居住区内，火灾可能迅速蔓延，每年都有数百户家庭受灾，甚至导致人员伤亡。由于开普敦在夏季天气较为干燥，建筑物和人会受到难以控制的野火的威胁，热浪引发的火灾将会增加。在贫困条件下已经很脆弱的家庭更容易经历这些过程中伴随的脆弱性。

气候变化过程所引起的脆弱性可能影响开普敦城市生活的各个方面。处理这种脆弱性的一种方法是考虑对开普敦居民的生计的影响。生活是人们获得生活必需品的手段，如能源、水或经济机会，这些气候相关的脆弱性在很多方面都会受到影响。对于开普敦的许多居民来说，他们的生计往往不稳定并容易受到干扰，这意味着贫困状况更加严重，贫困家庭的生活变得更加困难。学术界、市政府、社区团体和其他机构一直在努力理解影响居民生活的一系列复杂脆弱点，并提供一系列的政策和实际解决方案来克服这些挑战。

过去几年来，开普敦市就这些问题制定了政策回应，制定了一些旨在理解这些脆弱性的战略政策和应对措施，力求提高社区对气候变化过程的抵御能力，包括评估各个部门目前和未来的脆弱性，制定指导未来行动的战略和计划，以及寻求提高恢复重建能力的可行办法。显而易见的是，开普敦市面临着气候变化带来的一系列的风险和危害，这些风险和危害可能会对气候过程中脆弱社区的脆弱性提出挑战，其中包括脆弱性与其他社会、经济和生态压力如何相互关联，如何在城市资源有限且面临问题诸多的情况下解决脆弱性。

37

乔纳森·西尔弗，英国杜伦大学地理学院

在拉各斯、达卡和新奥尔良等不同城市的社区，基础设施不发达或维护不善、长期存在的城市发展模式、社会经济环境以及获取能够应对风险的知识和资源的渠道不畅导致这些地区容易遭受洪灾。换言之，脆弱性不仅是特定城市地点的相同结果，在城市社区之间及其内部也各不相同。

图 2.1 乌云笼罩开普敦

图片来源：乔纳森·西尔弗

专栏 2.4

洪水在城市社区中的社会影响

城市洪水往往与人的生命和财产损失、水传播病产生的健康风险相关。然而，最近关于洪水对城市社区影响的研究表明，洪水具有广泛的社会和经济影响，因财富、年龄、性别、种族和生活的不同而变化。

拉各斯

洪水除了对城市道路、供水和人口健康产生直接影响外，四个社区的贫困居民受洪水影响的报告表明，受灾财产和物品、饮用水的安全性、贫困社区居民获得的经济机会，以及始终存在的洪水风险造成的生活压力会导致精神健康问题，这些问题是更加深层且难以解决的。

(Adelekan 2010)

达卡

洪水风险是地势低洼的城市共同关注的问题，对城市基础设施系统和建筑环境损害严重，特别是在城市的贫困地区。除了这些直接的影响，洪水还会对生命和健康造成严重的损失。1998 年的居民调查发现，至少有 7.2% 的人因洪水被迫改变了自己的职业，而 27.4% 的人因洪灾失业，这种状况进一步加剧了贫困问题。

(Alam and Golam Rabbani 2007：93)

对于较贫困的城市社区而言，存在一系列影响风险的因素，需要应对和适应这些风险的能力（见第六章）。谢里丹·巴特利特（Sheridan Bartlett 2008：502）特别关注贫困社区儿童面临气候风险增加的方式，儿童“更快速的新陈代谢、不成熟的器官和神经系统、发展中的认知能力、有限的经验和行为特征”进一步增加了其脆弱性。根据当前气候相关风险的证据，巴特利特认为儿童在极端事件中比成人更容易失去生命，更容易患营养不良等疾病，这可能使他们更容易遭受额外风险。除

39

了对儿童健康的直接影响之外，与洪水或干旱等气候相关的灾害可能导致家庭和学校分离、失去亲人、无家可归，进而影响其心理健康，导致其在未来生活中的一些机会延迟（Bartlett 2008；表 2.3）。应急避难所经常过度拥挤、混乱嘈杂、缺少私人空间、使人感到愤怒受挫、容易产生暴力倾向，这直接影响儿童身心健康（Bartlett 2008：510）。伴随着灾害的风险，应对强度低但气候相关风险持续时间长还会对儿童健康和教育水平产生影响。然而，正如巴特利特（2009）所指出的那样，这并不意味着孩子只是被动的受害者，因为他们有足够的智慧和能力应对灾难。相反，她认为，那些寻求适应气候变化带来风险方法的人应该考虑儿童的观点和知识（见第六章）。

巴特利特的研究证明了，儿童作为社会组成部分考虑时，脆弱性是如何通过贫穷、年龄以及社会和家庭网络产生的。与儿童一样，老年人也更容易受到气候带来的风险影响。在欧洲，2003 年的热浪导致超过 15 000 人死亡（Hulme 2009：205），其中大多数是老年人。随着类似事件的发生频率、强度和持续时间的预测在未来会增加，理解热浪的脆弱性产生的原因和方式越来越重要，特别是对于城市热岛效应加剧气候变化的情况的城市（Wolf *et al.* 2010）。高温风险影响导致的脆弱性通常是健康（如年龄超过 75 岁或患有慢性疾病）和社会关系（如独居或社交隔离）的产物（Wolf *et al.* 2010）。在这种背景下，获取某些社会资本——包括参与社交网络、相互信任、互惠互利——可以减少这种脆弱性。然而，乔安娜·沃尔夫（Johanna Wolf）和她的同事（2010）在研究两个英国城市的老年人的高温风险时发现事实未必是这样。相反，形成脆弱性的关键因素是老年人本身感知风险的能力以及人们对老年人对应对高温的能力的强烈信任。老年人对他们所面对的风险认知较少，研究发现，对于很多老人来说他们很享受高温（Wolf *et al.* 2010：47）。

40

表 2.3　气候风险与城市儿童

气候影响	城市地区的风险	健康和家庭应对风险	儿童风险
暖流和热浪	城市热岛效应； 弱势人群集中； 空气污染严重	发病率和死亡率风险增加； 媒介传播疾病水平提高；对做艰苦劳动的人的影响； 呼吸问题； 食物短缺和食物变质	儿童热应激最大的脆弱性； 媒介传播疾病和呼吸系统疾病可能性增加； 长期营养不良的风险最高
强降雨事件 / 强热带气旋	洪水和山体滑坡的风险增加； 生计中断和企业停产；房屋、财产、基础设施损坏；无家可归和社会混乱	死亡和损伤； 媒介传播疾病和水传疾病增加； 流动性及其生计相关活动减少；无家可归； 心理健康风险，尤其是来自安置点和临时住所的人	风险较高的死亡和损伤； 更易遭受疾病； 急性营养不良的风险； 游戏和社交互动选择降低； 因为家庭收入下降离开学校 / 去工作的可能性下降； 忽视、辱骂和虐待的风险最高
干旱	水资源短缺； 贫困人口向城市地区迁移； 水电限制； 农村商品 / 服务的需求降低； 食品价格上涨	食物和水短缺严重；营养不良和食物 / 水传疾病风险增加； 心理健康问题风险增加	供水不足和营养不良的风险儿童最高； 离开学校 / 由于家庭收入损失而去工作的风险
海平面上升	企业和财产损失； 旅游业受损； 水位上升对建筑物造成破坏	沿海洪水增加死亡和受伤的风险； 丧失生计； 日益盐碱化导致的健康问题	儿童死亡和伤害风险最高，盐碱化、疾病的长期影响健康风险最高

41

资料来源：巴特利特 2010：504。

与此同时，他们发现老年人的主要社会联系人（提供支持和照顾老年人的人）认为，“有基本表达能力的、能干的和独立的老人都具备在高温风险中照顾好自己的能力”（Wolf *et al.* 2010：49）。正如研究显示，对风险的理解不足会导致脆弱性增加。尊重老年人的独立和能力显然很重要，但是这句话显然放错了地方。在这个意义上来说，社会资本在降低风险上可能并不总是积极因素。

结论

气候变化将对城市产生一系列影响，从海平面上升到风暴、热浪、干旱和洪水发生频率的增加。然而，预测在特定城市发生的具体影响在科学上被证明是复杂且具有政治挑战性的，因为不同的科学学科和决策部门难以确定和处理不确定性，难以评估和量化风险。其结果是，尽管我们可以充满信心地说，在全球层面上，气候变化将对城市产生影响，但是具体风险是什么，何时发生，将产生什么影响还有很大不确定。

评估气候变化的潜在影响和意义还需要了解城市脆弱性的属性和动态变化。尽管对个人、社区或系统应对风险的能力影响脆弱性存在共识，但理解城市气候脆弱性的方法各不相同。对于某些人来说，脆弱性主要是风险暴露，需要考虑的关键是资产和人口与风险源的距离。有些人则认为，脆弱性是气候影响通过现有的城市网络和过程进行的调节，与其他形式的风险相互作用。这个问题的关键在于理解城市建设是如何导致气候变化风险的脆弱性。甚至有人认为，本质上城市脆弱性的产生并不是城市建设导致的，而是赋予某些人特权同时边缘化甚至排除其他人的社会、经济和政治过程产生的。从这个意义上说，城市脆弱性是伴随着城市的逐步发展产生的，并且在城市社会里根深蒂固。因此，应对 42

城市气候变化的脆弱性，还需要解决持久的城市不平等问题。

讨论

- 评估城市气候变化影响需要哪些知识？这对城市政府构成了什么挑战？
- 考虑两种不同的气候风险——例如热浪、洪水、海平面上升、水资源短缺——如何影响一个城市的不同弱势群体。就不同群体受到的影响而言，它们的相似之处和不同之处有哪些？对我们如何理解“气候脆弱性”有什么影响？
- 如果气候脆弱性受其他形式的经济和社会脆弱性影响，区分它们有意义吗？这种方法有什么优点，有什么缺点？

延伸阅读

期刊《环境与城市化》包括本章节所讨论的问题和挑战的最新研究内容。

以下文献是关于解决脆弱性问题的研究：

Bicknell，J.，Dodman，D. and Satterthwaite，D. (2009) *Adapting Cities to Climate Change*. Earthscan，London.

2011 年，《气候变化》提出一个特殊的问题（第 104 期），关于“理解城市区域气候变化的影响、脆弱性和适应性”，解决了本章节提到的一些核心问题。

科学家联盟有一个项目预测加利福尼亚和美国东北部的气候影响，阐明气候变化对两个区域产生影响的详细说明，详见 www.climatechoices.org/index.html

准备对气候变化影响进行评估的几个城市：

- 开普敦：www.erc.uct.ac.za/Research/publications/06Mukheibir -Ziervoge%20 %20Adaptation%20to%20CC%20in%20Cape%20Town.pdf
- 伦敦：www.london.gov.uk/lccp/
- 纽约： www.nyc.gov/html/planyc2030/html/theplan/climate-change.shtml. 43

某些城市的气候脆弱性信息可以通过联合国人居署的城市和气候变化倡议获得：

- www.fukuoka.unhabitat.org/programmes/ccci/index_en.html.

谷歌地球提供了气候变化影响对不同地区和生态系统产生的风险：

- www.google.com/intl/en_uk/earth/explore/showcase/copl5.html. 44

3 城市温室气体排放核算

前言

> 城市消耗了世界三分之二以上的能源，城市二氧化碳排放量占全球二氧化碳排放总量的70%以上，而二氧化碳是最主要的温室气体。
>
> （C40城市气候领导小组，2011年5月a）
>
> 来自政府间气候变化专门委员会（IPCC）的最新报告数据表明，温室气体总排放量的75%—80%不是城市中产生的。化石燃料使用过程中排放的二氧化碳仅占2004年全球人为温室气体排放的57%，有很大比例的非碳温室气体并不在城市中生成。
>
> （Satterthwaite 2008a: 539—540）

城市人口增长和能源和资源消耗增加，城市正成为气候变化问题的一个重要因素。2006年，受英国时任财政大臣戈登·布朗（Gordon Brown）委托，前世界银行首席经济师、英国经济学家尼古拉斯·斯特恩经过一年调研主持完成并发布《斯特恩报告》。报告认为，城市78%的碳排放来自人类活动（Stem *et al*. 2006：457）。在其2008年世界能源展望部分，根据计算，国际能源机构认为城市地区占全球目前能源消耗的温室气体排放的71%以上，并暗示这一比例到2030年可能会上升到76%。正如上面所引用本领域主要研究机构之一的C40全球城市气候领导小组的数据或者相似数据显示，人们越来越广泛地意识到城市在气候变化中的重要贡献。然而，尽管看似简单自然的观点和他们支持城市应对气候变化行动的善意出发点，仍然有人质疑行动的有效性和观点背后的理论假设。正如戴维·萨特维（David Satterthwaite 2008a）解释的那样，城市能源消耗、温室气体和二氧化碳排放水平千差万别，这会造成相当大的不确定性，比如，在气候变化贡献问题上，城市到底发挥什么作用，它们对气候变化如何响应？

此外，这种粗略的陈述"城市"的责任也被提出来，如果各城市责任都是相同的，这可能会掩盖城市间能源消耗和温室气体排放产生的差异。虽然目前的一些指标表明，温室气体排放主要集中在隶属于经合组织的发达国家的城市中，但是国际能源署发现，到 2030 年，在 2006 年基础上预期增加的能源需求中，将会有超过 80% 的需求来自非经合组织国家的城市（International Energy Agency 2009：21）。更重要的是，在各个国家之间和国家内部，各个城市对全球温室气体排放的贡献有很大的变异性。此外，什么是城市这一具体定义还远未清楚，这使得城市在气候变化问题上扮演了什么角色的问题上变得更加复杂。

尽管存在这些挑战，城市温室气体排放核算仍然是一个重要的任务。在国际上，气候政治的一般原则是"共同但有区别的责任"，承认尽管所有的国家都有兴趣来避免危险的气候变化，但同时在解决问题的时候，根据他们对造成气候变化问题的贡献大小，其责任是有区别的（UNFCCC 1992）。因此，在城市层面，考虑到应对气候变化行动中城市的水平和性质的差异，了解城市温室气体排放的来源和未来增加潜力是很重要的。这些知识对于发展合适的解决方案也同样很有帮助。理解不同城市、不同类型活动对温室气体排放的贡献能够帮助我们理解如何以及为什么这些温室气体可能会减少。例如，由于运输过程中会排放温室气体，对不同城市运输系统之间的差异的理解可以帮助我们在各种城市环境下找出最合适的方式。此外，了解城市中哪些特定区域产生温室气体以及通过何种途径产生，是获取更多的财政支持来解决气候变化问题的一个关键步骤。因此，核算和评估城市对温室气体排放的贡献是了解城市如何应对气候变化的关键部分。 46

本章的其余部分分为两个主要部分。第一部分介绍了城市尺度温室气体排放测量和监测方面所面临的挑战，介绍采取基于生产或基于消费的方法与温室气体排放核算之间的差异。考虑到这些挑战，第二部分比较了不同城市之间在温室气体排放贡献方面出现的差异，并概述了导致全球新兴城市的解释截然不同的因素。这部分还考虑了这种评估后果的问题，特别是采取行动的责任含义。对安曼的案例研究详细探讨了温室气体排放核算与获取新的碳融资来源之间的关系，以及这些方法面临的挑战和问题。结论反映了本章提出的主要问题，并提出了一些需要考虑的关键问题，以及解读建议。

评估城市对气候变化的贡献

随着城市对气候变化的贡献成为舆论焦点，人们研究、设计了一系列的方法、理论和工具来评估当地的温室气体排放。伴随着国际和国家层面温室气体排放评估研究的发展，在过去的二十年中，评估工具也变得更加复杂和成熟。评估方法主要是将温室气体排放量分配到其排放源的区域中。也就是说，他们试图找出在特定的城市区域中确定排放温室气体的过程都有哪些。在这些方法中，测量当地政府范围内排放的、最广泛被接受的方法由倡导地区可持续发展国际理事会（ICLEI）开发，这个理事会是欧洲城市气候保护行动（CCP）计划的一部分（UN-Habitat 2011：35；见第四章）。在 CCP 不同部门研究、测试了多种不同的排放测定方法后，设计了测定企业温室气体排放的一套原则（见专栏 3.1），2009 年推出了首个面向国家各行政区域的《国际地方政府温室气体排放分析议定书》。与之前 ICLEI 开发的工具一样，它允许城市政府计算自己的温室气体排放量，以及评估当地的排放量（ICLEL 称之为“社

47

专栏 3.1

温室气体协议：企业核算和报告准则

关联性：温室气体清单应适当反映地方政府或地方政府社区内的温室气体排放，应反映地区地方政府实施措施的效果及其承担的责任，以更好地服务用户。

完整性：在清单边界内的所有温室气体排放源和活动都应当被计算在内。应公开所有的特定的免责。

一致性：使用方法应一致以便随着时间的推移做有意义的比较。在时间序列中数据、清单边界、方法，或任何相关因素的任何变化，都应披露。

透明性：所有相关问题都应以事实和连贯的方式，以提供清晰的审计跟踪，应要求审核。任何相关的假设都应当披露，包括适当引用的会计计算方法和数据源，其中可能包括本议定书和任何相关的补充。

准确性：温室气体排放量的量化不蓄意地超过或低于实际排放量。准确度应足以使用户做出决定，并保证所报告的信息的完整性。

（ICLEI 2009：7—8）

区”），这就是当前的温室气体排放清单。

对于个别城市政府，计算其自身或社区层级的温室气体排放需要确定要包括的排放范围、计算的排放源以及将用于完成此过程的活动水平数据。根据国际和国家的公约，城市政府应重点测量和监测范围 1 和范围 2 的温室气体排放，而不包括范围 3（见专栏 3.2）。 48

这种关注焦点是在某个管辖范围内产生的排放，或者是该领域内消耗的能源的直接结果，以此形成一种核算方式，引导人们关注产生温室气体的源排放清单。就这些清单所包含的部门而言，城市之间可能存在很大的差异。例如，全球 28 个最大城市的碳排放清单项目（CDP）进行的一项分析发现，尽管 93% 的分析包括了建筑物的温室气体排放

专栏 3.2

温室气体排放量范围的定义

根据《温室气体议定书》，世界可持续发展工商理事会和世界资源研究所开发一种自愿性碳核算工具，将划定企业（实体）温室气体排放分为三组或“三种范围”：

范围 1—直接排放：在实体控制范围内的活动所产生的直接排放，来自现场燃料燃烧、生产过程、制冷剂损失和企业车辆。

范围 2—间接排放：实体控制下耗电和热能所产生的排放。来自实体所购买和使用电力、热能和蒸汽所产生的间接排放。

范围 3—其他间接排放：其他。任何其他间接排放，来自实体不能直接控制的排放源，比如员工出差、外包运输、垃圾处理、水的使用和员工通勤。

（The Carbon Trust 2012）

量，但只有 39% 包括供水信息，只有 14% 包含员工通勤数据（Carbon Disclosure Project：17）。用于分析城市温室气体排放的数据种类也有显著差异。在制定《国际地方政府温室气体排放分析议定书》时，ICLEI 建议有三个可用于此目的的“级别”的数据，每个数据都权衡了准确性、可用性和可比性：

49

T1 级是基本方法，经常利用 IPCC 推荐的国家层面的缺省值，而 T2 级和 T3 级在复杂性和数据需求方面要求更高。虽然 T2 级和 T3 级被认为更准确，但在获得信息所涉及的工作量与获得信息的可靠性之间要有个折中选择。地方政府在分析温室气体排放时应采用最可行的等级。

（ICLEI 2009：23）

因此，更详细和准确的城市温室气体排放清单取决于所包含的各种数据。尽管大多数试图计算排放量的城市依赖于使用协议和“T1 级”数据的输入，与上述 ICLEI 模型一样，其他城市也为城市地区制定了具体的方法。这种替代方法涉及收集当地数据（例如能源供应和使用，运输模式和建筑材料）以及排放清单的“自下而上”的开发。澳大利亚纽卡斯尔开发的 ClimateCam 软件提供了最近的和实时的全球温室气体排放数据，并在互联网上、城市广告牌以及新闻周刊上公布（见专栏 3.3 和图 3.1）。

专栏 3.3

ClimateCam，澳大利亚纽卡斯尔

ClimateCam 是世界上第一个温室气体测度计。它提供一个准确的测量方法，跟踪纽卡斯尔市的温室气体排放。

- 电
- 交通
- 水
- 气体
- 废物
- 海滩水质
- 植树
- 总排放量

基于现有的数据，ClimateCam 将提供纽卡斯尔每月能源消耗数据和燃气和运输产生的温室气体排放量。

(Newcastle City Council 2012)

50

温室气体排放清单越来越受欢迎，城市政府已经能够利用这些资源为市政行动创造可行的基础，但仍然存在若干关键的挑战（Allman *et al*. 2004；Lebel *et al*. 2007；Sugiyama and Takeuchi 2008；UN-Habitat 2011）。一个关键的问题是数据的可用性。在许多城市，建筑物能源标准的性质、日常旅游模式和能源消耗等方面的数据根本就不是常规收集

图 3.1　ClimateCam 广告牌，纽卡斯尔
图片来源：澳大利亚纽卡斯尔市提供

的。在大部分人口生活在非正规或非法居住区的城市，数据缺乏是一个特别的挑战。尽管这些地区可能对城市的总体温室气体排放量几乎没有贡献，低估这些地区的人口和经济生产力可能会夸大这些城市的人均温室气体排放量或单位 GDP 的生产，得出他们对问题的虚假贡献率。例如，莱贝尔等人（Lebel *et al*. 2007：111）研究了城市化对清迈碳足迹的影响，发现“这些不同过程对总体碳储量、碳通量和碳平衡的后果无法准确预估，因为排放因子完全分散或受相关本地数据的限制”。即使在可收集数据的情况下，公共领域也无法获得大量数据，因为私营电力公司将其视为商业机密。这对于英国的城市政府来说已经是一个关键问题，英国长期以来一直在争取获取各地区有关能源供应和消耗的相关数

51

据（Allman *et al*. 2004）。此外，确定每个空间尺度需要哪些数据同样存在困难。ICLEI 承认，能源和材料的动态信息在国家层面上大都很容易获得，因此，当“分析空间的区域限定在城市或自治市”时，受跨界获取能源和材料的动态信息难度过大得影响分析的准确性可能会降低（ICLEI 2009：9）。

测量和监测管辖区边界的能源和材料动态信息问题，提出了开展温室气体排放城市分析的另一个核心挑战——如何以及在哪里绘制边界。定义城市边界，特别是在非正式居住区和移民人口方面仍然有争议。在温室气体排放的情况下，为了计算清单可能需要严格限定的城市边界，但有潜在的误导性。例如，采用不同公约的一个领域涉及在温室气体排放清单中如何计算交通量。在大多数情况下，城市的温室气体清单包括在特定地理边界内的交通工具，但可能不考虑从该地区以外开始或源自城市但涉及超越其界限的交通。特别是空运，这很少包括在清单中，以及涉及郊区和郊区乘汽车或铁路的通勤。实际上，关键问题就是决定与其本质上跨越边界的活动相关产生的温室气体排放量应该如何分配。

然而，当考虑基于温室气体排放量产生的温室气体清单基础时，还有一个更根本的挑战。排放清单的计算方法意味着，它们通常不会计算在我们所生活的城市地区，我们所消费的、不是我们生产的物品和服务所产生的温室气体排放。重要的是，在材料（如建筑）、产品（如服装，电子产品）、我们消费的食物以及我们在城市边界之外处理的废物（如铝的回收）所产生的温室气体排放量并没有计算在这些消费的城市中。52 相反，基于生产的核算系统将这些温室气体排放（即隐含的责任）计算在生产这种商品和服务的城市中（Dodman 2009; Satterthwaite 2008a）。这反映了传统的财务核算形式，它将用于生产的经济活动归因于生产的地方，但是生产链现在已经全球化，生产过程产生的温室气体集中的部分经常位于发展中国家的城市中心，导致的结果是将这些具体的排放责任归因于发展中国家（UN-Habitat 2011：58）。

所采用的计算方法的复杂性、范围、部门、数据水平和可用性，以及边界定义和排除“消费”产生的温室气体排放，这些形成了城市对温室气体排放贡献所需的整体信息。在最近对 C40 城市的贡献评估中，碳信息披露项目发现：

> 大小、构成和方法共同作用导致 C40 城市每个城市的排放量存在巨大差异，城市之间的差距甚至可达 10 倍。有 4 个城市的排放总量为 500 万吨二氧化碳当量，有 2 个城市的排放量大于 5000 万吨二氧化碳当量。
>
> （Carbon Disclosure Project 2011：20）

联合国人居署最近的一份报告认为：

> 对城市排放规模做出明确的声明是不可能的。城市温室气体排放范围没有全球公认的评估标准——即使有，世界绝大多数城市也没有编制排放清单。
>
> （UN-Habitat 2011：45）

尽管有各种不足，但测量、监测和验证城市温室气体排放的努力仍然存在。2011 年 5 月，ICLEI 和 C40 城市宣布，他们正在合作开发新的全球核算和报告城市规模温室气体排放标准，认为“通用方法将有助于地方政府加快减排行动，满足气候融资需求，国家监测和报告要求”（ICLEI 2011）。正如这一说法所表明的那样，应对气候变化已经成为吸引全球碳融资的手段，越来越引起各级政府的兴趣，其能力取决于城市温室气体排放量现行的核算方法——符合国际接受的协议（见“城市案例研究——安曼”）。虽然这种综合方法很有前景，但不清楚简单地创建一个通用的测量工具能否解决数据收集、城市边界确定以及排放量分配给生产活动或消费活动的选择问题。如下文进一步讨论的，消除这些问题可能需要以不同的方式思考城市对气候变化问题的责任。 53

城市案例研究——安曼

安曼的碳融资计算

自《京都议定书》首次通过以来，碳融资已经成为寻找市场化解决以降低人为温室气体排放量的关键方面。清洁发展机制的前提是将减排信贷授予发展中国家可由工业化国家兑换和使用的项目，以实现《京都议定书》之下的目标。由国际小组授予项目贷款，然后由国际机构资助。例如，自 2005 年京都被批准以来，世界银行已经建立了多个碳融资产品，其中包括伞型碳基金（UCF）和原型碳基金（PCF）。与荷兰、丹麦、西班牙和意大利等国家签订了双边协议购买减排额；设立战略基金，如森林碳合作伙伴关系基金（FCPF）、社区发展碳基金（CDCF）和生物碳基金（CFU 2010a）等。这些资金资助了国家减碳举措和私营部门领导的大型基础设施项目。然而，对于通过碳融资可以获得的活动类型和这些干预措施的潜力可能超越一切惯例的情况，存在许多批评。

城市没有大规模地获得碳融资。城市清洁发展机制项目数量相对较少，认识到当地政府而不是国家政府采取气候变化行动的潜力，国际协议和政策通常缓慢。地方政府往往需要国家政府的调解才能获得国际金融和参与国际治理辩论，气候变化也不例外。然而，与私人行为者相比，城市获取这些资金所面临 54 的主要困难与碳融资的实际方面有关（CFU 2010b）。首先，地方政府无论是单独还是与其他行为体合作，都无法应对清洁发展机制项目建设的高昂管理和交易成本。一般而言，交易成本较高意味着碳融资仅限于大型项目，资源有限的城市政府可能无法承担。第二，城市政府可能难以衡量项目在温室气体减排方面的直接效益（在全球层面益处更直观），这样就难以在城市层面上证明这些支出的正当性。城市提出了通过确保减缓项目与共同利益相关联，为城市提供额外服务（例如公共交通项目）来实现减排的想法。然而，当这种情况发生时，困难就在于向清洁发展机制委员会展示所采取措施的“额外性”，也就是说，该项目大大增加了在没有碳融资情况下城市已经发生的事情。

国际组织提出了制度改革，使得碳融资在城市层面得以实现。世界银行研究所成立了“碳融资能力建设计划”（CFCB），为发展中国家的大城市的碳融资提供咨询和支持。除了提供有针对性的建议外，世界银行碳融资部门还提出了全市碳融资方式。在这种方法中，城市被作为温室气体减排的单位。将不同部门（能源、运输、固体废物、水、废水和城市林业）的排放减少行为相结合，制订一个单一的城市温室气体减排计划，可用于获取碳资金（通过国际金融和自愿市场）。这种方法依赖于制订“行动计划”的想法，以便能够整合来自不同行为的减排量。目前，安曼市正在全市范围试行，大安曼市城市政府（GAM）已经制订了“绿色增长计划”（安曼市全面清洁发展机制计划），采用碳融资方法。该计划有三个相互关联的目标：

1. 改善城市环境，同时为气候变化做出贡献；

2. 提高市政服务的成本效益；

55

3. 通过碳市场吸引更多的资金来源。

安曼的这一活动方案将汇集废物、能源、运输和林业部门行动的碳排放（见表 3.1）。绿色增长计划将结合“大都会成长计划”，旨在彻底改变城市形态，主动改造市中心，实施“混合使用街道”原则，建设符合紧凑型城市内涵的城市（见第五章）。

世界银行的代表认为，该计划是由GAM提供技术和政治领导能力实现的，

表 3.1 安曼活动方案大纲

组件程序	行动	说明
城市运输	快速公交系统	重点限制机动交通工具，使其符合 GAM 的规划，专注于混合使用街道
	轻轨系统 巴士及其他公共车辆燃料转换	
城市垃圾	填埋与填埋气回收 塑料回收 屠宰场 能源浪费	为提高废物管理系统的效率项目将继续与世界银行之前的合作 通过公私伙伴关系管理，展示国家最先进的技术
城市林业	城市农业	食品安全方面的担忧 生产性的土地集中在城市空间的边界内 安曼持续出现的水资源短缺是限制它的主要因素
	城市和城郊地区种植园	可以使用再生水 有利于城市废物管理
可持续能源	节能路灯	虽然被认为是“容易的”和“简单的”，但目前仍处于试验阶段
	推广使用住宅节能灯 家用太阳能热水系统	国家研究中心在 700 个家庭实施了试点项目 关注私营部门的参与，因为主要的缺陷是资本投资不足
	风电场	虽然 GAM 已选合适的地点，但是该项目仍有待开发

资料来源：瓦尼莎·卡斯坦·布罗托。

承认到2020年人口增加的预期所带来的压力（达500万），以及日益稀缺的水资源和能源资源。之前与世界银行在城市废物项目中的合作经验帮助GAM顺利与世界银行取得联系，并制订城市行动计划。GAM的计划还考虑了约旦政府与GAM之间的多层治理结构，例如通过约旦可再生能源基金实现。他们认为，安曼绿色增长计划是“世界上第一个这样的计划”，预计会打开其他城市的大门，鼓励其他城市采取类似的碳融资方式。 56

图3.2　安曼市

图片来源：齐格弗里德·阿特内德

行动方案的主要优点是其灵活性。资格在项目开始时确定，以便新的项目可以在没有独立核准的情况下被添加。这样可以降低每个独立参与项目的交易和管理成本的比例。将全市范围的干预措施转变为可量化的温室气体减排制度面临技术挑战。对绩效考核要求项目是可衡量的，这限制了城市和其他行为者为创新项目或碳测量技术尚未开发的项目获得清洁发展机制信贷的能力。例如，安曼绿色增长计划中的计划包含与碳融资有关的方面，但也包含可能不直接抵消碳排放却改善了城市的宜居性和可持续性的目标和活动（见表 3.1）。GAM 代表已表示，致力于寻找碳信用不适用的其他收入来源。尽管如此，量化减排和通过可持续发展行动产生的多功能"共同效益"的问题可能限制了采用以城市为单位的碳融资计划实施的可能性。

瓦尼莎·卡斯坦·布罗托，英国伦敦大学发展规划部

温室气体排放的城市差异和驱动因素

尽管测量和分配温室气体排放到特定城市地区存在困难，确定不同城市对这一全球性问题的贡献的努力一直在继续。认识到不同城市的贡献差异是衡量不同类型城市在全球温室气体排放总量方面的重要性的重要手段之一，也可以帮助我们了解导致温室气体排放的潜在驱动因素。这也是确定城市可能采取的减少或减轻其温室气体排放的各种行动的重要步骤。本节根据温室气体排放量评估城市地区之间可能存在的差异，阐述负责这些排放的有关城市的排放过程和动态，进而反思这些差异和驱动因素在城市层面上对于采取行动意味着什么，以及对可持续、公平的城市气候变化应对的影响。

58

城市差异与温室气体排放的贡献

城市对温室气体排放的特殊贡献需要在数据可用性限制、测量方法差异等方面综合理解。尽管如此，这些措施确实提供了一种开始考虑城市如何以及为什么对全球温室气体排放负责的有效途径。温室气体排放

分配按照国际标准进行的，各国对全球温室气体排放水平的贡献之间的明显差异现在已基本达成一致意见。查看此信息的有效方法是一种以地图形式呈现的“全球变暖潜能值”——不同温室气体排放量的综合效应指数（Worldmapper 2012）。显而易见的是，最富有的国家和那些正在迅速发展经济体的国家目前对全球温室气体排放贡献最大。

> 占世界人口 18% 的发达国家对全球二氧化碳排放量的贡献率是 47%，占世界人口 82% 的发展中国家的贡献率是剩余的 53%。
>
> （UN-Habitat 2011：45）

将城市观点纳入这一分析，开始为总体情况增添了一些细节。世界银行进行的分析表明：

> 全球 50 个大型城市，拥有 5 亿多人口，每年产生约 26 亿吨二氧化碳当量，超过美国和中国以外的所有国家。例如，前 10 位温室气体排放量的城市排放量总和大致等同于日本的排放量。
>
> （World Bank 2010：16）

尽管如第一章所述，城市对二氧化碳排放的贡献可能高达 70%，但分析表明，特定类型的城市环境——大城市地区往往是经济和政治活动的中心——在贡献方面可能更突出。

59 然而，确定哪些城市在对温室气体排放的贡献是最重要的，取决于如何归属和规范衡量依据。根据世界银行分析的数据，即使使用基于归属生产的观点，也可以制定至少三种不同的温室气体排放清单（见表 3.2）。在表 3.2 中，第一列显示对温室气体排放总体贡献前几位城市。这反映了国家形象，美国和日本最大的城市对全球温室气体排放贡献最

表 3.2　评价城市对全球温室气体排放贡献的三种方法

温室气体总量（*$MtCO_2e$*）		人均温室气体总量（*$MtCO_2e$ /cap*）		单位国内生产总值温室气体排放（*$kyCO_2e$/US$bn*）	
纽约	196	墨西哥	15.4	天津	2316
东京	174	圣彼得堡	15.4	北京	1107
墨西哥	167	洛杉矶	13.0	上海	1063
洛杉矶	159	芝加哥	12.0	圣彼得堡	971
上海	148	迈阿密	11.9	墨西哥	922
大阪	122	费城	11.9	拉各斯	893
					（总计 27mT）
北京	110	上海	11.7	曼谷	799
芝加哥	106	多伦多	11.6	利雅得	726
天津	104	多特蒙德	11.6	德黑兰	560
伦敦	73	天津	11.1	武汉	554
曼谷	71	曼谷	10.7	金沙萨	598
					（总计 6Mt）
迈阿密	65	北京	10.1	伊斯坦布尔	384

资料来源：世界银行 2010。

大。第二列显示，根据人均温室气体排放量并非大城市如莫斯科、多伦多和多特蒙德等其他城市贡献率都很高，假设每个人生活在这些地区的人都参与生产。第三列显示单位 GDP 的产生的温室气体排放量，表明了不同城市经济活动的碳强度。有趣的是，第三列计算方法的结果包含了很多温室气体排放总量并不高的发展中国家的城市。鉴于上述数据可用性和核算问题，这些城市的数字需要谨慎对待。还有一点值得注意，

60

为国内生产总值贡献的正规经济计算在内，向城市人口提供生计和服务的非正规经济可能不如碳强度高，但这些经济体并未计算在内，从而夸大了碳强度数值。然而，它为我们提供了一个重要的思路，在那些提供我们当前消费的许多商品的城市经济体中，经济生产的碳强度更高。

鉴于全球城市的多样性和规模，从小城镇到表 3.2 所列的大城市，许多分析师发现，人均温室气体排放量可以视为特定城市条件和生活方式对温室气体排放贡献的最佳指标。他们认为，这个指标可以更容易地显示城市之间的差异，而总排放量指标主要取决于人口规模和特定城市能源供应的性质。例如，在美国，温室气体排放量贡献最大的城市纽约市与其他城市人均排放量之间存在显著差异。纽约人均排放量比休斯敦人均排放量低 40%（World Bank 2010：16），是丹佛的一半，“主要是纽约城市密度高，汽车通勤依赖造成的”（Hoornweg *et al*. 2011：4）。

此外，使用人均温室气体排放量作为特定城市地区贡献的指标，可以突出城乡差距，以及一个城市市区内对温室气体排放总量的贡献差距。比较城市居民人均温室气体排放量和全国平均水平发现，在发达经济体中，城市人均温室气体排放量更低，郊区和市区之间存在特别显著的差异（见专栏 3.4）。2009 年美国一项研究发现，“针对 48 个主要大都市地区居住在市区家庭比居住在郊区家庭的平均温室气体排放量低 35%”（World Bank 2010：17）。然而，从发展中国家的温室气体排放情况来看，情况恰恰相反，这些国家的大城市人均温室气体排放量高于全国平均水平。例如在中国，

61 上海的人均排放量为 12.6 吨二氧化碳当量，而国家人均排放量为 3.4 吨二氧化碳当量。这反映出电力生产对化石燃料的高度依赖，而电力生产是许多城市的重要产业基础。另一方面，由于相对

专栏 3.4

多伦多的人均排放量是多少？

平均而言，在市中心的居民人均产生 6.42 吨二氧化碳当量，而在周边郊区的居民人均产生 7.74 吨二氧化碳当量。然而，市中心有部分区域产生的排放量与郊区普查地段的排放量一致，这部分区域的特点是富人社区，汽车使用依赖较高，房屋老旧、低效。人口密集、交通便利的市中心最低人均排放量为 1.31 吨二氧化碳当量。“杂乱”偏远的市郊最高人均是 13.02 吨二氧化碳当量。

（Hoornweg *et al.* 2011：8）

贫困的农村人口数量众多，因此，全国的排放量人均值较低。

（Hoornweg *et al.* 2011：3）

中国城市之间也存在显著差异。达卡尔（Shobhakar Dhakal 2010：76）分析发现，中国城市可以分为两类，一类是“能源密集型城市，主要位于中国中部和西部地区，多为能源密集型产业，在气候较冷的地区”；另一类是“非能源密集型城市，位于东部沿海地区，服务业较强，在气候较暖的地区”。在南非进行的研究同样表明，温室气体排放与城市条件之间的关系根据所涉及的城市和城市经济类型不同，“非工业城镇人均排放量为 3.4 吨，‘地铁型’为 6.5 吨，工业型城镇的人均排放量为 26.3 吨”（UN-Habitat 2011：49）。

尽管有一个宽泛的趋势，城市对全球温室气体排放的贡献有明显的差异。在全球范围内，大城市温室气体排放量贡献大，但这掩盖了这一贡献的性质及其潜在驱动因素的差异。从全球来看，富裕的城市比贫穷的城市使用更多的能源，产生更多的温室气体排放（World Bank 62

2010：17），这一点也不奇怪。但与此同时，有些城市能源密集型产业集中，意味着发展中国家的一些城市人均排放量显著。通常，通过这些能源密集型产业的产品通常不会被该城市消费，而是出口全球给其他消费者。也许这个分析最重要的结论是，"受城市生活特定的地理、经济和社会因素的影响"，没有一个可以解释城市人均排放量变化的单一因素（World Bank 2010：24）。尽管温室气体排放核算可能是揭示这些因素的一个步骤，但是了解排放动态需要进一步考虑城市条件和生活方式。

城市动态与温室气体排放的驱动因素

从根本上说，任何一个城市地区生产的温室气体排放量都与所使用的能源类型有关——无论是否是"能源密集型"——能源消耗的总量与建筑物、汽车运输和/或供水和卫生服务有关。虽然可用能源来源的"碳强度"不同，但广义而言，煤炭或柴油发电机产生的电力比天然气产生的单位温室气体高，而核能和可再生能源（如水力发电、风能和太阳能）碳强度最低。石油、汽油和柴油作燃料比生物燃料如乙醇碳强度高，石油供热比天然气系统供热碳强度高，但可再生能源，包括热泵和太阳能供热水，碳强度最低。因此，各个城市的能源类型差异导致其对温室气体排放的总体贡献不同。澳大利亚和加拿大的电力主要来自燃煤电厂，两国的人均温室气体排放量高于电力来自天然气、核能和可再生能源的欧洲国家。拉丁美洲城市人均温室气体排放量也各不相同，拉美城市主要依赖水力发电。中国则是多用煤炭发电的国家。

虽然城市生产和城市生活供电的能源类型可以说明温室气体排放贡献多样性，但这不是全部原因。同一国家同类能源组合的城市可能有不同程度的温室气体排放。如上所述，城市、郊区和农村条件也以其各自的方式影响人均温室气体排放。除了能源的类型，重要的是使用的数

63

量。无论是基于生产还是消费为基础的观点，将温室气体排放归因于城市的情况都是如此，尽管不同情况下温室气体排放的驱动因素不同。

基于生产的温室气体排放的驱动因素

为了解释城市温室气体排放方式和产生原因的不同，可以从四个方面进行分析。首先，城市的地理位置及基本需求，包括城市的气候条件、与此相应的供暖和制冷需求、人口增长（或下降）、财富水平和服务供给。温度较低的城市和温度较高的城市能源需求不同。城市贫困，消费消耗量会降低。通常，城市的这些特点形成了城市对自然能源的需求。然而，在具有相似气候的城市之间能源使用程度不同，说明城市属性与其温室气体排放量之间不仅是简单因果关系。第二，城市的产业结构对于当地温室气体排放也很重要——依赖能源密集型产业的城市会比以服务业为基础的城市人均温室气体排放量更高。

第三，城市形态和密度，包括城市布局、工作区域、家庭休闲距离以及建筑间隔和集聚方式。有观点认为，城市越密集，对气候变化的贡献越低。在正规城市地区，城市发展紧密，建筑物保温需求降低。紧凑的住宅倾向于共用墙壁，减少占地面积，创造更强的“城市热岛效应”，减少保温所需的能源使用。城市布局也适用于实施更有效的系统提供能源，如区域供热和 / 或冷却网络。在非正规城市地区，这样的福利很少实现，可以说，城市密度高对健康构成危害并增加气候脆弱性（见第二章；UN-Habitat 2011：54）。 64

除了个别建筑之外，城市发展模式对城市流动性很重要。在发展不是那么密集的城市，特别是在“杂乱”地区越来越多的地方，公共交通工具、步行或骑自行车不方便，流动性模式的比较分析表明，随着密度的下降，世界不同地区的汽车使用均增加。私人机动交通运输方式是城市能源使用、减少温室气体排放量的一个重要因素（Newman and Kenworthy 1999）。但是，两者的关系并不是简单的因果关系。在分析印度交通需求变化的情况时，李俊（Jun Li 音译）发现：

> 城市结构如道路基础设施和运输能源消耗之间的动态相当复杂。道路基础设施的投资主要反映汽车拥有量的增长；汽车拥有量增加所带来的不断增长的需求推动道路基础设施的进一步发展。基础设施的改善也推动了汽车的需求，促进新汽车销售。
>
> （Li 2011：3506）

分析表明，流动性在塑造城市形态方面也很重要，绝不仅仅是决定汽车的拥有量和使用性。与其将郊区或城市杂乱地区视为影响汽车拥有量和温室气体排放增长的因素，不如将郊区增长视为通过以汽车为基础的流动性可实现的城市形态（Paterson 2007）。从这个角度看，特定类型的城市形式是促进某些类型发展的政治基础和经济过程的产物。通过创造更加紧凑的城市发展模式来解决城市温室气体排放问题，但不解决根本问题，效果可能不会很好（见第五章）。

第四，建筑环境的年龄和类型、结构和功能，都不同程度产生温室气体。例如，在英国，超过 25% 的二氧化碳排放量“来自家庭。2005年，这些家庭产生的碳排放量中有 53% 来自供暖，20% 来自供热水，22% 来自灯具和电器，5% 来自烹饪”（Foresight 2008：58）。英国建筑物置换比例很低，这意味着到 2050 年，住房的“65%—70% 可能建于 2000 年以前”（Foresight 2008：59）。在伦敦，室内建筑环境使用的能源消耗远高于全国平均水平的 38%，这也说明建筑部门的能源使用对城市环境尤为重要（Bioregional 2009：11）。

65

在确定制定城市温室气体排放量的因素时，应考察城市的地理位置、产业结构、密度和建筑环境。这些问题往往被认为是城市的自然属性，可以作为城市发展的一般解释。全年低温的天数、经济结构、城市密集程度、现有建筑材料，城市的这些特定特征导致了温室气体排量的不同，这种解释往往考虑城市发展的历史和文化、城市发展的政治和经济以及当前能源生产和使用的方式。过分重视特定城市的温室气体排放量的分析，不能站在全球生产和消费网络中解释，仅仅将城市的“责任”归功于城市，而且未考虑到结构化城市发展的过程，不能创造特定的路径依赖性。分析基于消费形成的温室气体排放的方式可以开启评估排放量动态的方法。

基于消费的温室气体排放驱动因素

从根本上说，基于消费的温室气体排放受收入影响，因此，根据不同社区收入分配不同，城市内和城市之间都存在差异。如前所述，最贫穷的人口和最贫穷的城市的温室气体排放水平比富裕的人口和富裕城市地区的贡献率低，这说明贫困人口和城市无法获得可靠的能源服务（UN-Habitat 2011：53）。与此同时，人口动态，如老龄化、独栋住房量增长和家庭单位减少也对城市产生的温室气体排放总量产生影响。

人口和财富提供了基准线，以便人们了解消费模式如何影响城市温室气体排放。然而，城市对温室气体排放的总体贡献是由所谓的城市新陈代谢造成的，即城市的物质和能源的生产量及其产生的废弃物（Kennedy *et al.*2010）。这种分析可用于提供城市全面的“碳足迹”，显示导致温室气体排放的资源利用和消费不同形式。例如，对伦敦的分析显示，考虑到消费（包括食品、商品、个人服务如银行和娱乐）时，城

66

市对温室气体排放量的贡献会增加一倍（Bioregional 2009）。分析表明，不同的动态标准对城市产生温室气体排放的贡献不同，包括关于服装、饮食和休闲的公认标准。

伦敦的研究报告发现，红肉对温室气体排放量占 27%，水果和蔬菜占 15%，乳制品占 12%（Bioregional 2009）。从这些消费形式减少温室气体排放是很困难的。一方面，我们购买和吃饭的产品的温室气体排放强度由整个供应链中的各组成部分形成。报告指出，“43% 的排放来自农业阶段，15% 来自制造过程，20% 来自运输、储存和发行。这三个阶段占排放量的四分之三以上”（Bioregional 2009）。因此，伦敦的个人消费者很少能够通过自己的行为来减少特定商品的碳足迹。相反，减少城市食物消费产生的温室气体排放可能需要供应链中的其他组成部分采取行动，新的食物消费形式，包括更多地采购本地食物和饮食改变（见第七章）。做出这样的改变是非常不易的。世界自然基金会的一份报告显示：

> 乳制品普遍存在，在数量和频率上都具有高度的渗透性，并且在整个日常生活中构成了饮食的核心部分。这意味着乳制品被日常习惯和文化行为所掩盖。90% 以上的人喝牛奶，大多数人每天都在喝牛奶。牛奶最受欢迎的三种用途是与谷物搭配食用、冲茶或咖啡，或作为冷饮直接饮用，特别是儿童。85% 的人几乎每周都食用谷物，70% 以上的人每天平均饮茶和咖啡三次。超过 70% 的人每星期至每月吃一次冰淇淋，作为夏季小吃或无聊选择，其中牛奶是冰淇淋的主要成分。
>
> （Jackson *et al*. 2009：26—27）

67

日常消费不仅普遍存在，文化习俗产生的消费也是随处可见。图3.3显示了英国日常的“乳品时刻”。这里，乳制品在假日和晚餐多以冰淇淋和典型的英式杯茶形式存在。

文化、习惯和对“美好生活”的期望形成了食物和生活消费品的特点。正如伊丽莎白·肖夫（Elizabeth Shove 2003）所说，我们使用更多的看不见的服务——能源、水和废物——是围绕舒适、清洁、便利、看似平凡的技术基础设施构成的。因此，城市温室气体排放量不仅仅是由城市地理位置、产业结构、密度和建筑环境决定的，还有通过提供能源、水和废物服务的社会和技术系统，它们既由城市结构、城市条件决定，又服务于城市结构和城市条件（van Vliet *et al*. 2005）。 68

乳制品全天候以多种形式食用，作为营养小吃或作为流行的英国菜肴的主要组成部分，如粥、比萨饼和三明治。因此，饮食形式和习惯的主要改变是减少每日摄入乳制品，然而问题是没有可替代品。

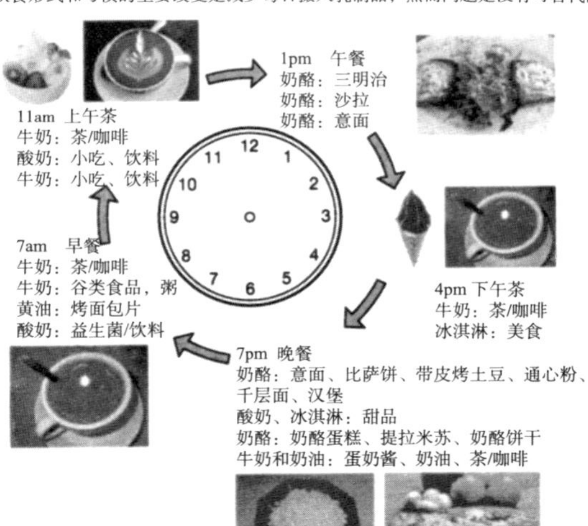

- 据市场研究咨询公司英敏特（2006）和特恩斯市场研究公司（2007）统计，牛奶最受欢迎的三种用途是冲茶/咖啡、谷类食品搭配、作为冷饮直接饮用。这些用途通常都不涉及烹饪，这反映了家庭煮菜中牛奶使用广泛下降。
- 奶酪主要用于午餐，虽然与烹饪主题和特殊场合有关。超过70%的人吃奶酪三明治。意大利菜也用奶酪。圣诞节是奶酪日历中的重要日子，超过1/3的受访者圣诞节的菜单上有奶酪。
- 大多数喜欢酸奶的人每周都做这样一次。酸奶饮料往往会少吃，酸奶可以作为小吃或早餐，以促进身体健康。大量食用酸奶的人每天都使用它做饭。一般的用户倾向于将其保存在冰箱中作为零食和甜点。
- 黄油越来越多地被用于烹饪，特别是肉类。

图3.3　日常乳品时刻

资料来源：奶酪、酸奶、黄油市场调查分析，英敏特2006，
消费影响分析，英国环境、食品与农村事务部2007年报告。

结论

城市无疑提供了导致温室气体排放的各种生产和消费过程。在了解和评估特定城市对全球温室气体排放的具体贡献方面，人们已经付出了巨大的努力，正如安曼案例研究所示，利用（国际）资金来源支持减缓气候变化。在衡量和监测温室气体排放的实际问题以及关于如何分配的更为根本的问题方面，实践仍然存在重大挑战。在城市层面如何衡量温室气体排放量仍然存在显著的不确定性和可实践性。有观点认为，温室气体排放量应继续按照生产地计算归属，尽管不同的指标，例如人均温室气体排放量，就说明城市之间“共同但有区别”的责任可能会更有用。也有观点认为，只有以消费为基础的视角，才能解释商品和服务的消费如何导致生产温室气体排放。

无论采取哪种方式，分析城市如何为气候变化做出贡献是一个复杂的情况。国家、城市和城市社区之间的人均温室气体排放量之间存在显著差异。这些差异不仅是产业结构、城市形态和建筑环境结构等现有形式的结果，也反映了城市化进程的历史发展和经济生产和消费的更宽泛的过程。关注城市温室气体排放的复杂地理位置，对国际谈判进程所采取的方法提出了挑战。至于采用单一目标和方法作为城市气候变化战略的基础是否可以充分解决城市内温室气体排放贡献的差异性，对这一问题提出了疑问。应对这些挑战将是建立更公平、更有效的城市气候变化对策的关键一步。

讨论

69

- 基于生产和消费的城市温室气体排放量计算方法的优缺点各有哪

些？我们如何在城市尺度下分配应对气候变化的责任，其内涵是什么？

- 计算碳足迹：你认为日常生活中哪些方面对温室气体排放贡献最大？首先，或者自己思考，或者在小组讨论。然后使用以下建议的在线工具之一来计算自己的碳足迹。有什么意想不到的结果吗？你高估了什么，你低估了什么，为什么？
- 本章提出的问题在城市层面设定温室气体排放目标方面有哪些挑战？这些可能如何解决？考虑各种指标和目标可能适合不同城市，在任何一个城市建立不同的责任。这种原则在实践中怎样理解？

延伸阅读

除了第一章中列出的主要参考文献外，以下文章和报告是有关如何解释温室气体排放的辩论：

Dodman D. (2009) Blaming cities for climate change? An analysis of urban greenhouse gas emissions inventories, *Environment and Urbanization,* 21(1): 185-201.

Kennedy, C., Pinsetl, S. and Bunje, P. (2010) The study of urban metabolism and its applications to urban planning and design, *Environmental Pollution*, 159： 1965-1973.

Hoornweg, D., Sugar， L. and Gomez, C. L. T. (2011) Cities and greenhouse gas emissions: moving forward, *Environment and Urbanization,* 23 (1): 207-227.

关于城市对温室气体排放的贡献的在线信息可从以下网站获得：

- http://data.worldbank.org/topic/climate-change
- http://knowledge.allianz.com/?1384/green-cities-urbanization-carbon-footprit
- www.brookings.edu/reports/2008/05_carbon_footprint_sarzynski.aspx
- www.cdproject.net/cities.

计算自己的碳足迹可以通过使用在线工具完成。世界各地可供选择很多，以下只是参考：

- www.oneplanetvision.net/take-action/personal-action-plan-calculator/
- http://footprint.wwf.org.uk/
- http://carboncalculator.com/
- www.energysavingtrust.org.uk/Take-action/Your-carbon-footprint-explained.

70

城市气候变化治理

前言

气候变化对城市构成重大风险，与此同时，城市中产生温室气体排放的生产活动集中意味着城市是气候状况的主要责任主体。城市应该如何应对这些问题？城市之间、城市政府和城市居民应对气候变化可能存在哪些差异，又有哪些相似之处？城市发展和应对气候变化的结果是什么？为了解决这些问题，有研究已经开始考虑如何治理城市气候变化。本章旨在探讨这些不同的理论观点，以便为后面章节讨论城市减缓气候变化和城市适应反应提供依据。

治理最基本的意义是指干预以引导或指导他人的行为。有学者认为，治理与“执政”相关，通常与政府的活动有关。也有学者认为，治理可能采取不太明显的干预形式，旨在指导或影响他人的行为。考虑治理问题有两种方式，这样有助于了解应对气候变化对城市政府、管理城市发展和城市日常运作的权力使用，行为人以及试图通过干预规范引导行为、创造新形式的低碳能源或提高适应能力等行为人的反应。

理解治理问题的方法也揭示了治理城市的复杂性。首先，城市是动态空间，有多种形式的规则和权力。城市政府是制定影响城市生活的规则的一种形式，但其他政府和机构也是如此，包括地方政府、国家政府和国际组织。基于规则的权力形式也围绕着城市生活的特定部门展开，包括公交车的车辆标准、公共空间所需的照明等级以及建筑行业的建筑规则。有时，这些规则和标准在不同层次的政府或城市经济部门之间是和谐的，但有时候它们是冲突的。与此同时，公用事业公司、开发商、建筑师、工程师、超级市场和银行等其他行为者都有自己的规则，形成了他们对“正常”城市发展的期望，并越来越多地自愿参与开发低碳或弹性基础设施、产品和服务来引导城市行为。有时候这些自愿式方法可能超出现有的正式“规则”，但它们确实可以在特定的方向引导城市发展。这些强有力的行为人中还包括社区组织、教会、环境组织和智库等组织，这些组织可能缺乏正式的权力和资源，但他们寻求开发新的应对气候变化的行动方式，这取决于他们获取知识的渠道和影响他人采取集体行动或采取新做法的能力。

有学者认为，行为人与方法的多样性打破了战后时期政府是城市治理的主要机构或行为人的一贯做法。也有学者认为，企业和民间社会组织长期在城市发展中起着重要的作用，他们的干预更具连续性。无论哪种情况，显而易见的是，政府不再独立治理，相反，治理这个术语的定义范围已经扩展为参与管理城市的各类政府、企业和民间社会组织（见专栏 4.1）。行为人在不同层级（地方、区域、国家或国际）上运作，还建立新的伙伴关系和合作新形式，从而游走在政界和政企，从而构成新 72

专栏 4.1

新治理？

虽然从参与治理社会的各组织的角度来看，治理的概念可能并不新，但是在当代，治理导致了 20 世纪后期世界许多地区，特别是发达经济体的“国家深刻重组”，具体特点是：

政府在社会和经济关系中的管理作用相对下降；

- 非政府行为人在不同的空间层级上参与多项国家职能；
- 从政府结构的等级形式转变为更灵活的伙伴关系和网络形式；
- 由政府机构提供服务转变为在国家与公民社会之间分担责任和提供服务；
- 将政府责任下放到地方政府。

（UN-Habitat 2009：73）

的政治权威领域。有学者将城市对气候变化的反应描述为多级治理的一种现象（Betsill and Bulkeley 2006；Gustavsson *et al*. 2009）。

了解城市对气候脆弱性挑战的应对，以及对温室气体排放贡献的多层级治理，有助于分析不同城市采取特定手段应对气候变化的原因及方式。本章将分两个主要部分来探讨这些问题。第一部分概述了城市气候变化应对的历史，描绘了城市政府的早期参与形式和20世纪90年代制定的方法，以及过去十年来这一管理行为的变化。第二部分讨论了不同城市的治理模式，以及影响城市应对的体制、政治和社会的技术驱动因素和障碍。无论是通过制度还是干预的形式来塑造他人的行为，治理都是一个复杂而凌乱的过程。干预遇到阻力，产生意想不到的结果，可能会失败。最后总结了本章所提出的主要问题，提出了需要思考的问题以及延伸阅读资料。 73

城市气候变化应对的历史

城市对气候变化的应对可追溯到二十多年前，这个问题的出现是科学和政治共同关注的结果。20世纪80年代后期，人为的温室气体排放与气候变化之间的关联开始出现在国家和国际政治议程上。为了应对这一趋势变化，一些地方政府也开始开创性地制定目标和时间表，以减少对温室气体排放的贡献。例如，继1988年在多伦多举行的国际大气变化大会之后，1990年该城市建立了到2005年二氧化碳排放量减少到比1988年水平低20%的目标（Lambright *et al*. 1999; Bulkeley and Betsill 2003）。在英国和德国，包括莱斯特、柯克利斯、纽卡斯尔、海德堡、慕尼黑和法兰克福在内的城市，出于对能源问题的关注和日益普及的可持续发展概念，制定了气候变化政策和《21世纪地方议程》（Bulkeley

2010; Collier 1997; Bulkeley and Kern 2006）。这些目标和活动是一种象征，刺激了新议程的产生，而不是立刻对温室气体减排产生影响——实际上，大多数早期目标都没有实现。

最初，这些活动只限于少数城市。20 世纪 90 年代至 21 世纪初，参与应对气候变化的城市数量显著增加。同时，城市应对气候变化的本质也从城市政府独自治理转向政府与其他应对气候变化的团体共同行动。在城市气候变化治理的发展历程中，治理方式从政府自愿转向战略城市化。

市政自愿

城市应对气候变化的最初本质是政府自愿的，重点在于减缓气候变化。主要集中在北美和欧洲的几个城市政府宣布要减少温室气体排放，并制定可以实现这一目标的战略和措施。这其中的很多城市此前一直在倡导城市可持续发展，认为应对气候变化行动符合他们在这一领域的承诺。但同时，政府发现各城市各自努力只会对减少温室气体排放做出少量贡献，这些城市政府认识到他们需要某种程度的集体应对。20 世纪 90 年代初，各城市开始组建项目和网络，相互建立联系，分享应对气候变化挑战和机遇的信息，并在这个问题上开始进行政治动员。 74

早期的城市集体应对措施的一个重要特征是跨国性——也就是说，它们试图将不同国家应对气候变化的城市政府联系起来。城市政府在建立协会和网络方面有着悠久的历史，例如，世界地方自治联盟（IULA）成立于 1913 年，欧洲市政和地区理事会（CEMR）成立于 1951 年。然而，直到 20 世纪 90 年代初，这种跨国城市网络才开始讨论环境议程。20 世纪 90 年代初，围绕着气候变化为主题成立了三个跨国城市网络。虽然它们有着相似的目标，但它们的多样起源表明了在这个时期气候变化成为城市议程问题的多种方式。

第一个城市网络是倡导地区可持续发展国际理事会（ICLEI），成立于1990年，由各国地方政府发起成立的城市网络。1991年ICLEI成立了城市二氧化碳减排项目，“旨在制定全面的地方战略减少温室气体排放并以量化方法实现这一战略”（ICLEI 1997）。由美国国家环境保护局（EPA）、多伦多市和几家私人基金会资助，欧洲和北美的14个城市参与了这一项目（Bulkeley and Betsill 2003）。1993年，ICLEI在纽约举行的一个会议上启动了“城市气候保护行动”（CCP），150名市长出席了会议。同年，23个欧洲国家的80多个城市代表出席了在阿姆斯特丹举行的会议。第二个城市网络是气候联盟（Climate Alliance），成立于1990年，总部位于法兰克福，旨在鼓励德国与邻国、德语国家和亚马逊地区土著人之间团结。Climate Alliance认为，应对气候变化意味着减少德国等工业化国家的温室气体排放量，保护土著社区和他们生活的热带雨林。为了解决气候变化问题，Climate Alliance设定目标到2030年将城市温室气体排放量要比1990年低50%；通过与生活在热带雨林中的土著人建立伙伴关系和项目合作保护热带雨林（Kern and Bulkeley 2009）。第三个城市网络最初于1990年由六个城市组建，其中包括总部所在地贝桑松（法国）、纽卡斯尔（英国）和曼海姆（德国）。这些城市政府参与了一个由欧盟资助的项目——Energie Cités——并且从这一初步合作出发，于1994年正式组建成为市政网络，由16名成员组成。尽管解决气候变化问题是Energie Cités的目标核心，但该网络专门负责解决城市范围内的能源使用和能源生成问题。

在欧洲，气候变化的城市网络成员在20世纪90年代稳步增长，并在十年后达到了高峰（Kern and Bulkeley 2009）。在21世纪初进行的一项评估显示，自从它们启动以来的十年，“包括阿姆斯特丹、罗马、斯德哥尔摩和柏林等许多首都城市在内的近 1400 个欧洲城市和城镇至少加入了其中一个城市网络”（Kern and Bulkeley 2009：316）。其中，拥有 1000 多名成员的 Climate Alliance 是最大的城市网络，Energie Cités 在欧洲 25 个国家拥有 160 多名成员，ICLEI 在欧洲 16 个国家拥有约 120 名成员。20 世纪 90 年代末期，在大洋洲、北美洲、亚洲和拉丁美洲的国家增添了新会员。然而，尽管成员数量在增加，但行动主要侧重于减少温室气体排放量和能源使用效率问题。

实际上，第一波城市应对的典型特征被称为市政自愿——主要以城市政府的自愿活动为核心，以建设能力来应对气候变化。尽管在此期间，城市社区减少温室气体排放的目标和时间表经常被采纳，但城市政府面临如何测量温室气体排放，如何规范批准基础设施，如何制定城市发展的政策和规划，如何保障执行这些措施被实施的问题，以及解决气候变化的方法和控制源头方面存在的潜在政治挑战，这些视为比其他城市问题，如创造城市财富或增加城市流动性，更重要（Bai 2007；Betsill and Bulkeley 2007；Bulkeley *et al*. 2009；Romero-Lankao 2007；Schreurs 2008）。

76

由于城市政府试图应对这些挑战并建立行动能力，气候变化往往被重新定义为可实现多种目标或实现共同效益的问题，包括空气污染、居民健康、交通拥堵、能源安全等。尽管如此，许多城市仍在努力寻找更大范围内的社区和相关利益相关者参与城市气候变化行动的途径。此外，除了上文讨论的跨国合作形式之外，城市政府不得不经常独立应对气候问题，国家政府或国际合作机制很少关注城市层面的行动（有一个例外，见 Sugiyama and Takeuchi 2008; Granberg and Elander 2007）。因此，这就缺乏其他层面和领域的支持，没有足够的资源行事，城市应对气候变化的一些初步承诺开始淡化。虽然在这十年间以城市气候政策为特征的城市自主式理想是基于对气候规划和政策的、综合的循证方法，但政府在这一过程中面临机构能力和政治经济的挑战，在应对气候变化超越自己的行动时导致更零碎的和机会主义的方法。虽然一些城市能够发展足够的能力和政治意愿来克服这些障碍，但许多城市在紧急响应需求的言辞与治理气候变化实际情况之间的差距越来越大（Bulkeley 2012）。

战略城市化

到20世纪90年代末，三个跨国城市网络（ICLEI CCP，Climate Alliance和Energie Cités）的成员已经开始趋于稳定。鉴于国际上对《京都议定书》命运的不确定性日益增加，城市政府以及各国政府似乎更不愿意采取积极行动。然而，城市应对气候变化的第二波浪潮开始了。在国家和国际承诺解决气候变化问题，以及越来越多的关于气候变化问题规模和严重程度的科学证据的推动下，现有的城市网络开始扩大规模，新的城市网络也开始形成。这不仅仅是国际目标导致国家行动，使政府行动产生压力，多层级治理体系中的机遇、矛盾和紧张的势头日益增长。在建立和扩大网络的过程中，现有的跨国城市网络开始组织区域性或全国性的活动。例如，Energie Cités在波兰发展了一个区域性计划，ICLEI在南亚、东南亚和拉丁美洲建立了CCP计划（见专栏4.2）。同时，国家层面缺乏政治行动也成为城市应对气候变化行动出现的机会。在美国，乔治·布什政府在气候变化方面的顽固态度日益增加，导致一些城市政府达成了《美国市长协议》（Gore and Robinson 2009）。

77

虽然《美国市长协议》在2000年启动，但是直到2005年才由西雅图市长格雷奥·尼科尔斯呼吁美国各市市长采取行动（Gore and Robinson 2009：142）。在美国10个主要气候变化城市达成初步协议之

专栏 4.2

南亚倡导地区可持续发展国际理事会（南亚 ICLEI）

倡导地区可持续发展国际理事会（ICLEI）成立于 1990 年，是一个城市网络。其五个区域的分支机构（每个大洲一个）为地方政府提供培训、咨询和支持服务。该组织拥有来自 70 多个国家的超过 1200 个地方和地区政府的成员。

ICLEI 在南亚开展城市气候保护行动（CCP）始于 2001 年，最初在印度开展。该项目的目的是启动地方减缓和适应行动。它迅速发展成为系列的气候变化倡议和项目，例如 2005—2010 年的地方可再生能源项目，是一项促进城市可再生能源和能源效率的倡议。ICLEI 与地方政府、国际捐助者和其他利益方合作，为南亚超过 50 个城市编定了温室气体排放清单，建立了试点减缓和适应项目并制定了关于“城市低碳行动”的指导方针。

通过这些项目，南亚 ICLEI 在提高印度地方政府应对气候变化的意识方面发挥了关键作用。ICLEI 城市网络为地方官员提供了学习和讨论气候变化的机会，还提供了通过特定试点项目应对气候变化的机会。例如，通过城市网络，印度城市布巴内斯瓦尔、哥印拜陀和那格浦尔制定了可再生能源和能源效率的政策和战略。这一经验对印度新能源和可再生能源部于 2008 年启动印度太阳能城市项目的最终制定起到了重要作用，南亚 ICLEI 就是关键合作伙伴之一。

ICLEI 的工作也表明了印度城市对气候变化的反应通常采取能源干预的形式。与 ICLEI 合作的城市积极参与减缓气候变化的方案，部分原因是可再生能源和市政能效措施可以节约财政。通过这种方式，能源问题已经成为城市应对气候变化的切入点。

更多信息请参阅：www.iclei.org/sa

Andrés Luque, Department of Geography, Durham University, UK

后，第二次呼吁行动吸引了 180 多名市长，到 2009 年，已有 900 多名市长签署了《气候保护协定》（Gore and Robinson 2009：143）。塞拉俱乐部于 2005 年发起了一个类似的计划——“凉爽城市计划”，现在有超过 1000 名会员。同样地，在 20 世纪初期，霍华德政府坚持澳大利亚不加入《京都议定书》，这促使许多澳大利亚城市政府加入了在澳大利亚开展的 CCP 计划，让地方政治代表认识到这个问题的重要性。此举在全球得到了推广。2009 年《欧洲市长盟约》，要求签署国承诺，通过制定和实施可持续能源行动计划减少二氧化碳排放量，到 2020 年要减少 20%（Covenant of Mayors 2011a），到 2011 年，城市网络成员要超过 2000 名（Covenant of Mayors 2011b）。

在过去十年，还有特定类型城市的其他跨国城市网络形成。其中最引人瞩目的就是 C40 城市气候领导小组，该小组现拥有 40 个正式成员城市，18 个附属成员城市。由前伦敦市长肯·利文斯通、副市长尼基·盖夫隆和位于伦敦的非营利组织气候组织（Climate Group）于 2005 年成立，成立之初有 18 座城市。2007 年，C40 与《克林顿气候倡议》结成战略伙伴关系，成员扩展到全球 40 个大型城市。与 ICLEI CCP，Climate Alliance 和 Energy Cités 网络类似，C40 重视共享知识和经验、展示最佳实践、为成员提供资源，尝试对城市应对气候变化提出战略赔偿，利用这一功能定位在特定国家获取政治资源（Hodson and Marvin 2009, 2010）。与 20 世纪 90 年代跨国城市网络的做法不同，C40 通过各种形式的宣传影响国际和国家议程，包括宣传推广最佳城市实践、主办活动、展示全球城市为解决气候问题所做的贡献（Arup 2011b; Carbon Disclosure Project 2011）。与《克林顿气候倡议》结成战略伙伴关系后，该网络有了流动资金、知识和其他合作伙伴，可以开展具体项目，包括“建筑能源节能改造计划”，旨在鼓励商业建筑中使用节能新

78

模式；“正气候发展计划”，与城市发展公司阿鲁普公司共同开展，旨在汇集全球低碳发展示范项目。

新城市网络的出现以及 ICLEI 的 CCP 计划的推广使越来越多人参与发展中国家的气候变化问题。例如，印度约有 50 个城市政府参与了 ICLEI 南亚路线图项目，编制排放清单和制定气候变化行动计划，C40 城市气候领导小组成员中有 20 个城市属于发展中国家。与此同时，主流机构也开始考虑这一问题，世界银行 2010 年发布了《城市与气候变化报告：紧急议程》（*Cities and Climate Change: An Urgent Agenda*），联合国人居署 2011 年发布了《全球人类居住区报告》（*Global Report on Human Settlements*）都强调了城市和气候变化问题。发展中国家组织和城市发展日益迅速，越来越多的人认识到，解决气候变化的脆弱性和适应性问题需要在城市层面加以考虑。现有的城市网络，尤其是 ICLEI，已经开始将气候适应作为重点，试图通过“弹性能力”这一概念吸引更多城市加入，2010 年 ICLEI 首次举办弹性城市年度会议提出该概念，还通过适应各分支机构新工具、战略和方案吸引城市。此外，洛克菲勒基金会建立了“亚洲城市气候变化弹性网络”，由 10 个城市组成的城市网络重在强调气候适应。联合国人居署正通过“城市与气候变化”项目与亚洲、非洲和拉丁美洲的城市合作，支持制定城市适应对策。不仅在城市范围内强调减缓，而且在更广泛的范围内应对气候变化，这很不常见。大多数跨国治理倡议一直侧重于减缓。但是，除了这些项目之外，研究表明关注气候适应仍然不是主流研究。在大多数情况下， 80

中低收入国家的城市政府并未认真考虑气候适应。例如，在印度、智利、阿根廷和墨西哥，中央政府开始对城市气候适应产生兴趣，但这种兴趣有待吸引更有权力的国家机关或机构、更大城市或更高层级政府的兴趣。

（Satterthwaite 2008a：14）

尽管发展中国家城市面临着更为紧迫的适应问题，一项对印度、中国、墨西哥、巴西、澳大利亚、韩国、印度尼西亚和南非的 10 个城市的城市气候变化战略研究发现，减缓仍然是应对城市气候政策的重点（Bulkeley *et al.* 2009）。

随着参与气候变化议程的城市逐渐增加，私营组织和民间组织参与城市气候治理的兴趣越来越高涨。C40 和 ICLEI 这样的城市网络越来越多地与私营组织合作，包括房地产开发商、金融机构、建筑师等。有证据表明，这些私营组织正在建立自己的关于减缓气候变化和气候适应问题的网络。例如，2006—2011 年，汇丰银行成立了“气候合作伙伴”，有一部分在纽约、伦敦、香港、孟买和上海等城市开展应对减缓气候变化的措施。美国工程咨询公司 Aecom 拥有一家全球城市研究所，每年该研究所全体人员聚集在某一城市讨论解决包括气候变化在内的重大城市可持续发展问题。应对城市气候变化问题还受到关注公正问题和致力于实现向后石油未来过渡的民间组织的支持，如英国的转型城镇运动（见第七章）。尽管参与城市气候治理的动机和性质不同，但这些城市网络的出现表明城市气候治理的未来趋势应该由城市中的非国家行为者负责。

城市气候变化应对的评价

在过去十年中，城市治理气候变化的形式发生了变化。从少数几个开创性城市主要是北美、欧洲和大洋洲的城市，到现在全球各国家各地区都出现了应对气候变化的尝试性行为，包括大型全球化城市和容易受到气候变化影响的城市，它们吸引大型私营组织和不同形式的社会运动，在城市政治议程中发挥重要作用。如此形成的气候治理方式，我们可以称之为“战略城市化”——这意味着解决气候变化与城市核心关注问题之间日益一致，城市政府和其他城市团体已经开始采取更直接的方法解决问题（Hodson and Marvin 2010）。从某种程度上讲，这种新的城市应对方式反映了越来越多的人对国际谈判的进程和性质感到失望。然而，城市问题自身也是造成这一结果的驱动因素。某些城市关注新兴碳市场创造的机会和为实现国家温室气体减排目标的限制。惠勒等（While *et al.* 2010：82）认为，生态国家重组的过程集中在“碳控制”，它创造了“与气候变化相关的独特的政治经济，气候变化的话语权开放，又迫使国家干预延伸在生产和消费领域”。迈克·霍德森（Simon Hodson）和西蒙·马文（Simon Marvin）就气候变化日益增长的战略重要性提出了类似的观点，即城市需要为经济发展提供资源，特别是能源和水，这反过来又会产生由气候变化问题引发的独特城市政治经济学（Hodson and Marvin 2010）。然而，正如这些学者所指出的，城市政府以及越来越多的其他城市行为人都在关注与安全有关的弹性能力可以确保他们能够适应气候变化的影响，这种关注支撑了气候变化议题。

其结果造成了城市气候治理的复杂局面（见“城市案例研究——墨尔本”）。虽然早期城市应对气候变化的市政自愿方式仍然存在，城市战略的新方式也不断涌现。遍布地区和国家边界的大量城市网络已经出现，政府、企业和民间社会组织之间的伙伴关系现在是解决气候变化的常见方式。在所有这些活动中，致力于应对气候变化的城市总数难以确定。ICLEICCP 和 Climate Alliance 拥有 1000 多个城市，欧洲共同体有 3000 多个成员，这中间有一定程度的重叠。然而，除了这样的跨国城市网络之外，还有几百个城市组成国家和地区的联盟，如“美国市长气候保护同盟”和“英国诺丁汉气候变化宣言”，各个城市也做出自己的承诺。同时，无论是通过国家政策还是国际义务，气候变化都成为不同城市政策和经济部门开展日常业务的一部分，包括欧盟的建筑标准、保险业守则以及碳金融市场发展。

我们对气候变化如何和为何成为城市政策议程的关键因素的理解，主要是由案例研究（墨尔本案例）推动的。然而，在美国，已经对一系列情境变量进行了大规模的评估，这些变量可能解释了城市政府采取气候政策或规划的原因。有研究者发现，气候变化脆弱性与温室气体排放和消耗高能源的经济活动密切相关。而“公民能力”（civic capacity）（例如，收入、受教育程度、政治支持等）可以解释 CCP 运动成员的可能性（Zahran *et al.* 2008; Brody *et al.* 2008）。然而，其他基于美国的研究已经证实了早期的案例研究结果，并且发现，城市政府的政治 / 体制支持能够影响气候变化政策被采用的可行性（Pitt 2010：867），和执行程度（Krause 2011：58）。

评估应对气候变化的方法所导致的减缓气候变化和气候适应的行动会在接下来的章节中详细讨论。评估城市应对气候变化的影响可以通过几种方式完成。第一种也许是最明显的一种方式是，评估战略和措施在减少温室气体排放和减少脆弱性方面的直接影响。在许多方面，这是最难的评估形式，因为它依靠统一的方法来衡量一系列干预措施的影响，并将它们与特定结果联系起来。这是第三章中讨论的测量方法的目标之一，但这类测量方法在实践中仍然非常具有挑战性，迄今为止，非常有限的证据表明，某项具体的方案实现了温室气体减排或某项政策目标已实现。第二种方式是重新定义核心城市的关注点和过程——例如发展、服务、流动性和公共空间——这种方式可能会使气候变化成为他们设想和实施的重点。这种方式的挑战是，虽然许多城市行为者，从市政府到银行、教堂到社区组织都表达了应对气候变化的标志性言论，但在实践中，在多大程度上融入了常规业务，以及在多大程度能对气候变化有所改变，往往难以判断。第三种方式是通过气候变化对其他层级政府决策的影响以及对城市领域以外的其他行为者的行为影响。2007年巴厘岛会议，地方政府是第二大代表团。自那次会议以后，他们已经在一系列的国际谈判中产生影响，他们对城市气候变化问题的日益认可得到国家层面的关注。同样值得注意的是，包括汇丰银行、阿鲁普公司和思科公司（Cisco）在内的气候变化领域的主要企业已经选择关注城市，作为解决气候变化问题的一种手段。这表明，城市现在已经牢牢地站在了气候治理的版图上。

84

城市案例研究——墨尔本

墨尔本气候变化治理

墨尔本是澳大利亚第二大都会区，面积约8000平方公里，估计人口接近400万人。澳大利亚维多利亚州的首府，大墨尔本地区包括31个城市政府，其中许多是城市应对气候变化的开拓者。

过去二十年，澳大利亚气候变化问题的应对政策变化非常大。20世纪90年代初，当联邦政府成为第一个承诺参与联合国气候变化框架公约的国家之一时，最初的热情很快就被更加沉默的行动承诺所取代，彻底反对达成国际协议，规定约束性减排目标（Bulkeley 2001）。20世纪90年代末到21世纪初期，澳大利亚一直反对国际气候条约，认为大幅度减少温室气体排放将对其出口行业和劳动力造成不公平的经济负担。尽管有这样的国际立场，澳大利亚联邦政府基于气候减排政策会产生经济储蓄“不遗憾”的想法，在同一时期制定了若干关于国内温室气体排放的策略和措施。所采取的政策措施之一是ICLEI的CCP方案，旨在鼓励澳大利亚的地方政府参与减缓气候变化（Bulkeley 2000）。21世纪，由于联邦政府、州政府和地方政府资助，澳大利亚CCP计划大幅增加，到 2008 年，约 234 个澳大利亚理事会参加了该计划，“占澳大利亚人口的 84%”（ICLEI Australia 2009）。

澳大利亚城市对气候变化的反应是在国家政府的这种多层次背景下形成的，国家政府敌视国际承诺，但却支持澳大利亚跨国际市政网络的发展。这种多层次的背景因特定国家的行为而变得更加复杂。20 世纪 90 年代，维多利亚州政府，州总理肯尼特领导下的自由党政府，对能源部门私有化和促进经济增长问题实施了各种改革，但几乎没有考虑到环境后果（Jessup and Mercer 2001）。虽然 1998 年出版的《维多利亚温室行动：应对全球变暖战略》承认气候变化是一个政策问题，但它被一些人视为公共关系“演习”（Jessup and Mercer 2001：23）。1999 年以后，劳工党政府制定了更全面的气候政策方针。2002 年的“维多利亚州温室气体战略”提出了一系列措施，鼓励开发和使用可再生能源，减少对能源的使用，制定建筑节能标准，从 2005 年起新的建筑发展要达到 5 星标准，推动绿色能源发展，支持澳大利亚地区和农村的 CCP 计划，支持地方政府之间建立地区合作伙伴关系，共同应对气候变化。

85

墨尔本各地应对气候变化的发展过程代表联邦政府和州政府的反应。虽然墨尔本的一些城市在 20 世纪 80 年代和 90 年代曾涉及能源效率和可再生能源问题，但它是 1998 年澳大利亚 CCP 计划的基础，它推动城市政府直接参与城市气候变化议程。在 1998—2002 年，墨尔本各城市政府加入了 CCP 计划，开始计算温室气体排放，这是一个里程碑式的发展。在 2002 年“维多利亚州温室战略”之后，维多利亚州政府提供额外支持，曾参与 CPP 的城市开始建立伙伴关系——北部温室行动联盟（NAGA），以推进其内部政策议程。北部温室行动联盟人口约为维多利亚州人口的 25%（NAGA 2008），它是一个非正式的城市网络，用于六个开创性城市政府共享信息和开发新项目。在完成了参与 CCP 计划的“里程碑”行动之后，21 世纪中期墨尔本大都市北部的城市，特别是那些早期参与过 CCP 计划的城市，开始制定更加远大的目标和新的办

图 4.1 墨尔本气候治理行动

图片来源：Live. org. au 网航拍图片

法（见表 4.1）。2002 年，墨尔本市通过了到 2020 年达到“零净排放”的目标，“莫兰德计划”（Moreland）2007 年实现零排放。尽管在最新版墨尔本市 2002 年战略中承认，实现“零净排放”的目标将无法实现，但实现大幅减少温室气体排放量的政策目标已被重申，NAGA 理事会正在扩大范围。

在解释这一成功的基础时，参与者认为，在这一领域发挥领导作用的重要性是其成功的主要因素：

86

> 我们无法通过所有这些事情显示我们总共节省了多少钱。我们可能不会显示，我可能是不公平的，但我们可能也无法证明我们花费了多少。作为一个已经获得声誉的组织，我们知道我们正在让墨尔本成为……21 世纪更具竞争力的地方。
>
> （Interviewee, Melbourne，2008）

在气候变化问题上发挥领导作用的战略重要性是一个信号，标志着大墨尔本和其他城市在 20 世纪 90 年代后期所采用的主要以市政自愿为导向的方法已被更具战略性的视野所取代。就墨尔本市而言，领导作用通过 C40 城市网络成员体现。在最近版 2020 年“零净排放”战略中，“越来越多的人认识到墨尔本市需要与全球其他志同道合的应对气候变化的城市保持一致”（City of Melbourne 2008：13）。通过参与国际城市网络，可以获取信息和资源，让墨尔本市展示其在应对气候变化方面的战略重要性。然而，这并非没有挑战（Bulkeley and Betsill 2011）。首先，尽管一些政治企业家对此十分感兴趣，跃跃欲试，但应对气候变化仍需在市政治理框架内开展工作，资源仍然有限，气候变化仍然是城市诸多日常工作的边缘议程。其次，环境与经济议程之间冲突，这个问题在城市边缘地区尤其突出，因为经济增长和发展压力非常大。最后，远大目标的可行性和可执行性，避免成为仅为政治目的而设定的目标，这些几乎没有可能实现。因此，在制定切实可行的目标，管理期望以及看起来在这一领域“领先”都显得困难重重。显而易见，关于地方行为对气候变化的重要性的政策言论尚存在差异，许多理事会将关注重点依然放在内部减排、整个大都市区排放量高且持续上升的问题。虽然新型城市气候治理方式正在出现，但很多“旧”政治问题仍然是城市气候治理的挑战核心（Bulkeley and Betsill 2011）。 87

表 4.1　墨尔本气候治理历程

重大事件	目标	方法
1997/1998 年德尔宾、曼宁汉姆、墨尔本和莫兰德加入澳大利亚 CCP 计划	委员会和 / 或理事会到 2010 年减排 20%—30%	CCP 计划的“里程碑”行动获联邦政府财政援助
1999—2002 年班尤尔、休姆、尼鲁姆比克郡、惠特尔西和亚拉加入澳大利亚 CCP 计划	委员会和 / 或理事会到 2010 年减排 20%—30%	CCP 计划的“里程碑”行动获联邦政府财政援助
2001 年莫兰德能源基金会有限公司成立	莫兰德减少温室气体排放	不伦瑞克电力公司出售后，一个不以营利为目的公司由墨尔本市议会成立。获市议会支持，运行一系列的社区计划解决减少温室气体排放、能源短缺和安全问题
2002 年德尔宾资源效率基金成立	为节能计划提供资金	用于议会大楼和设施投资的基金
2002 年社区电力计划成立	为家庭提供绿色能源产品	德尔宾、怀特霍斯和莫兰德市议会、莫兰德能源基金会和能源供应商之间建立伙伴关系，出售认可的绿色能源产品，并向当地居民提供咨询意见

续表

重大事件	目标	方法
2002 年维多利亚州温室战略	制定应对气候变化的框架，与地方政府合作减少温室气体排放量	通过许多其他措施，建立用于维多利亚州地方政府区域合作统筹的资金
2002 年北部温室行动联盟成立	通过提供有效的方案，并利用理事会、社区和商业行为有效实现温室气体减排	在墨尔本市区北部六个市镇之间建立非正式城市网络
2002 年墨尔本 2020 年“零净排放”战略	旨在到 2020 年减少墨尔本市对温室气体排放的贡献	关注能源效率在环境构建、可再生能源供给和碳补偿方面的综合措施
2005 年新版维多利亚州温室战略	在国家范围内巩固和扩大气候变化政策，包括扩大区域合作倡议	为北部温室行动联盟提供资金，扩大理事会成员范围
2007 年 12 月莫兰德气候行动计划	到 2020 年市实现零净排量目标，2030 年社区实现零净排放量的目标	综合措施，包括鼓励社区由减少排放转向使用可再生能源和碳补偿
2007 年墨尔本气候变化小组委员会	评估气候变化对墨尔本的影响、缓解潜力和墨尔本的机会	80 家私营企业和公共联合委托，开展回顾研究，计划 2008 年出版《未来地图》。特别工作组已经设计了一系列的具体倡议（例如绿色屋顶竞赛、工作人员差旅政策）和行动（例如在改造、清洁煤技术）

续表

重大事件	目标	方法
2008年新版墨尔本2020年“零净排放”战略	到2020年市实现零排放，社区减少排放50%—60%	综合措施，侧重商业区和住宅区、客运以及脱碳能源供应
2008年“迈向零净排放”项目	量化区域排放，评估实现零净排放选择	维多利亚州可持续发展基金赞助的研究项目，由阿鲁普公司于2009年秋季完成
2008年莫兰德太阳能城市倡议	建立一个降低温室气体排放、发展可再生能源的可持续发展社区	莫兰德能源基金会、莫兰德市议会、圣劳伦斯兄弟会之间建立伙伴关系，维多利亚州持续改造低收入家庭，改造老城区，降低社区能源使用，建立能源服务公司。七个太阳能城市项目中，有一个项目获联邦政府太阳能城市计划赞助，获资金490万澳大利亚元

资料来源：巴尔克利和施罗德2009。

89

城市气候治理的本质

如上所述，过去二十年，城市气候治理的出现、发展、巩固、反映了多元化的驱动因素和政治环境。城市政府和其他城市参与者如何通过城市网络、目标和战略来表达意图，需要考虑气候治理在具体城市地区实践中是如何演变的。鉴于城市管理方式的变化，毫不奇怪，在城市内部寻求治理气候变化的手段就不仅限于传统的市政干预手段，如土地使用区划，而是采用广泛的直接和间接干预手段。尽管有这种多样性，但可以确定各城市为解决气候变化都有其独特的治理模式，每一种模式都依赖不同的政策工具和干预手段，调动不同形式的资源和权力。随着城市气候治理进程步伐加快，遇到了一些推动因素和障碍，包括机构能力、政治经济问题和与社会技术转型的可能性等问题。尽管可以认识到不同城市地区已发现的驱动因素和障碍，但其具体性质还是会随具体城市情况而变化。为了解释城市气候治理的性质，本节将总结目前所使用的政策模式以及所遇到的驱动因素和障碍，以便为如何缓解（见第五章）和适应（见第六章）气候变化提供基础。

91

城市气候变化的治理模式

在寻求发展城市气候治理方面，城市政府部署了许多不同的治理模式或治理方式（Alber and Kern 2008; Bulkeley and Kern 2006; Bulkeley *et al.* 2009）。实质上，治理模式是指一套特定的过程和技术，通过它们进行城市治理。相应地，这套特定的过程也依赖不同形式的治理能力或权力，包括工具、技术和工件，以及对气候变化管理的性质和目的不同理解（Bulkeley *et al.* 2007）。关于气候变化，研究表明城市政府一般采用四种不同的治理模式（见表 4.2）。虽然每个模式进程、逻辑和技术组成不同，但它们并不是相互排斥的；相反，城市往往会随时部署这些模式的组合。

第一种，自治模式，即城市政府通过某些方式管理自己的行动。包括管理市政运营（建筑物、车队等），获得更可持续的产品（如购买可再生能源），或设立示范项目。城市内部新形式的组织管理，有时称为"新公共管理"，包括目标设定、新的金融工具和合同管理促进了这种治理模式的发展（Bulkeley and Kern 2006）。在城市应对气候变化方面，自治模式在发达国家和发展中国家的城市都占主导地位。正如戈尔等人

表 4.2 城市气候变化的治理模式

治理模式	政策和机制	逻辑能力要求	优势	不足
自治模式	管理地方政府房地产、采购、示范	新公共管理	在城市政府的直接控制下，可以提供快速、可衡量的、具有成本效益的行动。可以用于展示领导力和政府承诺	这种措施只可以解决一小部分城市温室气体排放量或脆弱地区 / 脆弱社区问题 可能会局限于（短）时间内可以获得经济回报的地方政府
供应模式	低碳或弹性基础设施系统、服务和产品	整合各种社会和技术实体	有潜力解决温室气体排放的重要来源和脆弱性，可以改善获得服务的机会，提高政府负担能力	市政能力受财政限制，取决于资金贷款的条款和条件，提供能源、水、废弃物和运输方面的有限职责。在缺乏基本服务的情况下，发展应对气候变化不太可能是一个优先事项
调控模式	金融工具（如税收、补贴）、土地使用规划、代码，标准等	传统权力形式：强制执行法和制裁	调控措施可以为透明和有效的政策提供依据。也可能会产生额外的收入，可以用于投资其他低碳措施	由于担心其影响企业或特定的社区，调控措施难以落实。基于“法不溯及既往原则”，法规很难适用于如现有建筑物类的现有实体。政府往往不愿规范个体行为，这意味着此类措施的适用范围可能仅适用于城市温室气体排放总量的一小部分

92

续表

治理模式	政策和机制	逻辑能力要求	优势	不足
扶持模式	信息意识增强，激励机制；伙伴关系	权力的不同形式，包括诱导、说服和诱惑	扶持措施需要相对较少的金融或政治投资。城市市政府可以从其他城市行为者在温室气体排放中的资源和能力中获益部。通过达成各种合作伙伴，其他城市行为者应对气候	扶持措施依赖于企业和社区的善意和自愿行动，这可能不会即将到来。 从这些措施无法评估和验证温室气体排放量减少的影响，难以评估它们的成本效益

93

资料来源：联合国人居署 2011：108，112。

（Gore *et al.* 2009：10）认为，

> 这种做法占主导地位的原因并不奇怪，因为这种做法需要很少或不需要大宗购入某类产品，可以减少政治争论；通常直接产生回报节约成本；能够快速、核查减少排放数量；减少（地方政府）排放是 ICLEI 和加拿大城市联盟的重要的第一步。
>
> （Gore *et al.* 2009：10）

当然，这些优势是显而易见的，但过于关注自治模式的不足也值得注意。考虑到与整个城市相比，直接受市政控制的温室气体排放或脆弱基础设施和社区占比较小，过分强调这种治理模式可能会对解决城市气

候问题的潜力过于乐观，这种方式只是解决整个城市应对气候变化难题的一小部分。 95

第二种，供应模式，即发展低碳或弹性基础设施系统，提供具有低碳足迹或寻求提高适应能力的服务和产品。这种治理模式很重要，因为它有可能对生产和消费产生重大影响。虽然发达国家的城市政府传统上提供基础设施及公共社会服务（如能源、水和废物），但过去几十年，根据规定，这些基础设施系统互相都是"割裂的"。在发展中国家，城市政府往往要对这类服务承担一定的责任，但是服务范围偏低，满足群众获取服务机会和政府负担能力的不足意味着考虑气候变化减缓和适应的范围经常受到限制（UH-Habitat 2011; Satterthwaite 2008a）。通过干预手段要求城市政府和其他参与者开发新的方法提供社会公共服务和满足需求的基础设施和系统。这种管理模式可以通过示范项目和向现有系统引入新型能源、水和废弃物技术来实施。然而，这种系统大规模转型通常需要创新，而且需要重新整合参与者、资源、技术和社会习俗（Geels 2002; Smith *et al*. 2010）。尽管存在这些局限性，越来越多的城市政府正在采用与减缓和适应措施有关的新形式，并与其他参与者共同尝试应对城市气候变化的新方法。

第三种，调控模式，即监督、指导以及决定特殊条件、操作方式、行为和标准，可能是在应对气候变化领域中使用最少的一种模式（Bulkeley *et al*. 2009；UN-Habitat 2011）。尽管如此，城市政府在这种模式下既定使用三种机制——财务条例（例如税收、补贴）、与拥堵收费相关的土地使用规划（例如混合使用需求、密度发展、分区和纳入可再生能源）、制定标准，特别是与新建筑和建筑翻新相关的标准。这种管理模式依赖于城市政府执行监管的能力和对违规行为者的制裁能力。一方面，这意味着这种模式通常是清晰透明、意图是明确的，可 96

以有效监管，特别是在使用特定技术和鼓励行为改变方面。另一方面，它的直接透明也会招来反对者，尤其是可能受到不利影响的行为者，有反对者担心这种措施是一种社会倒退，也就是说，他们给社会最底层的人增加了不利的负担。例如，伦敦市长在城市的某些地区推行统一的拥堵收费标准时，反对者认为这会给社会中的贫困阶层带来不公平的负担。

第四种，扶持模式，即通过合作、参与的方式促进、协调、鼓励其他参与者的行为（Bulkeley and Kern 2006；Bulkeley *et al.* 2009；Gore *et al.* 2009；Hammer 2009；UN-Habitat 2011）。反映了城市管理不断变化的本质。在直接权力有限的城市地区，面对提供基础设施和服务的能力下降，各种形式的气候变化调控存在政治分歧的情况下，城市政府转而采用的一种模式。虽然这种治理模式在发达国家尤其重要，但有证据表明，它正在成为发展中国家寻求治理气候变化的城市政府和其他参与者应对这一问题的重要途径之一（Bulkeley *et al.* 2009）。这种模式的实施有多种方法，包括信息和教育培训、奖励措施（如补贴、贷款）和具体的配套计划。这种模式经常用于运输和建筑部门，这两个部门行为变化可能对温室气体排放或脆弱性产生重大影响。在寻求发展和部署一种有利的治理模式间达成平衡，对于城市政府来说是一个特殊的挑战。扶持模式不依赖于直接的权力或干预手段，如自治模式和调控模式，而是采用替代形式的权力，包括“诱导”如经济激励或劝说，“诱惑”，试图赢得人心（Allen 2004：27, 28），以及“适应新习俗和创造新能力的原动力”（Coafee and Healy 2003：1982）。总之，“政府可能不得不进行诱导和劝说，而不是使用过去的谈判和外交技巧，政府内外有产生更多的利益关系，建立利益联盟，重在引导而不是直接干预”（Leach and Percy-Smith 2001：4）。

20 世纪 90 年代城市气候治理的四种模式占主导地位，但随着城市 97 化战略的发展，城市应对气候变化出现了新兴方法，私营企业参与者发起和追求的新的治理模式也同样存在（Bulkeley *et al.* 2009；UN-Habitat 2011）。在这些新模式中，“非国家行为者（如基金会、开发银行、非政府组织）和地方政府之外的公司和公共机构（如捐助机构、国际机构）正在启动治理城市气候变化的计划和机制，有三种不同的方式：自愿、公私供给、动员”（UN-Habitat 2011：107）。在这种情况下，自愿模式是指使用所谓的“软”监管影响私营企业和公私营合营企业。公私供给模式承认非国家行为体在提供基础设施和服务方面日益增长的作用，或可以作为公共机构提供的替代者或提供平行服务。动员模式是指非国家行为者为鼓励他人采取行动所做的努力，例如通过使用激励计划或教育培训，反映出扶持模式（见专栏 4.3）。

专栏 4.3

曼彻斯特是我的星球：动员社区？

2005 年，曼彻斯特知识资本，一个由大学、地方政府、公共机构和大曼彻斯特地区的主要企业组成的战略伙伴关系，在获得国家政府资助的情况下，启动了“曼彻斯特是我的星球”倡议。该倡议旨在让当地社区和个人参与减少温室气体排放，“承诺在 2010 年前大曼彻斯特的碳排放量将减少 20%，以帮助英国履行其在气候变化方面的国际承诺”。在 2009 年活动接近尾声，组织者估计，有 21 309 名当地居民已经接受了这一承诺，每年居民采取行动有助于减排 46 500 多吨的二氧化碳。

这一案例说明，公共和私人行为者动员社会成员对气候变化问题采取行动的合作潜力。然而，这类计划存在很大的局限性。第一，提高公民的知识和能力的措施是有限的，这引发了对承诺本身有效性的质疑。第二，与所有自愿行为一样，承诺不承担违约责任。第三，这样的举措对减少温室气体排放的影响是难以确定的。然而，该倡议在政治上具有重要意义。它有助于在地方政治议程和地方政府管控范围之外确立气候变化问题，它已被国家和其他地方政府用作最佳的实践范例。

(UN Habitat 2011：114)

驱动因素和障碍

这些不同的治理方式在多大程度上已实施且已取得成功，这是多种因素的结果，包括实现城市气候变化应对的“驱动因素”和“障碍”。大多数情况下，分析都集中在影响城市对气候变化应对的制度因素和政治因素。然而，二者之外的社会技术因素也很重要（见表 4.3）。

广义上说，制度因素可以被认为是塑造城市机构的能力——正式组织和更多非正式组织，指导社会行动的守则和规则——用于应对气候变化。具体包括知识、经济资源以及不同组织之间分配和共享行为的责任方式。在知识方面，研究表明，越来越多关于气候变化的国际科学共识已经成为城市应对的强力驱动因素，城市采取了相对严格的温室气体减排目标。然而，缺乏专业知识也被证明是一个障碍，特别是在适应气候变化方面，往往在潜在地区缺乏评估能力和有用的手段，缺乏充分了解群众所面临的脆弱性，从而制定地方治理战略。在减缓气候变化方面也存在数据可用性和数据访问方面的问题。CCP，Climate Alliance 和 C40 等跨国城市网络尝试提供工具，通过这些工具城市可以评估自己的温室气体排放量，但这一直受到数据访问问题的困扰，特别是经济发展较差的地区（Allman *et al.* 2004；Lebel *et al.* 2007；Sugiyama and Takeuchi 2008）。

98

表 4.3 城市气候变化响应的驱动因素和障碍

	驱动因素	障碍
制度	城市气候影响的缩小比例有效模型 城市的社会、经济和环境脆弱性的知识 监测温室气体排放量的能力 国家 / 区域政府积极主动支持地方行动 不同层级政府之间的协调 城市网络的跨国成员 伙伴关系的形成 外部资金的可用性 灵活的内部财务机制	城市 / 地区创建或解释模型的能力有限 缺少关于非正式住区脆弱性的数据或知识 监测当前 / 预测未来温室气体排放量的能力有限 城市政府的正式权力有限 行动责任和问题规模之间不匹配 部门与缺乏政策协调之间脱节 缺乏商业和民间组织的参与 财政资源有限
政治	政治联盟 共同利益 政治意愿	关键人员离职 政治周期 / 任期导致短视 其他政策议程优先 与其他重要的经济和社会问题或部门冲突 故意忽略社会边缘群体和弱势群体
社会技术	运作良好和维护良好的基础设施网络 可替代技术和社会组织的出现 后化石燃料时代的消费 / 生产的新文化和社会观念	基础设施不足，不能满足基本需要 刚性基础设施网络和防止变革的制度文化 基于化石燃料的持续可用性的生产和消费文化

99

制度因素还涉及城市应对气候变化的多层级治理背景，包括不同层级政府之间的“垂直”关系，不同合作伙伴和城市政府之间的各种“横向”互动。垂直形式的多层治理以三种主要方式影响城市应对气候变化：规定本地行为者的角色和责任；确定城市政府在关键部门的职责和权力

（如运输、规划、能源）；支持或限制关键部门的政策整合（UN-Habitat 2011）。这些已被证明是城市政府在应对气候变化方面能够做出的决定，制定和执行政策承诺的主要能力体现（Betsill and Bulkeley 2007）。横向形式的多层级治理，在有些研究文献中被称为“第二类”，对于塑造城市能力也很重要。城市网络——区域之间、国家之间的城市间的正式或非正式协会，城市与非国家行为者之间的伙伴关系——对发展市政能力提升意义重大。它们促进信息和经验交流，提供专业知识和外部资金，为促进应对气候行动的个人和机构带来政治声誉（Bulkeley *et al*. 2009：26；Granberg and Elander 2007; Holgate 2007）。

经济资源也是重要的制度因素之一。在城市政府缺乏提供基本服务资源的地区，气候变化问题不大可能引起重视。社会公共服务缺乏可能会导致更为根本性的问题，包括城市政府必须在“地方收入转为经常性支出或偿还债务”的前提下投资的财政能力，以及“不具代表性的、不负责任的、反贫困的政治态度”——因为他们认为生活在非正式居住区和在非正规经济系统中工作是一个“问题”（Satterthwaite 2008a: 11）。有经济资源的城市政府组织与气候有关的活动的也会遇到困难，要么因为需要回收期，要么因为组织结构没有为这种跨领域问题分配的具体预算。在某些情况下，城市政府会创建新的财务机制，例如，循环型基
100
金，节能措施获得的资金将重新用于在其他的能源项目中，或者能源服务合同承包的形式，私营企业在节能能源措施的投资和利润来自财政结余（UN-Habitat 2011）。

政治因素是指可能性和限制的因素。应对气候变化涉及对气候变化问题的政治领导力以及城市治理的政治和经济背景，包括执政党和政治任期问题以及更基本的问题，例如在塑造城市发展道路方面具体的经济利益和政治利益。有研究表明，个别政治领袖或政策企业家（见专栏

4.4）对城市发展、政策和项目追求至关重要（Bulkeley and Betsill 2003；Qi *et al.* 2008; Schreurs 2008）。城市政府和其他行为者在同行中展现领导作用的机会也很重要，例如由气候组织和芝加哥市长组建的“芝加哥前进计划”，旨在使芝加哥的主要企业加入公私合作伙伴关系，以实施既定的气候治理举措（The Climate Group 2011）。政治领导者本地化、重构或“打包”气候变化与其他本地社会和环境效益相关问题——如减少空气污染，改善社区或节省资金等——的能力也是影响气候变化在城市议程中的政治命运的关键因素（Koehn，2008）。

专栏 4.4

政策企业家

政策企业家，参与政策或计划创新的个人，愿意投资资源——时间、精力、声誉，有时是金钱——在未来希望得到回报……以他们认可的政策形式、参与满意度，甚至个人权势；以保障工作或职业晋升的形式。

（Kingdon 1984：122）

政治因素从根本上决定了城市是否应该应对气候变化。在许多城市，“不在我的地盘”和“不在我的任期”这两个提法很普遍，特别是在发展中国家——资源有限等其他问题更为紧迫（Bai 2007）。应对气候变化常常与主导城市的政治经济体直接冲突，土地开发导致城市扩张，增加人口流动性和消费是必要的，但这种做法增加了温室气体排放量，并将城市脆弱性问题置于一边。这类问题在经济欠发达的城市尤其显著，因为“温室气体减排具有负面的内涵，人们认为这会使他们失去在服务业和经济活动中的基本权利，‘减少增长’或‘不增长’的前景是不可行的”（Lasco *et al.* 2007：84）。在发达国家的城市中，城市增长与气候变化的主导形式之间的紧张关系也很明显。在这两种情况下，城市应对气候变化的行为范围是根据现有的、适当的增长形式预先设定的，这种做法是存在争议的。目前这种做法是由新自由主义政治和经济秩序主导的（Rutland and Aylett 2008）。

社会技术因素是指城市的物质和技术条件的综合影响——生产能源、供水、建筑等的方式——以及维持和复制城市系统的社会、文化、政治和经济手段。社会和物质因素相结合共同形成了城市景观，城市开始应对气候变化，二者为如何应对和如何制定方案提供了可能性，也设置了限制。因此，城市应对气候变化发生在难以改变的现有城市形态中——减少交通部门的温室气体排放量对欧洲这种密集城市来说是一个挑战，与在城市扩张显著的美国城市所遇到的挑战截然不同，城市交通网络方面往往无法跟上快速发展的亚洲城市。同样，建筑设计的传统做法可能会对实施减缓气候变化和适应气候变化的措施形成巨大障碍，包括用什么标准来确定隔热水平、遮阳量和室内温度。在经济欠发达的城市地区，基础设施和住房长期缺乏是实施适应气候变化措施的重大挑战。此外，对于实现减缓和适应目标至关重要的基础设施网络（如能源和水资源网络）往往在城市政府考虑之外，因为决策权归属地和运营地往往是不同的城市。这类网络适用于嵌入特定形式的制度和社会实践——例如我们在家用水的方式——这种文化习惯实践与对特定形式的基础设施供应进行规模经济投资和政治投资相结合的方式，可以限定应对气候变化的范围。然而，通过发展替代能源供给、新消费文化、促进弹性能力的可选方式，优化社会技术网络，确定气候变化开放的方式是有可能的。

结论

过去二十年，气候变化在城市议程上的地位发生了巨大变化。从欧洲和北美少数几个城市关注开始，气候变化一直受到不同政治、经济、社会和地理背景下的各城市的支持。气候变化已成为与城市增长和发展的核心问题，随着城市数量的增加，城市应对的性质也发生了转变，从“市政自愿”转向“战略城市化”。

城市政府和其他城市行为者现有多种“治理模式”，通过这些方式，努力解决减缓和适应气候变化的问题。这并不意味着城市应对气候变化的发展是没有争议的。研究发现，从制度能力问题到政治经济问题，到城市应对调节的社会技术网络，这些问题既推动又限制了应对气候变化行动。当然，这些在气候变化如何得到解决的总体趋势上掩盖了城市内部和城市之间的巨大差异。同样重要的是，对于全球绝大多数城市来说，气候变化远不是一个重大问题。因此，在大多数情况下，可以认为，气候变化在城市中依然是“无法治理的”。气候变化正在发生，城市化进程是温室气体排放量上升的重要因素（见第三章），但是城市政府和其他城市行为者仍然不知道或不愿意采取行动。随着气候变化的影响开始在城市中越来越明显被感知，越来越多的应对措施和适应措施逐渐出现，但到目前为止，在城市层面上适应气候变化、协调一致的全面做法仍然很少。接下来的两章将更详细地研究减缓和适应气候变化方面所面临的挑战，第七章中还会讨论为城市应对气候变化提供的另一种可能的试验方法和替代手段。 104

讨论

- 比较和对比治理理念的不同理论观点。在各种情况下，城市应对气候变化如何解释？这些观点有什么区别和相似之处？如何理解将气候变化视为城市问题？
- 区分“战略城市化”与“市政自愿”的核心特征是什么？如何理解城市气候变化应对的驱动因素和障碍？
- 以一个或多个城市为例，思考国家和非国家行为者应对气候变化的不同管理模式。哪种行为和方法与本节列出的治理方式有关？为什么可以选择特定模式？有什么意义？

延伸阅读

城市应对气候变化案例和城市应对气候变化反的历史回顾可以在以下资料中找到：

Betsill, M. and Bulkeley, H. (2007) Looking back and thinking ahead: a decade of cities and climate change research, *Local Environment: The International Journal of Justice and Sustainability*, 12(5): 447-456.

Bulkeley, H. (2010) Cities and the governing of climate change, *Annual Review of Environment and Resources*, 35.

Collier, U. (1997) Local authorities and climate protection in the European Union: putting subsidiarity into practice? *Local Environment*, 2: 39-57.

Lambright, W. H., Chagnon, S. A. and Harvey, L. D. D. (1996) Urban reactions to the global warming issue: agenda setting in Toronto and Chicago, *Climatic Change*, 34: 463-478.

第一章列出的核心参考文献提供了当前城市应对气候变化所面临挑战的具体例子。关于城市如何应对的更多案例，请参阅：

- Asian Cities Climate Change Resilience Network: www.acccrn.org/what-we- do/city-initiatives

- Climate Alliance: www.klimabuendnis.org/member_activities.html
- Covenant of Mayors: www.eumayors.eu/index_en.html
- ICLEI CCP: www.iclei.org/index.php?id=800 (and links to regional campaigns) 105

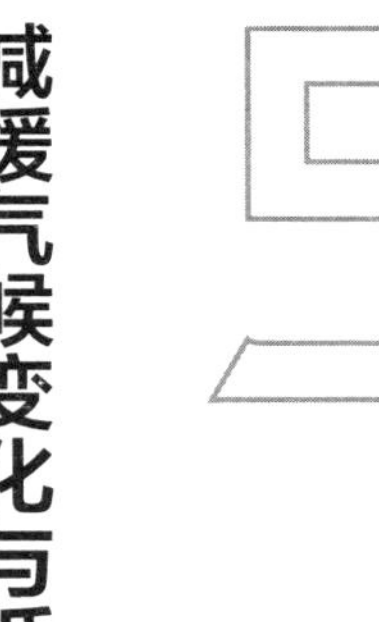

减缓气候变化与低碳城市

前言

随着国际、国家和地方社会组织试图解决气候变化进程的发展，减少温室气体排放或通过建立“碳汇”（carbon sinks）降低大气中现有温室气体浓度成为了议程的首要部分。我们在第一章已经看到，1992 年《联合国气候变化框架公约》的目标是通过减少大气温室气体排放“防止人类干扰使气候系统遭受危险”（UNFCCC 1992）。随后的国际协议，包括 1997 年《东京议定书》和 2009 年哥本哈根会议都制定了集中解决这个问题的国际—政府间目标，设计了温室气体监测方法，预估未来排放量预测，确定了控制目标。尽管做出了这些承诺，全球温室气体排放水平仍然在继续上升。虽然国家已经签署了履行义务的条约，但没有证据表明他们按照条约实现了既定目标。往往是气候变化政策直接影响之外的因素，真正实现了减排。比如，英国政府承诺将会在 1992—2008 年间温室气体排放减少 18.6%，这个目标通过燃煤电厂变为燃气电厂的能源供应系统改革已经超额完成了，这主要归功于其他政治关注和经济关注（European Environment Agency 2011）。同一时期，德国实现了减排 22.2%，这主要是因为 1991 年两德统一后，德意志民主共和国经济增长缓慢、能源使用量低（European Environment Agency 2011）。

106

正是在这种背景下，城市开始着手解决减缓气候变化问题。国际和国家间所面临的挑战促使各城市政府和其他城市行为者开展应对气候变化的工作。从这个意义上说，他们为城市响应提供了真正的驱动力。与此同时，城市还面临着其他治理层面的挑战。本章将探讨城市对减缓气候变化所做的努力。城市政府是气候变化减缓的重要力量，因为它们对产生温室气体排放的一些主要部门拥有管辖权，包括城市发展、建筑环境、基础设施系统（如能源，水和废弃物）、交通运输以及可以充当碳汇的绿色植被，在不同的国家甚至是国家内部管辖权有着很大的差别（Bulkeley and Betsill 2003）。尽管如此，在不同城市间采用一些相同的方法和措施也是可行的。但同时必须牢记，不同城市地区温室气体排放的地理差异很大。正如我们第三章所述，迄今为止，绝大多数温室气体排放是发达国家造成的，包括北美、欧洲、大洋洲的国家。虽然有证据表明发展中国家的城市也开始参与温室气体减排议程，但是历来关注气候变化减缓措施的城市政府，基本反映了上述的地理区域特点。本章主要分四个部分。第一部分论述什么是减缓气候变化，解决这个问题有哪些方式。第二部分详细探讨了城市制定减缓气候变化政策的方式。第三部分以具体事例展示城市政府及其合作伙伴在不同职能部门采取的行动——在城市发展、建筑环境和基础设施体系领域的如何应对措施，分析了这些措施的优点和局限性。第四部分分析了制定和实施城市应对气候变化减缓措施的驱动因素和阻碍。结论总结了本章所提出的主要问题，并提供了需要思考的问题与讨论以及延伸阅读资料。 107

什么是减缓?

人类活动产生的主要的温室气体是二氧化碳、甲烷、一氧化二氮和臭氧，来源于化石燃料燃烧、农业加工和废物处理；而其他气体诸如工业生产和消费过程（比如制冷）产生的氟氯烃、氢氟烃也属于温室气体。就气候变化而言，减缓措施是指减少这些温室气体排放或者消除大气中现有温室气体的过程。

减缓活动的重点，特别是在城市层面，一直是减少化石燃料燃烧产生的、以二氧化碳所为主的温室气体排放量。简单地说，减缓措施是指减少进入大气的温室气体总量。然而，这在实际活动中意味着什么有多种解释。在有些情况下，设立了温室气体的绝对减排目标，比如，某城市到 2020 年二氧化碳排放量将降低为 1990 年的 20%。有些情况下，设定了与预测排放量相关的相对目标，比如，某城市将减少 2020 年预测排放量的 20%。后者虽然仍然会减少进入大气的温室气体排放总量，但通常会导致当前或是过去温室气体排放水平的增加。这种相对温室气体减排目标又称为是“排放强度”。在创造 GDP 的同时，特定消费产品、建筑物、汽车使用过程中的化石燃料导致了温室气体排放。关注排放强度重在减少制造特定产品、提供舒适室内温度、驾驶或创造经济生产力过程中产生的温室气体排放量，这样对于某一个单位，GDP 所产生的温室气体总量就会减少。如果 GDP 持续增长（或是我们消耗更多的产品、行驶更多的里程、建设、加热或是制冷更大的房间），排放总量依然会增加，但是比没有采取降低排放强度之前要好得多。

减缓还意味着可以建立“碳汇”——从大气中吸收温室气体并将其储存起来的机制。城市政府常采用的一种方式是，发展森林碳汇——树木或是其他吸收二氧化碳的植物。减排行动包括扩大森林面积、植林计划，将从前被转化为其他类型的土地重新造林，防止故意砍伐森林，实现保护气候的目的。在过去的五年中，上述系列活动因“减少砍伐森林和森林退化导致的温室气体排放”（REDD）计划被人熟知，现在成为了《联合国气候变化框架公约》应对气候变化的国际间合作的一部分。也可以通过碳吸收和储存来创建碳汇，在生产点（例如大型能源工厂）吸收二氧化碳，后存储在地下岩层，这样可以使气体以安全的方式储存而不泄漏到大气中。这套技术目前正处于研究和开发的初级阶段，只在少数实验点测试过。

108

如果减缓措施超越了减少温室气体排放绝对值的直接目标，特别是在资助计划的机制落实到位的情况下，再确定什么是减缓措施时就会困难重重。首先，所谓计划额外性的评估，即它们是否是在没有特别干预措施或提供资金支持的情况下应对可能发生的额外行为。其次，核实措施是否到位以及是否正在实现减排。再次，既然目前大气条件的责任问题复杂，应对气候变化和发展目标相互限制，何时、何地、对谁设定相对减排目标是减缓气候变化的可接受的措施。这些问题表明，虽然减缓措施表面上是一个简单的术语，但如果把重点放在避免排放或创建碳汇，那么包括温室气体在内的问题都是非常危险的。城市层面的减缓政策通常没有明确讨论以绝对或相对条件方式处理减缓问题，如何考虑额外性，以及如何验证和明确责任问题。相反，什么是减缓什么不是减缓是政策制定和实施的基本假设。

制定减缓政策

正如第四章所述，历史上城市气候变化政策的重点是减缓。在过去的二十年，随着更多的城市政府和其他城市活动者参与气候变化议程，从城市政府自愿的方式转变为城市政府尽力减少自己的温室气体排放，并使其他人采取行动，采取更具战略意义的方法，将气候变化视为城市发展的核心。 109

这一转变在全球大型城市和开拓性地实施气候变化应对措施的城市尤为突出，但在其他城市，更多的政府自愿方式依然存在。尽管气候变化的战略重要性发生了变化，但气候减缓政策的制定和实施仍然保持连续性。

市政方针：监测，目标，行动？

对城市层面气候变化问题的初步反应始于 20 世纪 90 年代初。各国政府在国际舞台上开始发展监测方法，城市政府开始建立减排目标和时间表（Bulkeley and Betsill 2003）。虽然只是个别城市开展了这一做法，但令人惊讶的是，这段时期出现了跨国的城市网络。虽然不同的城市网络对于应对这一问题都十分重要，但ICLEI制定的CCP计划确立了制定城市气候变化政策的方法，该政策成为未来二十年的模式。该方案的基础从一开始就采取了一系列里程碑式的监测、目标制定、规划和实施方案，这些措施而后又被另一个跨国城市网络——气候联盟（见专栏5.1）采用。这些初步方法已经形成，监测城市温室气体排放的任务变得更加复杂和更具争议性。

110

专栏 5.1

城市减缓气候变化里程碑式的方法：CCP方法

里程碑式方法1：为基准年（例如2000年）和预测年（例如2020）编制排放清单。

里程碑式方法2：为预测年制定减排目标。

里程碑式方法3：制定一个地方行动计划……描述了地方政府为减少温室气体排放和实现其减排目标所采取的政策和措施。除了直接的温室气体减排措施之外，大多数计划还包括提高公众意识和发展普及教育工作。

里程碑式方法4：执行有关政策和措施……（包括）对市政建筑和水处理设施的节能改造、路灯改造、公共交通改善、可再生能源应用的安装以及废物管理的甲烷回收。

里程碑式方法5：监测和核查结果是一个持续的过程——提供重要的反馈，随着时间的推移可以用于改善措施。

ICLEI 2012

尽管存在挑战，但二十多年前制定的基本方法仍然存在，即城市政府应该测量它们产生的温室气体排放量，然后在此基础上设法制定应对政策。最近，C40 城市气候领导小组宣布了一项新的城市温室气体排放方法，最初与 CDP 合作开发，现在也与 ICLEI 合作开发。过去的二十年，这种方法的基础一直是对应对气候变化所涉及的政策进程的一种特殊视角，市长布隆伯格简要介绍了这一点：

> "我坚信，如果你无法测量它，你就无法管理它。""这是事实，政府也是如此，只有定期和严格地测量和分析我们的努力，我们才能了解努力是否有效，为什么会有这样的结果，并采取更有效的行动。" C40 执委会主席，纽约市长迈克尔·布隆伯格说。
>
> （C40 2011a）

对于布隆伯格和其他这种做法的倡导者来说，监测排放量是每个城市建立应对政策的基础。这也是与其他公共政策相符合的，在这些公共政策中指标、目标、实施手段和绩效监测往往可以提供一个成功战略规划和目标所需要的政策周期的主要元素。有证据表明，这种方法在部分地方开始发挥作用。例如，一份 2008 年来自澳大利亚 CCP 计划的报告显示，

111

> 2007—2008 年度澳大利亚有 184 个成员城市报告了 3000 多个温室气体减排活动。总的来讲，这些活动阻止了 470 万吨二氧化碳当量（CO_2-e）进入大气——相当于 100 万辆汽车在道路上行驶一整年。
>
> （ICLEI Australia 2008）

在国际层面上，ICLEI 2006 年的报告估计，在其 546 个成员城市中，CCP 计划参与者年减排 6000 万吨二氧化碳当量，相当于每个参与者每年减排 3%，全球每年减排 0.6%。（ICLEI Australia 2006）

政策现实

尽管有这些积极的声音，但在城市层面采取政策减缓气候变化，在许多方面一直面临挑战。首先，尽管城市层面可用模式的数量不断增加，但对城市温室气体排放进行评估和监测依然存在许多困难，例如，边界如何确定，哪些类型的排放量应该计算在内，以及数据的可用性。其次，与其他制度结构和当下继续解决的问题（例如教育或卫生政策）存在明显联系的政策不同，气候变化减弱了许多既定的政策领域。这意味着，基于里程碑方式设想的协调对策会随时面临挑战。有些城市政府因此在政府机构内建立了中心部门专门应对气候变化，有些政府则倾向于将气候变化管控纳入市政工作各相关方面。第三，城市政府的不同部门对温室气体排放的资源、能力、责任大小各不相同。例如，在一些城市，城市政府可能提供能源和运输服务；在另一些城市，这些服务可能由私营部门提供。有些情况下，国家政府可以授权城市政府进行城市规划，也有的情况下，则全部是地方政府的责任。在这样多样化和不均衡112的环境下，城市通过不同的治理模式制定的各种政策手段和措施，并不会通过提升认知能力和制定目标就可以轻易地达到理想效果。

尽管监测、目标设定和绩效管理方法为城市政府解决自身排放问题提供了巨大的推动力——例如，通过在城市市政建筑中使用的能源可视化，提供节能的财政案例证据，强调将政府车队中使用代替燃料的益处——但这些在超越市政自身管辖范围之外难以实现。因而一些分析人士认为，城市政府往往会更倾向于采取分散政策逐件解决，而不是采取平滑的线性路线或政策周期（Alber and Kern 2008）。城市政府建立的政策方法被视作一种可以将城市努力聚集的指导方针和向外界展示的手段，而不是作为严格有序的实施步骤。然在大城市和一些开拓性城市发展起来的战略城市化方法，有助于使气候变化更接近城市发展问题的核心，但很少有案例显示，它引导了一种综合的、长期的方法发展新型低碳城市发展方式。相反，标志性或象征性的项目被发展成为展示气候变化重要性的一种手段，并且在目前气候变化战略中汇集了一系列小型的项目和举措，已说明低碳城市化的潜力（见“城市案例研究——圣保罗”）。

城市案例研究——圣保罗

圣保罗气候变化减排

2009 年，圣保罗制定了应对气候变化政策，并成为巴西第一个采取这一措施的城市。该政策也称 6 月 5 日第 14933 号法案，明确承认《联合国气候变化框架公约》，同时确立了圣保罗温室气体减排总体目标。它包括了一个宏伟目标，即在 2012 年温室气体排放量比 2005 年降低 30%。

圣保罗的气候变化政策不是第一个应对气候变化的地方政策手段。自 2005 年以后，城市政府一直在尝试应对气候变化的不同机制，当时它成为巴西首批准备温室气体排放清单的城市之一。能源的使用是圣保罗温室气体排放的主要原因，占总量的

图 5.1　圣保罗市
图片来源：安德烈斯 · 卢克

113

75% 以上。其次是固体废物的处理，约占 23%。这意味着土地利用变化、农业和废水处理产生的温室气体排放量极少。然而，能源是一个广泛的类别，涉及多样化的支撑城市功能的关键活动。排放清单显示，能源的使用与城市发电、工业、私人和公共交通、货运和空运以及住宅和商业建筑都有关。尽管该市大部分温室气体排放量与公路运输有关，但清单的结果显示多种形式的能源使用是城市应对气候变化的首要事项之一。

2011 年，遵循 2009 年气候变化政策，通过全市范围的“气候变化行动计划”，将气候变化减排问题作为重要的地方政策议程加以巩固。这个新兴的议程非常有效，不仅是为了强调解决环境可持续性问题的必要性，而且也是为了整合之前其他城市议程中不连贯的解决方式。圣保罗的“气候变化行动计划”为未来在运输、能源使用、土地利用、建筑和废物资源管理领域的投资提供指导方针和优先事项。这些指导方案以及 100 多项具体行动，从发展机制确保所有公共交通使用清洁可再生技术，到发展利用废物的实验性能源。其他提议的行动包括为大型消费者实施自愿节能项目，提高公共和私人活动中的能源效率，促进可持续建筑实践的立法，甚至重新安排次区域城市中心以促进居住和运输能力。

其中一些行动已经开始。城市政府在城市垃圾填埋场建立了沼气发电厂，提高公共建筑能源使用效率，安装 LED 路灯，建立公交快车通道（BRT），发展自行车道路网。

重新规划运输方式是城市应对气候变化的主要方式之一。城市政府的目标是在 2018 年以前整个公交车队使用全新可再生燃料。现正与 C40 混合动力和电车测试计划的私营公司合作开发扩展城市交通网支持电力公交车，搭配电动无轨电车作为补充。城市化石燃料公交车的转型不仅限于电力驱动汽车，也包括正在计划使用的各种生物燃料，如甘蔗柴油、生物柴油混合物和甘蔗乙醇。

114

城市政府也在快速建设 BRT 通道网络，积极推广公共汽车的使用：官方宣布，对该市交通工具的投资显著增加了其在汽车总里程中的比例，到2020年，希望公共汽车里程数占总里程的70%。其他与运输有关的措施包括，建立综合的车辆检查和维护计划，以减少41 000吨一氧化碳，并通过提供更好的空气质量，节省3900万美元的城市居民医疗费。

能源基础设施的重新配置，还包括推广太阳能技术，这种技术正在通过在新建筑物中强制性使用来实现。自2009年以来，有三间以上浴室的新住宅至少40%供热水所需能量要通过太阳能实现。少于三间浴室的房屋需要通过例如安装双层管道（冷水和热水）以便未来提供太阳能热水所需。其他强制性使用太阳能热水的新建筑还包括酒店、保健设施、体育俱乐部、学校和幼儿园等。 115

图 5.2 圣保罗住房项目中使用的太阳能热水系统

图片来源：安德烈斯·卢克

圣保罗的“气候变化行动计划”是多个城府机构和民间社会学界、私营部门代表合作制定的。由城市变化委员会六个工作组——能源、建筑、废弃物、公共卫生、交通运输和土地利用共同编写。城市发展部门通过协调委员会活动，发挥着关键作用，但其他政府部门以及外部组织包括市财政、交通运输和环保部、圣保罗州能源部、全国汽车制造商协会、圣保罗州工业联合会、比尔·克林顿基金会和几家能源供应商也贡献了力量。这种情况表明，即使城市政府是“气候变化行动计划”形成的主导，他们的行为往往是由支持和实施减缓措施的行为者联合行动的结果。

116

在全球范围内，圣保罗也发挥了重要的气候变化领导作用。2011 年，圣保罗举办了 C40 市长峰会，大城市气候领袖小组两年一度的会议。会议由市长吉尔贝托·卡萨布主持，悉尼、亚的斯亚贝巴和纽约市市长以及 35 个其他城市的公共代表参加了会议。市长峰会颁布了一项联合声明，参与城市强调了“城市”在气候变化中的作用，城市需要掌握这场辩论中的发言权，国家政府和国际条约在赋予这些城市领导权力方面具有重要作用，城市政府需要有足够的支持和资源以采取行动。

安德烈斯·卢克，英国杜伦大学地理学院

一方面侧重于监测现有温室气体排放的政策方针，气候变化战略和措施以现有项目和市政活动直接影响的措施为基础，另一方面，风险掩盖了三个主要问题。首先，各市正在实施的措施数量虽然在增加，但数量仍然很低。碳信息披露项目与美国 18 个城市进行的一个试点项目发现，虽然目标承诺很高，但受政策方针影响现有的措施数量目前很低（Carbon Disclosure Project 2008）。其次，尽管实施方面存在问题，但政策手段抑制是城市政府制定减排气候变化方面必需的一环。城市内部或能源使用产生的排放，即范围 1（见第三章），排除了城市内与商品和服务消费产生的排放。这意味着，某些政府有一定管辖权或影响力的政策领域可能正在被忽视。这也意味着城市有助于改善气候变化的一些重要手段（例如产品消费和服务、国际贸易和运输）被排除在气候议程外（Rutland and Aylett 2008）。第三，尽管新的气候变化战略在一些全球主要城市的城市议程上得到了突显，但这些战略仍然是增量推进方法，与城市政策发展脱节。因此，在城市范围制定一个有力可行的减缓气候变化的方法并非易事。然而，随着减缓气候变化的城市数量的增加，其承诺的行动程度增加，为正在制定的措施和措施范围提供了更丰富的证据。虽然现存的困难不符合上述政策的理想效果，但确减缓活动已经成为世界上许多城市面对的一个非常现实的问题。 117

城市政府减缓气候变化的实践

> 地方政府最容易做到的应对气候变化的举措似乎是：减缓气候变化和可再生能源目标的制定、能源效率刺激项目、教育、地方政府绿色采购标准、公共交通政策、公私合作协议等活动，当然还有植树。
>
> （Schreurs 2008：353）

正如这一分析显示的，城市政府可以寻求制定和实施上诉各种政策方法的方式是永无止境的。从植树造林到更换灯泡，从改造建筑到开发新的基础设施系统，已经进行的举措规模、性质和复杂度差别很大。这反映了不同国家的城市政府都可以采取一定的行动。城市政府在某个特定领域的权力和责任在不同部门和国家之间有很大差异。特别是在能力有限的城市，城市政府侧重于可以自我管理的措施，例如城市试图解决建筑物、车辆和基础设施网络中（通常是有限的）以及政府提供服务的过程中产生的温室气体排放。这种方法不仅仅局限于经济比较发达的城市，比如，开普敦确定了在2010年之前将能源效率提高12%的目标；日惹从2003年开始建立了政府建筑物灯光改造和减少空调使用的方案。正如第四章所述，各城市政府还发展了其他治理模式，以便在政府管辖范围之外推进减排活动。C40城市网络（Arup 2011a）的调查发现，城市解决温室气体排放最有能力的部门是运输、废水处理、水资源和土地利用规划部门，城市或者自行拥有运营基础设施网络或者能够制定有力政策。个别城市政府在建筑部门也拥有强大的权力，能够规范私营部门和\或归市政所有的建筑。能源部门的市政力量最弱，城市政府报告中提出能源供给系统愿景，但几乎没有直接的管控力或影响力。在资源和权力集中较少的其他城市，城市政府的直接调控和提供服务的权力更加受限制，这类政府会倾向于采取授权管理模式来应对气候变化（Bulkeley and Kern 2006）。

118

城市政府能力及其治理模式在城市之间以及三个主要部门——城市发展、建筑环境和基础设施系统（能源、水、废物和交通）——采取的行动是各不相同的。行动范围包括整个城市、特定社区、个别家庭或企业。针对不同的部门，各城市政府在各种层面表现出应对气候变化行动的承诺，从方针政策到涉及大幅减少温室气体排放的具体（不常见）行动。

城市发展管理

在世界不同地区，城市政府正在努力应对复杂的城市发展挑战，包括城市扩张和非正式居住区的增长。在这个方面，减缓气候变化所面临的挑战主要涉及正处于规范居住区增长和商业发展的城市，主要集中在城市周边。在哪里发展新城市、如何发展新城市意味着用于创造新的城市景观（如混凝土、钢铁）的能源密集型材料的使用数量、私人机动车（目前以化石燃料为主）的依赖程度，以及建筑物在其生命周期中使用的能源。例如，在泰国清迈，研究发现，“城市和商业发展的带状和穗状扩展模式以及经济繁荣增长，使得个人车辆的使用在工作和市场中有所上升”（Lebel *et al.* 2007：101）。在其他城市，城市发展的主要压力来自非正式居住区的增长，有时也称为贫民窟。最近的评估显示，到2030年之前，全球贫民窟居民人数将增加到20亿（UN-Habitat 2008）。虽然与这种形式的城市发展相关的温室气体排放量可以忽略不计，但这些地区特别容易受到气候变化的影响，而且获得经济可承受的合适的住房及能源服务的渠道受到限制。以气候变化的角度来应对城市发展的这些挑战，不仅有可能在城市增长和能源消耗高的地区减少温室气体排放，而且还能创造更有弹性的发展形式，能够为人们的需求提供低碳式服务。

119

市政能力对城市发展而言很重要。具有规划责任的城市政府可以指定土地利用或分区计划，以确定城市及其周边地区如何被使用。这些规划权利通常在整个城市运行，城市政府可以支持不同的发展，例如，规划不同级别的住房密度、停车位的分配或综合利用开发，规定建筑某些方面的设计。在英国，国家规划指导原则要求当地规划部门在决策过程中必须考虑气候变化因素（Bulkeley 2009）。在某些城市（包括墨尔本、圣保罗、开普敦），城市政府采取紧凑的城市规划方案，倡导高密度发展和混合用地原则，这样城市的住宅和商业圈距离近，可以减少通勤路程。然而，城市政府并不普遍拥有这种规划权力，在某些情况下，规划决策是在区域甚至全国范围内进行的。即使存在规划权力，实施和执行也面临着重大挑战。例如，在美国，城市扩张

发生在城市之间的边界地区。有些城市主要问题在于执行。在雅格达，萨利（Sari 2007：141）发现，

> 虽然分区许可证理论上是控制土地使用的工具，但实际上因为腐败问题并不有效。1993年的雅茂德丹勿（Jabotabek）管理开发项目研究显示，很多开发商不遵守现有的土地利用配置。
>
> （Sari 2007：141）

120

此外，提倡紧凑的城市发展模式是否适用于所有的城市环境，是有争议的，特别是在密度已经很高的地方，往往会造成过度拥挤，城市的条件不足以满足基本需求。

除了这些规划和管理现有城市增长的努力外，特定的低碳城市发展项目也已出现。包括在城市中通过植树计划开发碳汇的项目，回收和再利用城市内的棕色地带，以及建设新的市区或是全新的低碳城市。加拿大维多利亚州的码头绿地开发项目就是一个例子，该项目基于提供经济、环境和社会价值的基本原则，并在“全面环境系统”的基础上，创建了一个“自给自足的可持续发展社区，一个地区的废弃物为另一个地区提供燃料”（Dockside Green 2012）。香港启德机场的重建计划亦将可持续发展原则纳入其中，包括绿化空间、节能设计、公共教育及区域制冷系统，以减少空调使用中的能源消耗。也许这种低碳城市规划最具代表性的例子之一就是东滩——上海郊区的一个生态城市开发项目，旨在提高能源和水资源的自给率，实现周边农业给当地供给食物（Hodson and Marvin 2010：69）。也正是因为超前的方案，该项目被搁置，到2009年，取得的进展甚微（Pearce 2009）。此外，发展绿地和城市边缘地点作为减缓气候变化的手段也遭到了质疑，新建筑中使用的材料可能

产生明显的温室气体排放，由此产生的流动性会加剧社会的不平等性，因为他们通常都与自然规则相悖（Bulkeley and Castán Broto 2012b）。虽然这种发展可能会提供城市增长、扩张需求与气候变化之间差距的弥合方法，但它们也可能排除了重新利用城市现有地区或寻求鼓励其他城市发展的其他可能性。

除了规划之外，一些城市已经采取了更广泛的原则和方法，开发低碳发展方式。在中国，国家政府和世界自然基金会于2008年启动了低碳城市的具体计划，旨在发展上海和保定居民的低碳经济和低碳生活方式（Liu and Deng 2011; Hodson and Marvin 2010：78—79）。类似的原则已被很多城市所采用。例如，在瑞典小城韦克舍（Vajxo），城市政府以及该市的其他公共和私营合作伙伴已制定了通过开发替代能源，紧凑型城市规划和刺激性奖励政策降低能源使用（Gustavsson *et al.* 2009）。伦敦发展局（London Development Agency）采取明确的经济方式，这一举措表明，作为低碳经济部分行业的市场领导者，伦敦有很好的机会利用这一经济领域的新投资。为了利用这些机会，伦敦发展局"正在帮助刺激和推动低碳、环保商品和服务市场的增长，为伦敦人创造可持续的就业机会"，并在泰晤士河河口区建立了绿色企业区，"在这里可持续发展行业将与可持续发展社区和可持续基础设施一起存在"（London Development Agency 2012）。在开普敦，低碳经济所带来的机遇也被认为是很重要的："通过使用可再生能源和绿色技术，将我们的城市转向低碳经济，为创造就业、技术开发和扶贫提供巨大的机会"（City of Cape Town Environmental Resources Management 2009）。这些方法说明了气候变化成为一个更具有战略意义的问题，它不仅仅被认为是许多待解决问题之一，而且成为城市应该如何发展的核心问题。

121

建筑环境的设计和使用

虽然城市规划和发展提供了应对城市增长和实现低碳经济的手段，但是解决整个城市问题还需要特定行业的参与。建筑环境的设计和使用，包括公共建筑（政府机关、医院）、民生（住房）和商业（办公室、工厂）建筑，都是减排的关键领域。建筑环境中的能源使用是复杂的建筑材料、设计、建筑每日提供能源和水的系统之间相互作用的结果（Foresight 2008）。在全球范围内，这个行业消耗大多数国家最终能源使用的三分之一，且占用了更多的电力市场份额（Bulkeley *et al.*, 2009：122 43）。在这个领域，特别是在能源效率问题上，大部分城市政府大多应对措施都集中在此（Bulkeley and Kern 2006）。此外，关注源效率能够同时推动“多样化（并且经常是不同的）目标”（Rutland and Aylett 2008：636），有助于气候变化政策与更长期的关注相一致，包括有效利用资源，解决房屋寒冷问题和节约资金。城市政府试图通过使用标准、法规和改造现有建筑物来影响建筑环境的设计，并通过经济激励措施和向家庭提供信息来引导建筑物内能源的使用方式以及引导企业改变自身的行为。

传统来说，城市政府在影响建筑环境设计的权力是有限的，尽管他们经常有权批准或禁止某建筑物的改造。但是，有证据表明有些标准和规定正在实施。例如，在印度塔那、巴西圣保罗和西班牙巴塞罗那等城市，规定在新建筑物中使用太阳能热力。在其他城市，正在为家庭和商业建筑制定具体的能效标准。例如，根据维多利亚州 1987 年《规划与环境法案》，墨尔本市在 2005 年推出了 C60 规划修正案，规定所有超过 2500 平方米的新建办公区必须按照条款 4.5 的要求执行。尽管这个标准通常仅规定了新建筑物，但其他建筑物翻修改造时也依然适用。除了使用监管权力外，城市政府还试图通过建设或改造建筑物作为示范项目，展示如何在实践中使用特定的能源效率和低碳技术。印度塔那医院开发的太阳能空调就是其中之一（见专栏 5.2）。

123

专栏 5.2

塔那市的太阳能医院

自 21 世纪初以来，位于孟买大都市区的塔那市一直致力于可再生能源和能源效率。由于毗邻孟买，拥有 200 万居民并持续增长的塔那市正在采取积极措施，减少印度在供需之间的能源差距。该市还在重点城市政服务和办公室实施了能源审计，为主要市政办公室安装了太阳能交通灯和光伏系统，并颁布一项新政策，规定所有新建筑都必须使用太阳能热水。尽管节能是城市的主要动力，但该市还为其碳排放量编制了全市能源审计核算。

在实践中，塔那正在开发城市层面的低碳创新模式。在 2010—2011 年间，城市政府在该市主要医院安装了太阳能空调系统，取代了过时且低效的传统空调系统。该系统与位于医院屋顶上的 90 多个舍夫勒抛物面反射器一起工作。抛物面反射器产生蒸汽，将蒸汽引至蒸汽吸收单元（热交换器）以产生冷空气。由于医院只为手术室和敏感医疗区提供空调。在阳光不充分的时候（如早晨、下午和多云的季风天），该系统使用的是一种靠农业废料制成生物燃料“农业煤粉”的锅炉。

然而，创新就伴随着失败的风险。塔那市政府设法通过与地区和国家政府机构合作寻求资金来分担相关风险，并将系统性能与系统的私营供应商的进度相关联。相应地，供应商渴望成功，为的是展示世界上第一个太阳能空调系统，以此扩大商业机会。

Andrés Luque, Departmetnt of Geography
Durham University

在城市间，城市政府经常参与“改造”现有建筑以提高其能效标准。这些努力往往集中在市政住宅楼，并积极在欧洲不同城市推行，包括维也纳（奥地利）、斯德哥尔摩（瑞典）、伦敦（英国）、慕尼黑（德国）和鹿特丹（荷兰），以及美国多个城市。有些地区，资助“房屋节能改造”项目是由国家政府提供的，例如纽约、芝加哥和费城（UN-Habitat 2011：96）。这些方案和举措往往被认为具有应对气候变化“双赢”的潜力，因为它们不仅减少了供暖制冷所需的能源，通过提供体面的住房还可以解决能源负担、健康问题，以及社会和经济福利方面等更广泛的问题。然而，这些干预措施的目标明显侧重于提高“燃油贫乏”社区和家庭获得的能源服务水平，实现能源消耗（也就是温室气体排放）总体减少的潜力可能是下降的，因为其优先考虑的是室内舒适度的冷暖等级。因此，实现改善能源服务和减少总体能源使用量以实现减缓气候变化的目的，可能需要更宏远的计划。由于这些城市面临能源负担能力不足和获取渠道不畅的问题，这种改造方案在全球发展中国家的城市中并不常见。在采取行动解决建筑环境中的能源使用问题时，“使用节能材料已成为城市政府和其他行为者寻求解决温室气体减排和低价住房供应低下的重要手段”，例如阿根廷的布宜诺斯艾利斯和巴西的里约热内卢（UN-Habitat 2011：97）。

124

也许在建筑环境领域，城市政府已经采取最重要的措施来改变能源的使用方式。努力提高能源效率和减少能源的整体使用，不仅取决于建筑物和电器的物理属性，还取决于它们的使用方式（通常被称为需求管理）——无论建筑物的效率如何，居民都可以开启供热系统，冬天穿T恤，这仍然会导致能源使用效率低下。城市政府利用两种主要途径来管理需求——经济手段（如税收、罚款、激励措施）和各种宣传活动。东京市政府开发制定了独特的城市排放交易计划，该计划规定了大型商业活动和工厂可以产生的温室气体排放水平，允许他们相互交易，以最具成本效益的方式实现必要的减排（见第七章）。更为常见的是，城市政府力图为个人住户和商业活动提供减少能源消耗的激励措施和信息。例如，在香港，市政府建议将空调系统的恒温器设定为 25.5℃，以节约能源；在澳洲纽卡斯尔，居民则可以借用“减少能源工具包”，为他们提供监测能源消耗动态。虽然这种干预措施非常有意义，并可以提供一种让个人能够反思能源使用的手段，但这些措施可能会改变能源使用的原因和方式，有些研究者称之为“价值—行动差距”（Blake 1999; Hargreaves*et al.* 2010），因为在这种方法的实施过程中对某个问题的认知与行为有关。虽然人们对气候变化表示担忧，但民意调查和能源使用趋势上升的现象表明，人们往往不会采取行动。价值与行动之间的这种差距被看作是意识问题——增加人们对于某个问题的认识加以引导。然而，这种方法忽略了能源使用与一系列其他价值观和信仰支撑的社会实践相结合的现实问题，这些社会实践是由提供能源服务和消费能源服务的方式（包括网络、文物、建筑物、社会规范等）决定的（Shove 2003 2010；Hargreaves *et al.* 2010）。这种观点有时被称为社会实践模式，表明试图减少个人住户和商业活动层面需求的城市政府需要清楚消费能源服务是如何生成和消费的，除了信息之外，哪些因素还需要考虑到低碳形式的能源实践中。 125

重新配置城市基础设施网络

城市基础设施网络虽然经常被忽视，但却是城市温室气体排放的重要组成部分。城市内部使用的能源、水和废物处理类型的碳排放影响温室气体排放的程度。这种网络往往不在城市政府的直接控制之下，可能在政治上是有争议的，往往需要长期的规划和投资。与此同时，发达国家出现基础设施条件分裂的情况，全球发展中国家城市这种分裂持续，这些情况都正在创造新的机遇和挑战（Grahamand Marvin 2001）。

在此背景下，减缓气候变化正在成为一个重要的问题，但是另一个问题——基础设施网络的安全和负担能力以及提供基本服务等的其他压力也正引起重视。特别是，解决气候变化问题已成为交通运输行业的一个关键问题，并成为当前和未来城市能源供应决策的重要组成部分，同时面临能源供应持续安全、能源价格升高以及未来化石燃料为基础的能源的可持续性问题。一直以来，尽管对未来能源成本上升和水资源短缺有预期，但对城市水资源、废弃物和卫生系统关注度并不高，将废物作为资源（或能源）的新方法一直未得到重视，这些问题现在开始逐渐浮出水面。

126

广泛的基础设施网络使城市具有流动性，有火车、汽车、公共汽车、自行车和步行等出行方式，有法规、激励措施、机构、文化规范和具体设施（例如火车、汽车，自行车和甚至鞋子）可供选择。城市发展和形态的现有模式——无论是紧凑型还是蔓延型——和基础设施提供的主要形式，塑造了城市流动性对温室气体排放的影响。在全球范围内，运输部门贡献了大约四分之一的温室气体排放量，尽管经合组织国家目前这一比例较高，但发展中经济体，特别是印度、中国和巴西，由于城市扩张和转型，自行车和步行大规模转向机动车辆（Short *et al.* 2008）。除了上述讨论的城市规划和发展举措之外，城市政府还设法提供公共交通系统，促进低碳车辆技术，鼓励个人选择私人汽车的替代品。在公共交通方面，越来越受欢迎的一种方法是 BRT 系统，包括指导性公交路线或专用公交车道，以及公交车在城市交通中优先。在对 C40 城市的调查中，工程顾问公司阿普鲁（Arup 2011：32）发现，这样的系统已经在 13 个城市推出，有 8 个城市已规划引进，拉丁美洲的 6 个 C40 成员都已引进或规划了这样的系统。拉丁美洲这种系统的出现可以追溯到库里提巴和波哥大的开拓性经验，通过 C40 和其他城市网络知识共享，为在拉美城市内发展 BRT 提供国际财政支持。这些举措往往取决于城市政府和（通常是私人拥有的）公共交通服务提供者的合作伙伴关系，以及获取用于建立并实现这些昂贵计划的足够资金的渠道。

相比之下，促进替代车辆和调整运输需求的前期成本可能较低。在许多城市，正在努力推广混合动力、氢动力和电动汽车的使用。尽管最初这种方案侧重于市政车队内新技术的开发，例如旧金山的公共运输车队的“生物燃料计划”（Hodson and Marvin 2010：73）、柏林和汉堡的“燃料电池公共汽车计划”（UN-Habitat 2011：102）。最近的举措侧重于鼓励个人使用替代车辆，例如，电动汽车试点项目“Source London”于 2011 年推出，作为电动汽车充电点网络，为电动汽车开发城市充电点数量，并改善电动车用户的使用权（Source London 2012）。在巴黎，2011 年 12 月推出的“电动车租赁计划”（Autolib）是一种电动汽车“按需付费”计划，遵循在布鲁塞尔的“禅车计划”（Zen Car）下开发的模式，即个人订购汽车俱乐部，并能够预订位于城市周围的许多地点的汽车。除了努力推广这些替代车辆之外，城市政府还通过改善租赁网点和发展租赁计划，力求推广使用其他交通工具，特别是自行车。此类计划在欧洲城市尤其受欢迎，包括巴塞罗那的“公共自行车服务”（Bicing），罗马的“自行车推广”（Romainbici）以及巴黎的“共享单车”（Vélib）。除了寻求提供其他运输选择外，一些城市还试图管理或限制私人车辆的使用需求。这些措施通常在政治上很有争议，难以实施。然而，对 C40 城市的调查发现，23 个城市实施了一种或多种运输需求管理形式，包括拥堵收费，按时 / 限制车辆限制或停车限制（Arup 2011：28）。虽然这些计划通常是为了解决拥堵和空气污染的问题而制定的，但它们也可以用来鼓励民众倾向低碳交通出行。不过，如果这些限制是以拥堵收费

127

为基础的，那么可能会排除负担不起的人，同时向其他人颁发支付和污染许可证。

能源系统、生产和供应建筑物、商业和工业企业使用的能源的基础设施，是大多数城市温室气体排放的来源。尽管城市对城市能源生成、分配和消耗的方式往往无法控制，但可以确定开发低碳城市能源网络的方法。主要有两种方法。一种是许多城市政府力图降低现有能源基础设施的碳排放。世界许多地方的城市政府直接负责的基础设施包括街道照明。照明可能占全球温室气体排放量的 10%，街道照明占温室气体排放总量的 8%（Hoffmann 2011：84）。因此，处理街道照明使用的能源可能是城市政府在这一领域累积产生影响的一种方式。在 2001—2006 年间，印尼日惹通过 CCP 计划制定了"路灯管理计划"，该计划涉及改装 775 个灯泡和安装 400 台电表，耗资 170 万美元，每年节省 2051—3170 吨二氧化碳（每年节能 4 278 408 千瓦时），估计为 211 765 美元（Bulkeley *et al.* 2009：68）。在印度孟买、中国北京和澳大利亚墨尔本也开展了类似的计划。

128

在世界其他地区，城市还负责城市热电联产（CHP）和区域供热方案，为城市不同地区提供不同的供热（有时是冷却）、热水和电力的组合。例如，德国柏林拥有一个城市热网络，其中包括超过 1500 公里的管道和超过 280 个地区规模的热电联产电厂。2008 年 8 月，城市政府与其他私营部门合作一起启动了柏林热电联产试点城，目的是将城市热电联产网络从 2008 年的 42% 的热量市场扩展到 2020 年的 60%（Neuhäuser 2010）。伦敦发展局启动了"分散式能源和能源总体规划"（DEMaP），以显示现有热网的位置，并"协助公共和私营部门发现伦敦的分散式能源（DE）机会"，将有助于实现市长在 2025 年前将分散式能源的能源供应量提高 25% 的目标（Great London Authority 2012）。

城市政府开发的第二种方法是创建新型低碳能源系统。特别是在全球发展中国家的城市，气候变化减缓被视为有利于能源安全的，例如厄瓜多尔基多、哥伦比亚波哥大和巴西里约热内卢，这些城市采取的措施旨在在家庭中推广使用天然气来减少对石油使用的依赖性（UN-Habitat 2011：99）。这些城市还兴建垃圾发电厂应对能源服务、能源安全和日益增长的消费废品三重挑战。这里的一个重要驱动因素是清洁发展机制（见第一章和第七章）。其他城市重点开发新的可再生能源技术。例如，在美国，能源部“太阳能美国城市计划”寻求与地方政府合作开发太阳能示范项目（见第七章）。除了重点发展可再生能源技术，还有“智慧城市”项目，旨在开发电力系统，通过使用智能电表，鼓励特定时间使用电力的激励措施和新的存储技术，使电力需求与现有供应紧密配合。通过将需求与供应相匹配，智能电网的设计能够更好地解决许多间歇性可再生能源问题，更有效地利用它们（见专栏 5.3）。目前，这些项目仍处于开发的早期阶段，尚未进行测试或评估。鉴于消费者和能源供应商需要采取不同形式的行为，实际上，实现其效益可能会比现有示范项目的假设情况更具挑战性。 129

尽管规模和范围不同，但减少现有基础设施的碳强度和开发城市新的能源系统的特点就是通过碳排放控制确保能源供应，提高经济效益（Hodson and Marvin 2010; While *et al.* 2010）。对于一些城市来说，这些驱动因素明确表明了能源独立的要求。在旧金山，关于能源独立的条例要求市政部门制定“实施计划”，征集 360 兆瓦的新一代节约能源，该能源约占该市电力需求的三分之一（Hodson and Marvin 2010：85）。受到国家立法的推动，美国的其他城市纷纷效仿制定减少对化石燃料依赖的策略。通过循环使用水（“灰水”）或收集雨水的方式（尽管并未广泛使用），采用类似的方法来开发节水措施，利用之前未被

专栏 5.3

智慧城市：低碳未来？

“智慧城市”一词通常用于描述信息系统（通常是信息通信技术（ICT））支持城市管理过程的城市举措。智慧城市项目涉猎广泛，例如信息通信技术发挥关键作用的新城市开发项目、电子政务项目、城市寻找和标志计划、电动交通和智能能源项目。

博尔德（美国科罗拉多州）和阿姆斯特丹（荷兰）等城市为了成为“智慧城市”，正在尝试开创性的方法。博尔德当地的能源供应商埃克西尔能源公司一直在支持着智能电网城市项目。这是一个智能电网的试点项目，为了在城市能源系统包括用户之内的所有组件之间实现双向、高速的数字通信。传统电表每月读取 1 次，埃克西尔的智能电表每 15 分钟读取 1 次。这意味着家庭和办公室可以实时共享能源需求和使用情况，从而使电力公司可以预测停电，监测系统的运行状况，调整发电和消耗以提高整体效率。随着效率的提高，由此产生的碳节约规模可能是巨大的。智能电网还可以实现分散式可再生能源和城市能源系统之间的更大整合，这被埃克西尔能源公司视为该项目未来可能带来的收益之一。

在阿姆斯特丹，城市政府和当地的能源供应商以及其他 80 多个公共组织、企业和研究机构，正在推动阿姆斯特丹“智慧城市倡议”。该计划测试了将信息和通信技术与移动性、公共空间使用、业务发展和能源使用等若干城市动态联系起来的试点项目。总体目标是减少城市的碳排放量，该项目高度重视行为变化。在其能源部分，该计划正在测试关于电动交通、智能电表、智能家电、室内反馈显示器和可再生能源发电的创新型小型项目。那些显示出更大潜力的项目将在更大范围内被复制和推广。

有关详细信息请参阅：www.amsterdamsmartcity.nl/ and http://smartgridcity.xcelenergy.com/.

Andrés Luque, Departmetnt of Geography
Durham University

利用的城市用水，这些方法也是减少清洁水生产所产生的温室气体排放，促进城市能源循环的手段。在斯德哥尔摩的哈马比·斯托斯塔德（Hammarby Sjöstad），基于闭路循环原理重建棕色地带，使所有废物在开发过程中转化为有用的资源，雨水和洪水用于加热、冷却和发电（Coutard and Rutherford 2010）。尽管哈马比·斯托斯塔德是最有名的案例，但在其他城市也有类似的促进用水自给自足的措施。在悉尼，奥林匹克公园已经成为开发水资源再利用和管理计划的场所，管理计划可以"回收污水和雨水中的水，为悉尼奥林匹克公园和纽因顿郊区提供灌溉水、装饰喷泉和厕所用水"（Sydney Olympic Park 2012; Hodson and Marvin 2010：75）。旨在促进能源和水安全的这种方法有助于库塔尔和卢瑟福（Coutard and Rutherford 2010）提出的"后联网城市主义"思想——不同形式的基础设施网络和服务正在成为大规模综合网格的替代品。尽管这些举措并未反映向分散化技术的全面转变，并且往往受到高度争议，但它们的确表明，减缓气候变化的动力正在引领城市发展的新形式。 131

减缓气候变化的驱动因素和挑战

在减缓气候变化行动中，各城市政府采用了一系列治理模式，从侧重于自我管理，如减少城市公共汽车使用化石燃料，到规范私人车辆的使用；从提供低碳能源服务到鼓励个人减少能源和水的消耗。许多城市政府在多大程度上制定和实施了减缓气候变化政策并制定了各项举措，受到一系列驱动因素和挑战的影响。制度、政治和社会技术被认定为既是城市应对气候变化的驱动因素又是挑战。在不同城市环境下，这些因素决定气候变化减缓的方式不同，但在城市发展、建筑环境和城市基础设施等关键部门仍可以看出减缓气候变化的驱动因素和挑战（见表 5.1）。

如第四章所讨论的，制度是塑造机构应对气候变化能力的因素。其中包括影响政府各级之间的协调和冲突以及与外部组织建立伙伴关系的程度，以及获取知识和财政资源的情况。在所有三个部门中，城市政府能够干预以促进减缓气候变化的程度取决于他们是否拥有或参与特定发展项目、城市建筑环境或基础设施网络，以及城市政府正式的监管和规划的权力或能力。一般而言，城市政府在能源和运输政策、城市基础设施和服务发展、税收或收费标准、建筑标准制定等广泛领域的权力有限，在土地使用规划、自愿项目和措施的发展方面有一定的权力（Bai 2007；Bulkeley and Betsill 2003; Collier 1997；Sugiyama and Takeuchi 2008；Schreurs 2008）。在北欧、拉丁美洲和亚洲等地区的一些城市，城市政府可以拥有更多的直接权力，或是因为这些权力由中央政府授权，或是因为他们在市政能源、运输或废物公司中拥有股份，这些地区的城市政府干预应对气候变化的能力要高得多（Bai 2007：Bulkeley and Kern 2006）。然而，即使在这些权力存在的情况下，甚至在面临新的监管情况下，实施和执法方面也存在重大挑战，例如持续存在的腐败现象（Akinbami and Lawal 2009：12；Bulkeley *et al.* 2009）

132

如果城市政府没有权力直接以这种方式进行干预，那么建立多层级治理的纵向和横向形式在多大程度上为地方行动创造有利条件变得更加重要。在区域和国家层面的政府支持下，城市政府得到支持的垂直多层次治理环境可能是推动当地应对措施的关键因素。在英国、瑞典、日本和中国等国家，各国政府为城市减轻气候变化提供了规划框架、财政激励措施和政策目标（Bulkeley 2009；Granberg and Elander 2007；Qi *et al.* 2008；Sugiyama and Takeuchi 2008）。然而，在澳大利亚和美国，20

表 5.1 减缓气候变化的驱动因素和挑战

	城市发展	建筑环境	城市设施
制度驱动	开发项目的土地 / 股份的所有权 支持国家和区域规划框架 城市发展组织与积极主动的私营部门之间的伙伴关系 获得足够的资本来解决生态发展项目前期成本	拥有 / 运营住房和商业股票 支持国家和区域政策目标 与私营部门和民间社会组织的伙伴关系 与其他城市的知识交流 外部资金的可用性倡议 灵活的内部财政机制进一步发展项目	拥有 / 运营基础设施系统 支持国家和区域政策目标 与私营部门和民间社会组织的伙伴关系 与其他城市的知识交流 获得低碳基础设施发展的资本 灵活的融资机制进一步投资金融储蓄项目
制度挑战	有限的能力和资源——知识、人、资金 短期投资回收期 确定和核实通过新项目实现的额外的温室气体减排 缺乏国家或区域规划框架 执行和实施规划法规 缺乏政策协调和相互矛盾的政策目标 城市管辖权与城市增长压力的不匹配	有限的能力和资源——知识、人、资金 短期投资回收期 测量和监测温室气体减排 有限的监管权力超过现有的建筑存量 实施 / 执行条例 缺乏政策协调和相互矛盾的政策目标	有限的能力和资源——知识、人、资金 短期投资回收期 验证改造项目的影响和额外的新项目 关键基础设施部门缺少市政能力 缺乏政策协调和相互矛盾的政策目标 城市管辖权和塑造城市基础设施系统发展因素不匹配

续表

	城市发展	建筑环境	城市设施
政治驱动	领导力——示范项目，推进城市的国际形象	领导力——通过例如改善住房、金融储蓄，解决城市选区的关键问题	领导力——示范项目，例如促进能源独立、运输系统现代化
	城市发展议程的共同利益，例如经济机会包括扩张、满足住房需求、气候适应		共同的利益——例如金融储蓄、能源安全、减少空气污染、满足基本的需求、适应气候变化
	大规模重建项目的机会	共同的利益——例如金融储蓄、解决贫困问题、加强建筑结构、适应气候变化	发展新设施系统的机会
		新建筑的机会 / 现有建筑的干预	
政治挑战	缺乏领导力或政治意愿	缺乏领导力或政治意愿	缺乏领导力或政治意愿
	城市发展的长期过程与短期执政周期不匹配	改变行为意愿的人心和思想	发展新的基础设施项目的长期过程和短期执政周期之间的不匹配
	与城市发展和扩张的议程冲突	与城市（再）发展的其他议程的冲突	改变行为意愿的人心和思想
		故意忽视能源承受能力和体面生活获取渠道的问题	与提供服务和安全资源的其他议程冲突
			故意忽视边缘和弱势群体的基本需求

续表

	城市发展	建筑环境	城市设施
社会技术驱动	现存有利于城市紧凑发展的城市形态 出现替代技术和社会组织的利基/试验 新的社会文化的期望和实践有利于城市生活可持续发展	建立有利于干预手段提高节能/节水节能的环境 出现替代技术和社会组织的利基/试验 新的社会文化期望和实践有利于可持续发展的建筑	运作良好，维护良好的基础设施网络 出现替代技术和社会组织的利基/试验 新的社会文化期望和实践有利于能源、水和废弃物服务可持续发展
社会技术挑战	基于历史遗留的扩张或城市拥挤的城市形态，紧凑的发展是不可能或不适当的 基于化石燃料持续可用性的城市发展文化	历史遗产使改造和建筑物的重建成本昂贵或挑战现有的城市美学 基于化石燃料的持续可用性的生产和消费文化 “预期—供应”的服务心态持续，不考虑需求管理	基础设施不足未能满足基本需要 刚性基础设施网络和制度文化支持现有技术和改变 “预期—供应”的服务心态持续，不考虑需求管理

世纪 90 年代后期和 21 世纪初期，城市政府对气候变化减缓的反应恰恰是在各国政府反对这一问题上采取行动的时候。城市政府的行动是依靠跨国城市政气候治理网络的支持，从更广泛的国际谈判过程中获得启发，向联邦政府筹集资金（经常发生在政府支持的地区），上述任一一种情况都说明它是多层级政府治理框架，而不是纯粹的国家政府支持行为，这种治理方式对于促进城市政府应对非常重要。特别是，国家间、国家和地方网络可为建设城市气候变化治理能力提供重要的机会。然而，尽管它们是促进政治支持和获得额外补贴的重要金融手段，但是这些倡议的影响并不均衡，有证据表明这些方式有助于提高那些在应对气候变化已经领先的城市的能力。“在没有财政和技术资源的情况下，知识的力量可能会受到限制”（Gore *et al.* 2009：22）。实际上，网络和伙伴关系似乎对具有一定程度的知识能力的人来说是最重要的，从而形成一个良性循环，可以获得额外的资源和支持（Kern and Bulkeley 2009）。城市政府权力和多层级治理等方面的挑战由于城市治理的分散性而加剧。特别是在大都市地区，城市规模的治理可能由邻近的城市或重叠的政府共享。例如在伦敦，大伦敦管理局（GLA）和伦敦各个城市政府都在发展规划中发挥作用。在墨西哥城，城市治理的行政结构与其边界和碳相关的社会经济和生态功能不同。

135

> 这个城市在行政上由多个联邦、州和地方政府管理。然而，城市是一个复杂的系统，其核心区域、活动空间和住宅依靠物质和能源流动产生的经济交流和交通活动相互联系。
>
> （Romero-Lankao 2007：529）

如上述示例所表明的那样，温室气体排放的驱动因素例如城市发展、流动性的增加以及化石燃料能源的持续使用，都受到一系列复杂的公共机构、私营企业和个人决策者的影响，由一系列正式和非正式的机构管理。

通过欧洲联盟、国家政府或其他捐助者获得额外的资金补贴，可以作为克服这些挑战的一种手段，也可以通过提供吸引有共同利益的行为者克服现有预算不足的困境。诸如 CCP 计划和 C40 这样的跨国城市网络为城市政府提供资金，这个渠道至关重要。此外，还要建立新型财务机制的能力，无论是内部“循环”资金，即将节能项目的资金节余而再投资于其他减缓活动，还是能源绩效合同，即第三方组织承担实现财务和温室气体减排节约的风险和责任，都被证明是城市减缓行动的重要推动力。缺乏融资渠道，尤其是投资回报期较长的项目所需的投资，已被证明是一种行动障碍。在资金稀缺以至城市社区的基本需求未得到满足的城市，减缓气候变化不太可能吸引重视或被认为确实值得关注。

城市应对气候变化减缓的政治因素，可以从领导力、机会和冲突等方面考虑。减缓气候变化为有魅力的政治家在气候变化问题上表现出领导地位创造了巨大的潜力，尤其是面对看似无休止的国际谈判和国家主张。例如，C40 侧重于“城市行为”，将自己称为“气候领导小组”。有的市长也希望在这样的网络中寻求其城市发展的绿色认证。在推动气候变化议程方面，城市政府内部的政策制定者可以发挥重要作用。然而，这种个人因素可能是制定持续的气候变化减缓行动的必要但不充分的因素，部分原因是选举的短期执政周期的性质，以及其他各方面的制度和政治因素。在德班、墨西哥城和圣保罗，政治领袖和政策企业家的效能受其所处背景限制（Aylett 2010; Romero-Lankao 2007; Setzer 2009）。在个别城市环境下的特定事件或特殊时刻所出现的机会，可以作为克服障

136

碍的一种手段，例如举办国际体育赛事借机重新配置城市交通网络或重建特定的城市项目。然而，这种影响可能是短暂的，只能作为干预城市特定部分的一种手段。

从根本上说，解决城市气候变化的政治挑战源于这个问题在其他关键城市议程方面的考虑。在某些情况下，城市政府能够将气候变化定位或重新定位，将其与具有重大意义的特殊城市问题，例如空气污染、拥挤、城市再生，并推动了解减缓气候变化的原因，作为解决这些本地相关问题的方法。在其他情况下，应对气候变化的想法，特别是在减少对（许多人认为的）水和能源的使用、运输、商品和服务消费等城市生活方面的需求——已经与其他寻求促进经济增长的城市议程发生直接冲突。这些挑战对正在实施减缓行动的城市来说尤为重要。在发展中国家，资源往往比较有限，其他问题更为紧迫，“地方政府可能因当地其他需求超负荷工作，不会把气候政策放在优先处理事项清单中”（Puppim de Oliveira 2009：25）。在这样的条件下，特别是在温室气体排放总量和人均温室气体排放量都很低的情况下，是否应该采取减缓气候变化的措施，这是值得商榷的。在其他更富裕的城市，处理气候变化与主导城市政治经济发展事项之间的冲突通常由产生温室气体排放的系统和实践活动决定，这些系统和活动可能会更加根深蒂固，并以特定和狭隘的方式制定气候变化对策。例如，在波特兰气候行动一直局限于：

> 城市政府以可接受的方式影响能源消耗的要素。例如，往返于波特兰国际机场的航班的能源被排除在外，进出口商品的大量能源以及包含在商品中的实际能源也被排除在外。
>
> （Rutland and Aylett 2008：636）

137

在一定程度上，这些政治挑战反映了社会技术因素，同时也构成了减缓城市气候变化的可能性和局限性。历史上，城市地区的基础设施系统，建筑物和形态已经通过基础设施、机构、兴趣和日常生活方式的网络共同产生，这些网络是可以自我维持的（见图 5.3）。现有技术和社会利益的稳定性和主导性会导致社会技术网络变得很顽固（Hommels 2005）。如果这种网络能够有效地提供住所、能源供应和卫生等服务，那么可以通过开发更高效的能源使用效率和节能方式来进行渐进式变革，从而有助于减缓气候变化。如果这些网络不成系统、年久失修或根本不够，他们在城市景观中的持续存在则会造成基础设施赤字，从而会加重发展不均衡，将更贫穷和更边缘化的社区排除在外。在这两种情况下，更激进的变革会使现有网络受到挑战、中断，只有这样才能在这种情况下开发新的低碳网络形式。如上所述，在某些情况下，减缓气候变化的议程正在引发可替代的服务供应，通常在能源或水资源附近。大多数情况下，这些都采取了利基或试验网络的实践形式（见第七章）。尽管它们可能会提供现有供应形式的替代方案，但它们在足够规模上的开发程度可能有限。

结论

减缓是城市对气候变化应对的重点问题。许多城市政府在核算和监测排放量、制定目标和制定行动计划的基础上制定了精细的政策方法。虽然在实践中政策方法的实施程度存在争议，但城市政府接受这种方法的意愿和积极性证明了气候变化现在已经进入城市政策议程。此外，缺乏一致的政策框架并不意味着没有采取行动来应对气候变化减缓。在城市建筑环境和城市基础设施部门中，可针对气候变化确定一系列行动

138

图 5.3　在香港，现有的空调系统和室内热舒适度规范可能会限制能源效力的潜力

和活动。城市政府采取了自我管理和扶持措施，甚至在某些情况下还制定了供应和管理形式，以减缓气候变化。然而，关于个人举措的影响证据有限，因此，无论在绝对还是相对温室气体排放减排量，或是在低碳路径重新配置城市发展方面，都很难确定个人举措究竟造成多大差别。

城市之间存在高度差异化的制度、政治和社会技术困难，影响了特定城市环境下气候变化减缓的程度和性质。在即将采取行动的城市，关键驱动因素包括市政能力、多层级政策环境、资金可用性，以及参与和改造现有社会技术网络的政治意愿和机会。在对气候变化的口头承诺与实际行动之间存在差距的情况下，有利的治理背景不足、有限的资源、政治冲突和顽固的社会技术基础设施一直是限制行动的最重要因素。在这种情况下，重要的是要认识到，虽然努力提高管理能力很重要，例如，通过发展更多关于减少当地温室气体排放的知识，获取更多的资金，改进政策协调，开发新形式信息共享和交流，但这不足以解决城市气候变化减缓面临的更为基础的政治和社会技术挑战。解决这些挑战需要在城市和其他主要行为者之间形成新的政治联盟形式，在现有社会技术网络内发展干预措施和替代品（见第七章）。

城市应对气候变化减缓产生的景观可以视为是拼凑结果，全球数以千计的城市已宣布他们打算减缓气候变化，但由此产生的行动和排放量减少的数量更难以辨别。因此，尽管城市现在已然成为应对气候变化的国际努力的主要组成部分，但评估城市的具体贡献在个别举措和整体水平上仍然具有挑战性。

讨论

- 为什么历史上城市政府应对气候变化的反应侧重于减排而不是适应？这一决策重点对于未来城市气候变化政策有什么影响？

140

- 对于一个或多个城市案例，比较和对比本章讨论的三个主要政策部门——城市发展、建筑环境和城市基础设施——中正在进行的战略措施。哪些部门的政策得到最充分的发展和实施？什么因素可能解释这些差异？
- 我们可以对不同城市环境中气候变化的驱动因素和挑战进行怎样比较分析？是否有一些因素“贯穿”可城市之间，个别城市的历史和地理位置既不实用也不必要的？

延伸阅读

鉴于城市应对气候变化的重点一直在减排行动，这一领域的大多数研究集中在此问题上。第一章列出的所有核心书籍均载有市政气候变化减排政策的详细讨论和例子。此外，以下文章仅仅是现有可用案例研究的一些例子：

Gustavsson, E., Elander, I. and Lundmark, M. (2009) Multilevel governance, networking cities, and the geography of climate-change mitigation: two Swedish examples, *Environment and Planning C: Government and Policy,* 27: 59-74.

Puppim de Oliveira, J. (2009) The implementation of climate change related policies at the subnational level: an analysis of three countries, *Habitat International,* 33(3): 253-259.

Romero-Lankao, P. (2007) How do local governments in Mexico City manage global warming? *Local Environment,* 12(5): 519-535.

Rutland, T. and Aylett, A. (2008) The work of policy: actor networks, govern- mentality, and local action on climate change in Portland, Oregon, *Environment and Planning D: Society and Space,* 26(4): 627-646.

地方层面制定的各种政策和战略信息可以在以下网站上查询，也可以通过搜索有相关城市的在线信息：

- Climate Alliance：www. klimabuendnis. org/member_activities0. html
- Covenant of Mayors：www. eumayors. eu/index_en. html
- ICLEI CCP：www. iclei. org/index. php?id=800。

此外，全球碳排放项目还有一个专门的网站，展示了城市和区域应对气候变化减排措施的案例，提供各种不同的材料：

- www. gcp-urcm. org/Resources/HomePage.

141

气候适应，弹性城市？

前言

> 这是一个明确的信息。我们需要建立一个体系，与地方政府、社区组织和非政府组织合作，制定切实的项目。我们需要避免研讨会，要直接做事，我们必须采取自下而上的方法。这些措施必须昨天已发生，因为明天为时已晚。
>
> （Mayor Adam Kimbisa，Dar es Salaam，18 June 2009，引自 Dodman *et al*.2011：13）

正如我们在上一章所看到的，减缓或减少温室气体排放是对气候变化的关键反应。然而越来越多的证据表明，某种形式的气候变化将成为过去一个世纪产生的温室气体排放后遗症的必然结果，社会越来越需要做好准备以适应随之而来的变化的气候条件。正如马克·佩林（Mark Pelling 201la: 6）所说，适应环境条件的变化“并不是什么新鲜事，个人和社会生态系统总是对外部压力作出反应”。使适应气候变化极具挑战性的原因在于可能遇到的各种风险的不确定性，变化的气候在特定时间影响特定地点的扩散方式，以及日常生活中感受这些气候变化的影响看似很遥远的性质，特别是与更紧急的风险和灾难相比（Pelling 2011a）。因此，“现在关注气候变化适应可能是将稀缺公共资源分配给不被认为即将发生的威胁”（Laukkonen *et al*. 2009：289）。

142

部分原因在于，与减缓相比，适应所面临的不确定性、扩散方式和看似遥远的性质，使这个问题迄今为止在国际、国家和地方层面得不到政策制定者的关注。这也表明，国际社会准备采取行动减少未来气候变化的政治必要性也不利于增加对气候变化适应的重视程度。一些人认为，适应也是一个更具挑战性的政治和政策问题。“减缓是有限的”，通过测量温室气体排放和大气浓度可以评估目标的进展情况，但“适应”更加混乱，涉及通过不同部门（政府、个人、家庭等）调整人类系统的不同规模（从地方到全球），这些可能只是部分地针对气候变化本身而开发的，而且很难衡量（Berrang-Ford *et al.* 2011：26）。

适应和减缓问题是国际、国家决策部门在过去二十年的重点关注问题，这意味着在城市层面制定和实施适应战略的努力才刚刚开始。尽管城市应对气候变化的影响相当脆弱，影响城市的气候灾害历史悠久，但是由于“相关气候变化适应的文献和实践活动方面，城市……比农村地区受到的关注要少得多”，从而加剧了城市的脆弱性（Commission on Climate Change and Development 2009：25）。正如开头引文表明的那样，由于减缓气候变化迫切需要采取行动解决气候变化背景下的已有和新出现的脆弱性问题，城市适应继续被忽视将是一个重大问题。

尽管形势并不明朗，但仍可以视为是城市气候变化适应的初始阶段。本章分四部分。第一部分探索了什么是适应，第二部分分析了适应政策是如何在不同的城市环境中出现的，以及政府主导的和基于社区自发的适应方法之间的差异，第三部分评估适应在三个部门实践中存在的方式——城市发展、建筑环境和城市基础设施，第四部分分析了在城市环境中形成适应的驱动因素和障碍。结论总结了本章所提出的的主要问题，并提供了需要思考的问题与讨论，以及延伸阅读资料。 143

什么是适应?

适应是一个“看似简单的概念”（Pelling 2011a: 20），其一般意义——一种反应和变化的过程——已经在描述和分析气候变化现象的专业词汇中获得了具体的定义。政府间气候变化专门委员会（IPCC）

是气候变化方面的主要科学权威，将适应定义为“调整自然或人工系统，以应对实际或预期的气候刺激或影响，减少伤害并创造有利机会”（IPCC，2007e；）。然而，在这个简单的定义背后，“谁在做适应调整以及为什么这样做，如何实现，适应的极限在哪”，这些都是应对气候变化的核心问题（Pelling 201la: 13）。正如第二章所述，关注城市尺度脆弱性主要集中在两个方面，一方面集中在海平面逐步上升和长期性问题，另一方面则集中在目前的气候灾害上，如风暴和干旱。适应能否同时解决长期增量变化，当前气候事件和未来可能发生的气候变化突发事件是一个有重大争议的问题。此外，城市其他社会和经济条件也为脆弱性提供了支撑。因此，人们提出的问题是，气候变化适应是否只涉及对气候刺激的反应，还是必须对影响脆弱性的更广泛范围作出反应。这反过来又涉及谁来适应，是通过政府制定政策，还是私人组织和社区意向，要有计划有目的地完成还是由社会中的个人自发进行（见专栏6.1）？

问题与行为者一旦确定，就有多种方式可以开展适应工作，每一种方式都会遇到特定的挑战和限制。研究文献中的一个重要区别就是适应（adaption）与应对（coping）。适应领域的工作部分源于长期以来研究家庭和社区如何应对灾害以及如何减少灾害风险的传统。如何通过不同的应对策略降低风险。在气候变化适应领域，应对是指：

144

> 城市居民应对气候脆弱性和其他威胁的现有策略。这些通常是为了防止伤害或财产损失的短期努力，通常只需要小额的财务支出，不需要大额的或更有组织计划的支出。另外，它们倾向于解决即时症状，而不是脆弱性产生的根本原因，很少产生长期的适应能力或更高水平的可持续性。
>
> （Dodman *et al*. 2011：6）

专栏 6.1

什么是适应？

适应是根据实际或可预期的气候刺激或影响调节自然或人工系统，从而减少伤害或利用有利条件。适应性可分为三种类型：预期适应、自主适应和计划适应。

预期适应： 适应发生在观测到气候变化影响之前。也称主动适应。

自主适应： 适应并不由对气候刺激有意识的反应构成，而是由自然系统的生态变化和人类系统的贸易或福利的改变而引发。也称主动适应。

计划适应： 该适应是深思熟虑的政策决定的结果，是基于条件已经改变或即将改变的想法，必须采取行动返回原来状态，维持或达到一个理想的状态。

(IPCC 2007e)

实际上，应对可以涉及多种不同的手段，家庭和社区通过这些手段利用其现有的社会和经济资源在面临直接风险的情况下生存，并且在这些事件之后寻求修复和重建。虽然“应对”这个词意味着了一个良性过程，但现实是，因为“经常被称为应对的行为，往往需要花费或转换有价值的资产以实现较低的产出，这会削弱当前的能力和未来的发展选择”(Pelling 2011a：34)。与应对相比，适应可以被看作一个更复杂的和缜密的过程，“通过这一过程，人们能够在实践和风险产生根源及近似原因的潜在问题中反思和实施变革，产生应对和增强适应气候变化的能力”(Pelling 2011a：21)。这个定义表明，对于“气候刺激”的反应可以算作适应，但其特殊之处是，这种应对必须是深思熟虑的。简单地适应气候相关灾害的发生，例如，通过迁移到更高的地方或出售家庭资产可能表现出应对能力，不足以被认为是“适应”，这就需要对要做的事情进行某种形式的预先思考，由谁来改变做法及制度，从而

145

降低风险。

做出这种改变的能力通常被称为适应能力。正如我们在第二章中看到的那样，气候风险的脆弱性被视为风险暴露，是特定系统和个人对该风险的敏感性及其适应能力的函数。通过采取不同的策略和措施，适应可以通过减少暴露或减少暴露的影响来降低风险。适应能力被认为存在于家庭、社区和地方内部和他们之间，会随着时间的推移发生显著变化，并受到社会因素（如健康、教育、社会资本）和物质属性（包括物质条件人们的生活、技术和物质财富）的影响（Adger *et al.* 2005；Eakin and Lemos 2006；Hobson and Neimeyer 2011）。对城市环境适应能力的理解，至关重要的是所谓的“适应赤字”——缺乏基本的基础设施条款。提供水、卫生、住所、交通和能源等的基础设施系统对形成基本的服务、就业机会、健康和其他降低脆弱性的关键属性至关重要。在许多城市环境中，基础设施和服务的赤字，是影响适应能力至关重要的因素，因为“不能保证存在不受气候影响的基础设施”，因此如果“没有地方有能力去设计、执行和维护这种必要的适应措施”，适应的效果就会很有限（Satterthwaite *et al.* 2008b：9）。对于许多城市来说，适应赤字的重要性的表现方式是适应能力不仅通过个人和家庭的性质形成，在结构上与历史和当代城市发展过程相关。

因此，适应作为在更广泛的社会、经济和政治进程中对气候条件响应进行缜密考虑的过程，是由脆弱性、适应和适应赤字之间的相互作用形成的。当我们考虑怎样和采取什么措施来结束适应的时候，更复杂的问题出现了——适应是为了实现什么？在政策制定和学术界，弹性（resilience）作为实现适应的基础受到了越来越多的关注，部分原因是它被看作是一个可以用来推进减缓议程的术语（Leichenko 2011：164；专栏 6.2）。弹性的概念源自生态系统研究，但是在“许多的城市弹性

146

的研究文献中”，“通常被理解为一个系统承受重大冲击后维持或迅速恢复到正常功能的能力”（Leichenko 2011：164）。与其设法防止或避免风险，“弹性”一词已被用作表示适应的一种手段，这需要认识到与风险共存，并促进社会和组织学习如何应对这种回应（Lopez-Marrero and Tschakert 2011：229；Pelling 2011a）。

专栏 6.2

弹性的定义

一个社会或生态系统吸收干扰同时保持相同的基本结构和运作方式，自组织能力和适应压力和改变的能力。

（IPCC 2007f）

然而，尽管这些是受到广泛的共同关注的问题，但是对于弹性定义和对弹性测试结果的合理分析仍存在着重大分歧（Leichenko 2011：164）。最直接的解释是，弹性被认为是脆弱性的相反面。“弹性越好，脆弱性越低”，如佩林（Pelling 2011a：42）争辩说，“这掩盖了这两个术语概念关系的复杂性。”弹性包括“抵抗和维护”，即城市政府抵制需要进行根本或重大改变这样一种观念，愿意维持现有的系统；“边际变化”，即风险得到承认，一些风险症状得以解决的情况，它们不威胁现有秩序；“开放和适应”，即其中风险的根本原因以一种灵活的方式解决，可以解决不确定性（Pelling 2011a: 43—44；Handmer and Dovers 1996）。尽管这个词汇可以不同方式使用，但在气候变化领域内，经常被使用的“弹性”的词义却是固定的。举例来说，IPCC 将弹性定义为一种能够“吸收干扰”并维持“结构”的系统，保持其适应压力和变化的能力。佩林（Pelling 2011a：55）认为，弹性被认为是一种适

147

应的形式，“试图通过改变机构和组织形式来确保所期望的系统功能在面临不断变化的环境下继续发挥作用”。

因此，弹性可以被认为是适应反应的一种可能的形式。它不仅是“应对”而是通过采取一些形式的故意干预或反应，但基本上用于维持现有的系统和做法（见表 6.1）。马克·佩林指出适应的另外两种形式，超越了弹性，以解决脆弱性的更多结构性原因。过渡性适应“针对治理应用改革”（Pelling 2011a：69），认识到治理形式在构建问题框架、解决方案实施以及权利和责任共享方式方面的基本作用。对于佩林来说，“当适应或建立适应能力的工作，干预了个人政治角色与结构管理制度的制度结构之间的关系时，转型的机会就会出现”（Pelling 201la：82）。适应第三阶段将作为“转变社会中政治或文化力量平衡的进步和变革的机制”（Pelling 2011a：84）。它并不关注诸如基础设施、谋生计划等适应的“表面原因”，转变为关注“更广泛且不易察觉的脆弱性根源”（Pelling 201la：86；表 6.1）。这些适应水平被佩林认为是“嵌套和复合”，所以一个层次的变化可能为另一个层次创造机会。同样，他认识到，“实际上气候变化适应能力是多重努力——建立（并抵制）弹性、转型和局部改造以及尚未得到满足的脆弱性——重叠的结果”，并且随着时间的推移而变化（Pelling 2011a：24）。

佩林对适应的分层描述很有价值，它有助于我们思考追求适应的不同方式，以及如何按照不同的社会、经济和政治目标进行策划。总体而言，国际组织和国家政府将适应解释为“基于专家系统的风险管理”，典型的应对措施包括“提高基础设施的稳健性，增强生态系统的保护功能，将气候风险纳入发展规划，解决方案市场化，建立应急基金，增强民众意识和准备，减少机构管理的分散程度，以及建立灾害管理的基本政策框架”（Manuel-Navarrete *et al.* 2011：249）。佩林的三重框架表明，

148

表 6.1　适应水平

	弹性	过渡	转型
概念	在不改变指导目标和规范的前提下，调整实践和制度提高效果	根据现有框架问题和目标的反馈增加实践和制度调整力度	制度和实践的调整具有不可逆性，因此创建新的行动和社会生态变化的可能方式
每一种方法的适应目标	不断变化环境中的功能持久性	通过行使权力在既定的制度内充分发挥潜力	重新配置发展结构
每一种方法的适应范围	调整技术，管理实践和组织	治理实践中的变化确保程序正义（哪些人可以参与和有什么决策权），从而导致治理系统的增量变化	改变首要的政治经济制度
案例	弹性建筑实践 种子新品种开发	法律责任的执行情况由私营部门和公共部门行为人和行使公民的合法权益而定 基于社区的计划发现并解决弱势群体的需求	在社会及社会—生态关系中重新定义分配安全和机会基础的、新的政治话语权

资料来源：佩林 2011 a: 23—24, 51。

尽管这些方法可能有助于提高抵御能力，但它们几乎无力解决或挑战脆弱性的潜在社会、经济或政治基础。其他方面，特别是学术界和非政府组织，试图通过倡导一种侧重于减少社会贫困和边缘化人群的脆弱性的方法来挑战这一主导模式，通过改变治理结构以加强参与，“建立自我保护和团体行动的能力……社区风险评估……重新评估传统的应对做法……以及活化社会资本”（Manuel-Navarrete *et al.* 2011：250）。虽然这种方法开始考虑现有方式和现存机构如何以及为什么需要改变，但通常集中在过渡的适应形式而不是根本转变。相比之下，“关键的适应议程将灾难经历的本质视作是政治性的，与特定发展路径联系在一起”（Manuel-Navarrete *et al.* 2011：250）。因此，了解适应的局限和机遇，需要研究“发展的愿景和这些冲突如何改变发展道路之间产生的矛盾，转变治理结构和形成应对策略”（Manuel-Navarrete *et al.* 2011：250）。

制定适应政策

考虑适应的多方面性质，以及气候变化脆弱性深深地嵌入城市脆弱性的其他形式之中，因此确定什么才是气候变化适应是非常具有挑战的。同时，城市应对气候变化适应的必要性最近才被作为明确的政策目标。正是在这种处于新兴发展阶段的尚未成型的问题背景下，开始了制定城市气候变化适应政策。此外，在城市条件、背景和过程中存在着巨大的变化，这些变化决定了适应的可能性和局限性，在城市地区之间和城市之间，个体、社区和城市系统的适应赤字和适应能力差异很大。

特别重要的是经济较不发达国家的城市和经济较发达国家城市之间的差距。对前者来说，适应赤字问题是核心问题，

150

> 对于发展中国家的大部分城市人口来说，对地方和国家政府的期待很低，因为政府目前缺乏提供基本基础设施和服务的能力或意愿，而这是适应的核心。
>
> （UN-Habitat 2011：131）

在这些城市，气候变化风险将加剧现有的脆弱性。相比之下，尽管在发达经济体中，旨在应对环境风险的实践和制度几乎普遍建立——包括获得基本服务、社会资本、金融、保险、国家援助，等等——“但这并不意味着适应是必然给予它应有的优先权的”。有许多相对富裕的城市需要重新升级基础设施以应对气候变化的影响”（UN-Habitat 2011：142）。在这种情况下，气候变化造成的额外风险往往被忽视，现有的做法和制度是不足的。

最近对适应领域的研究文献综述发现，这些差异是非常稳固的，适应在不同国家环境中是“截然不同的”。在低收入国家，适应一般被认为是基于个人的响应性或回应性，“政府利益相关者参与程度较弱”，适应最有可能发生在自然资源部门，而“适应机制更可能是社区层面的开展，而不是制度、政府或政策工具”（Berrang-Ford *et al.* 2011：31）。在高收入国家，尽管适应政策在议程的优先解决顺序上仍然较低，但更为“主动的或有期待的”，“更有可能纳入政府参与”，将重点放在非资源部门，涉及较长期的规划活动，“如预测影响的准备、监测、提高认识、建立伙伴关系以及加强学习或研究”（Berrang-Ford *et al.* 2011：31）。虽然发达国家和发展中国家之间，高收入和低收入之间，这种广泛的差别会对未开发的城市地区之间留下许多差异，这些发现有助于揭示适应政策出现的不同的城市环境。

正是在这样的背景下，谁正在适应气候变化，为什么和如何适应气候变化，这些问题变得重要。本章将先讨论市政适应政策的出现和发展，再分析将社区作为适应响应的核心的替代方法。尽管有些人认为城市政府在提供城市层面适应所需的监管背景和协调行动方面发挥着重要作用，但对其他人而言，这些行为者可能缺乏适应的能力、政治意愿或兴趣，这被认为是社区直接解决的阻碍。鉴于适应方面的重大挑战以及家庭和社区参与这些过程以实现这些战略和措施的益处的需要，一定程度的社区参与对适应工作很重要。然而，基于社区的响应很少能提供一151 个长期的、投资更密集和所需的系统性变化的替代，例如开发新的基础设施，而且无法对现有的政治和经济制度有一个根本性的改变。在这方面，为了评估其效用和价值，探索社区为何和如何参与适应议程，通过这些机制谁的利益能最好地被满足，这一点是最重要的。

适应与城市规划：走向一体化?

城市政府对气候变化适应规划的响应往往采取相似的步骤来进行减缓评估、目标设定和实施。在制定战略并进行实施和评估之前，最初的工作重点是确定和评估潜在的气候变化风险。由于在城市层面缺乏制定适应对策的具体方案或标准，“一些城市效仿了以风险和脆弱性评估为基础的适应过程，采用其顺序和基于清单的方法来减缓气候变化”（Anguelovski and Carmin 2011：170）。反过来审视这些阶段可以提供对城市层面正在开发的适应对策的看法和影响。

正如联合国人居署 2011 年关于城市和气候变化的报告所指出的那样，“总体而言，城市或城市政府对气候变化感兴趣的首要依据是评估可能的风险规模和性质”（UN-Habitat 2011：138）。正如第二章所讨论的，对城市决策者来说，评估城市气候风险和脆弱性受到气候变化预测模型降尺度模拟的困扰。评估气候影响风险和脆弱性的挑战超出了在城市层面创造相关气候科学的复杂问题。同减缓气候变化情况一样，特别是发展中国家的城市存在多种问题，取决于城市政府可以在多大程度上 152 获得足够的数据，例如关于城市的关键特征（如现有的基础设施网络、人口、健康状况、医疗需求等）或现有城市居住区的性质和范围的数据，以此为基础预测气候变化的影响。因此，“关于极端事件和各自适应战略的气候影响预测在当地很难实现”（Birkmann and von Teichman 2010：175）。在少数情况下，城市政府已做出很多努力来克服数据缺乏的问题，考虑城市当前和未来的气候风险，其中包括开普敦、胡志明市、伦敦、哈利法克斯和波士顿（Birkman *et al*. 2011）。这些工作在伦敦效果明显，

> 大伦敦政府已经分析了伦敦现今如何容易受到天气相关风险的影响（并因此建立了评估这些风险如何变化的基线），然后使用气候模型预测气候变化如何加剧现有风险，如何创造新风险，以及未来有何机遇。这使得大伦敦政府能够评估伦敦的主要气候风险并确定其优先顺序。
>
> （Nickson 2011：4）

在寻求风险识别和建立适应特定气候挑战的能力时，一些城市制定了适应气候变化战略，侧重于具体部门（如沿海管理、健康 / 供热计划）（Anguelovski and Carmin 2011：170）。在欧洲，具体的适应计划往往是更广泛的气候变化和可持续发展战略的一部分，对减缓问题的关注依然占主导地位，例如曼彻斯特和马德里就是如此（Carter 2011：195）。其他城市，包括伦敦，哥本哈根和鹿特丹，都倾向于制定“独立”的适应战略（Carter 2011：195）。一方面，此类战略本身可以将适应问题提升

为一个单独的问题，另一方面，它们可以在适应主流问题的时候将问题保留在主流的城市决策中。认识到这一挑战，一些城市政府设法建立流程和结构，通过流程和结构将适应问题纳入不同部门的决策框架。美国西北部西雅图地区的金恩郡是先驱城市，在 2006 年建立了部门间气候变化小组，为的是“在其县级部门建立专业的科研团队，以确保气候变化被考虑在未来的政策、规划和资本投资决策中”（Pew Center 2011：17）。对西雅图市本身来说，2006 年的气候行动计划要求组建一支类似的团队，以解决海平面上升、雨水管理、城市林业和热浪等多个领域的气候适应问题。2008 年，有 18 个政府部门负责分析未来的脆弱性和应对战略的范围，解决在提供服务的关键区域造成的气候影响，保护公共资产（Pew Center 2011：19）。尽管如此，在北美，这种战略仍然很少，适应政策仍处于发展的早期阶段（Zimmerman and Faris 2011；见“城市案例研究——费城”）。

153

城市案例研究——费城

费城的适应气候变化行为

费城是大约 630 万人口的大都市区的城市中心，大费城地区的居住区包括美国东海岸四个州的 12 个县。它始建于 17 世纪末，在 20 世纪初成为美国工业增长的主要城市。在 20 世纪下半叶，像许多发达国家的城市一样，费城进入了一个衰退期，工厂关闭、人口减少、地面空置，费城的非工业化和分散化加剧了城市衰退。与许多美国其他城市一样，城市退化和贫困在城市的非洲裔美国人社区中最为严重。尽管如此，城市人口最近开始增加。正是在这种经济衰退和重建不平衡的影响下，气候变化的影响同步发生了。费城气候变化的主要风险是夏季炎热天气天数增加，热浪发生频繁，时间更长。自 1970 年以来，气候变化导致美国东北部的年平均气温上升 2 华氏度，温度达到 90 华氏度（32.2℃）的天数越来越多。在接下来的几十年中，冬季气温预计会再增加2.5华氏度—4华氏度，夏季会增加1.5华氏度—3.5华氏度（Karl *et al.* 2009）。在IPCC预测的高排放情况下，到21世纪末，费城每年气温90华氏度以上的天数将超过80天，100华氏度（37.8℃）以上的天数将超过25天。夏季将延长6周，热浪发生变得更加普遍（Karl *et al.* 2009）。

这种现象被称为城市热岛效应，城市中的防水和吸热材料（特别是建筑物和道路中的混凝土、沥青和砖）导致城市空气温度明显高于周边农村，而费城城市热岛效应加剧。城市热岛问题与居住在美国城市中的高密度的弱势人群（如老人和幼儿、残疾和贫困人口）的双重问题，使高温成为因天气条件引发疾病的最重要原因。事实上，费城素有“世界热死之城”之称（EPA 2006）。例如，2008年7月的4天热浪造成8人死亡。其严重的脆弱性是住房老化和严重的贫困相结合造成的。费城住宅90%以上建在斜坡上或建在高于街道的地面——被称为“排屋”。这些房屋被迅速建成，以满足城市的早期发展，通常保温层很薄甚至没有，几乎平坦的屋顶采用黑色沥青进行防水处理，黑色沥青吸收太阳能，通过没有保温层的阁楼将热量传递到房间里。现在居住在这儿的许多老人已经超过100岁，五分之一的居民生活在贫困线以下。这些住宅的密封性也不好，冬天屋内也会非常寒冷。 154

费城的第二个气候变化相关风险是为居民提供饮用水和工业用淡水。费城从特拉华河一个上游点抽取河水，淡水经此处流向特拉华湾，并与特拉华湾的咸水混合在一起。海平面上升也可能对干旱产生类似影响，特拉华湾的咸水在特拉华河口和河流系统向北部延伸，危及城市供水质量（Union of Concerned Scientists 2008：16）。由于冬季降雪量进一步减少，流入特拉华河淡水随之减少。目前，费城水务部门测定平均氯化物浓度约为21毫克/升。浓度超过50毫克/升时，对易感人群的健康影响将开始显现（Union of Concerned Scientists 2008：16）。气候变化也可能增加强降雨的发生率，导致更多的冬季降雨而不是降雪（Karl *et al.* 2009）。这种强降水事件在费城是特别大的问题，费城有一个综合排水系统，通过普通管道将雨水和污水一起运送到处理厂。这意味着，如果超过处理厂的负荷能力，过多的雨水和污水将流入未经处理的水中，影响水质，并可能污染饮用水源（Union of Concerned Scientists 2008：16）。

155 正是在这些综合的气候变化风险以及在当地政治家和官员的领导下，该市已开始对减缓和适应作出反应。2007 年发布的《地方气候变化行动计划》是费城的第一个气候变化计划（City of Philadephia 2007）。它建立在该市对三项温室气体减排倡议——ICLEI 的 CCP 计划、美国市长气候保护协议以及大城市气候领导小组与克林顿气候倡议——的承诺之上。2009 年，“费城市绿色工程计划”（City of Philadephia 2009）加快了对气候变化和城市重建的行动，该计划将早先的地方行动计划的许多理想目标转化为更具体的现实目标，并预计在 2015 年实现。费城“绿色工程计划”分为五个主题——能源、环境、公平、经济和公约——和 15 个目标，旨在致力于城市可持续发展，以此应对城市面临的主要气候变化风险：

> 费城人明白为什么这项工作很重要。他们知道，市长呼吁将费城变成“美国最环保的城市”不仅仅是为了防止数千英里之外的冰盖融化和作物干枯，也是降低房屋在夏季避暑或冬季取暖的成本，减少橡树巷里母亲带着哮喘的儿子去医院的次数，防止污水进入北部自由区的地下水，让每个邻里的每个孩子都有一个安全、干净、健康的地方玩耍。
>
> （City of Philadelphia 2009：3）

“绿色工程计划”之前最引人注目的气候变化适应措施，是费城的高温健康监视预警系统，1993 年 7 月发生了一起造成 100 多人死亡的热浪，这之后该系统开始启动运行。这是美国首个高温健康监测预警系统，可以发布高温警报，并可以按照卫生部门要求，有针对性的访问和跟踪易受伤害的人群（如老人、无家可归者）。同时，电力公司不可以停止不付款者的服务，公共场所可以延长营业时间。在这些措施中还提供“热线”，如果人们遇到健康问题，可以打热线电话。如果有必要，护士们可以派专员和流动服务站到居民区（Union of Concerned Scientists 2008; Karl *et al.* 2009）。据估计，该系统在前 3 年挽救了 117 人的生命（Karl *et al.* 2009：91）。“家庭凉爽计划”为老年人和低收入居民提供绝缘层和屋顶涂层等，以节约能源并在炎热的日子增加居民舒适度。该计划在气候变化背景下的不足是它依赖空调作为应对热浪的手段，而空调是一种能耗很高的家用电器。 156

解决这一问题的途径在某种程度上是通过第二种适应机制——费城“能源工程计划”，这是一个低利率循环贷款计划，为节能工作提供资金，旨在实现“绿色工程计划”的第二个目标，即将全市能耗降低 10%。费城适应气候变化的一个重大挑战是改善和升级老化的住宅建筑，以使住宅更节能、更舒适。能源工程提供高达 15 000 美元的 0.99% 贷款，用于提高能源效率或“重新装修”，例如，安装门窗，升级供暖和制冷系统以及安装隔热材料，帮助居民应对炎热的夏季，不增加能源消耗，减少空调的能源使用量。但是，如果是贷款项目，这意味着很多潜在的受益者由于信用历史不良而无法利用。为此，产生了这一计划的替代项目——为低收入居民提供类似的升级服务，但其特点是等候名单很长。

157 美国国家环境保护局制定了一项政策，要求自 1994 年以来城市消除或大幅度减少污水综合排放，但执行力度一直是个问题（Karl *et al.* 2009：94—95）。作为费城“绿色工程计划”的一部分，并认识到这个问题只会随着气候变化而恶化，2009 年，费城水务部门启动了一项名为“绿色城市”的计划，该计划旨在未来 25 年用绿色的基础设施取代三分之一的城市防水表面 / 地面，这样可以拦截雨水并使其渗入地下，减少洪水和下水道溢出对健康的影响。在费城，

图 6.1　家在费城的居民特别容易受到高温事件的影响
图片来源：加雷思·爱德华

应对气候变化方法既可以作为减缓措施之一，也可以作为适应措施之一，案例研究说明这些问题经常是如何联系在一起的——更高的温度会导致使用更多的能源以实现室内空间降温。减少能源使用，适应气候变化，需要从现在开始在城市范围内实施各种综合方法。

加雷思·爱德华，英国杜伦大学地理学院

在发展中国家的城市几乎没发现气候变化适应的综合规划。这也许并不奇怪。一个众所周知的例外，就是德班十多年来一直在努力建立关于气候脆弱性和气候变化适应的证据。与其他城市相比，德班的气候变化适应是城市应对气候变化的早期优先事项，鉴于潜在的共同效益，这种重点关注气候变化适应可能会导致发展和贫困问题成为重要的优先事项（Roberts 2010）。在对德班气候变化潜在影响进行初步评估之后，2006年随着气候变化适应战略（HCCAS）的发展，开始认真开展适应工作。其目标是确定在包括健康、水和卫生、废物、粮食安全、规划、经济发展和减少灾害风险在内的各部门适应气候变化可能采取的潜在影响和实际行动（Roberts 2010）。该过程确定了在不同地区应对气候变化的兴趣和能力方面的显著差异，以及传统观点认为每项服务应提供哪些服务——例如减少灾害风险方面的短期救济——阻碍了对气候变化的响应。虽然这个过程被认为有助于使紧张局势变得明朗，但最终没有引起新的适应行动（Roberts 2010：410）。在寻求替代方案时，城市负责气候响应的环境规划和气候保护部门力求制定具体部门的适应计划，作为克服资源稀缺和缺乏政治意愿的实用手段。实质上，这不是建立一个促进气候变化适应的综合体制结构和战略，而是“一次性建立增强抵御能力的一种适应干预措施”（Roberts 2010：401）。 158

虽然这种做法从倡导综合的适应规划方法的角度看向后退一步，以便充分实现其效益，但确实使适应规划更贴近可实施性。与国家政府一样，城市适应规划主要局限于知识的收集和战略的制定。尽管这些努力表明了采取行动的意图，但它们仍然脱离实际（UN 2011：138）。例如，最近在加拿大进行的一项调查发现，如果说城市政府在政策实施之前采取了许多措施和活动，那么正在进行某种形式适应的城市中，只有4.5%完成了“实施减少风险和增强抵御能力的项目和计划”。（Robinson and Gore 2011：19）。在这种情况下，很难就适应规划得出结论，究竟采取何种方式——无论这些方法是基于对气候影响的广泛了解还是根据城市的发展优先事项进行调整，无论它们是否着眼于具体的“风险”部门或采取更加综合的方法——在实现适应方面可能最为有效。然而，显而易见的是，迄今为止已经开发的这些战略采取了更为渐进的、基于弹性的适应方式，并且有更多有限的适应证据证明它是实现过渡和转型的一种手段（Birkmann *et al.* 2011）。

基于社区的适应：创造过渡和转型的潜力？

让社区参与适应工作越来越被视为寻求建立适应能力或克服现有结构不平等的关键部分。那些基础设施赤字显著的城市和市区地区，通常是最贫穷和最边缘的社区，政府或其他可以实施战略和集体行动的外部参与者缺席，意味着适应是针对特定风险或针对正在发生的灾害进行的。此外，在灾害情况下城市贫民在满足日常需要提供服务方面的需求往往被忽视。阿洛玛尔·勒维（Aromar Revi 2008：211）认为，印度官方的城市“城区建设”发展议程与城市地区最具风险的人群的脆弱性之间存在“鸿沟”，这是由于“保证充足的服务（水、卫生、固体废物、排水、电力）与大多数城市居民公平获得土地和住房存在矛盾。在这种情况下，促进气候变化适应需要了解社区经历和面临的风险和脆弱性，提供满足基本需求的适当服务和旨在克服城市结构性不平等的具体战略，以便边际社区参与决策和实施。以适应社区为基础的适应方法被认为是一种有效的手段，可以通过这种方法来解决理解气候风险、提供基本服务和促进参与适应规划的问题。

基于社区的适应方法的一个关键作用是提供有关贫困和边缘化社区在不同城环境中所面临风险和脆弱性的性质的知识。如前文所述，这些知识通常难以获得，特别是在脆弱性可能最为显著的城市的非正式居住区（Satterthwaite 2011）。在菲律宾，无家可归的人民联合会正在与12个城市和10个市镇的社区合作，查明可能面临风险最大的非正式居住区的脆弱性，包括那些易发生山体滑坡和洪水的地区（Satterthwaite 2011：343）。在哥斯达黎加，与当地社区就导致洪水风险的因素进行的参与性研究发现，社区成员和应急管理人员对社区对洪水的原因以及影响洪水发生的特殊因素有相当了解（Lopez-Marrero and Tschakert 2011：238）。基于社区的方法还能够获取关于个人和家庭如何适应或应对与气候有关的风险的认知。在达累斯萨拉姆，研究人员发现了许多应对洪水风险的机制，其中包括通过将房屋和人员搬迁到较安全的地点或更高的地方来保护资产和人员（Dodman *et al.*2011：7）。虽然这种反应通常规模小，无法解决脆弱性的根本原因，但它们往往构成应对气候相关风险的重要战略，特别是在地方政府薄弱或无效的情况下。因此，家庭响应可以是城市寻求与现有的非正式适应形式合作并建设恢复能力的一种手段（UN-Habitat 2011：131；见专栏 6.3；图 6.2）。 160

在基础设施赤字的城市地区，基于社区的组织也可以提供一种手段来满足对食物、水、卫生设施和住房的基本需求。虽然通常不是为了适应气候变化的明确目标而采取的，但这些举措可以为弹性适应提供基础。例如，在达累斯萨拉姆，坦桑尼亚城市贫民联合会开发了小规模储蓄计划，家庭可以通过这些计划获得资金以应对与气候相关的困难和压力，通过这些计划，社区聚集在一起寻求住房用地替代方案，采取小规模管理固体废物的举措（UN-Habitat 2011：134—135）。这只是世界不同地区贫民窟和棚户区联合会正在进行的工作的一个案例，表明“有代表性的社区组织的地方建立应对气候变化的能力的可能性就更大”（UN-Habitat 2011：134）。然而，鉴于许多城市环境中所需的行动规模和范围，社区组织可以实现的仍受到很大的限制。在一些城市，社区、社区组织和城市政府之间的伙伴关系已经建立起来，作为制定适应战略的更具深远意义的方法。厄瓜多尔基多市已经向当地非政府组织提供了培训，培养当地农民改善城市农业实践中的水资源、农作物多样化以及特权农作物管理（Anguelovski and Carmin 2011：172）。在菲律宾怡朗

专栏 6.3

阿克拉的非正式适应

气候变化将以一系列不同的方式影响加纳阿克拉，加剧现有社会环境的危害。随着降雨（频率和强度）和其他相关气候变化增加，预测几内亚湾沿岸的城市遭受许多影响，包括洪水、热带风暴，以及越来越多的热浪、停电和疾病发病率的增加如疟疾。

在阿克拉，很多人生活在贫民区，缺乏基础设施或资源适应这些气候变化带来的挑战，因此，阿克拉的社区往往被迫寻找办法去适应，气候变化风险的非正式适应是城市如何应对这些事件的一个核心部分。阿克拉的社区与家庭通过多种举措发展其应对这些风险的能力。这些非正式的适应举措不是市政方针，包括把石头放在屋顶上抵御风暴，在雨季之前居民清理排水渠，成立地方委员会以支持社区规划的举措等。

这种非正式的适应社区在城市应对气候变化的风险和危害时显示了社会网络和团结的重要性。由于国家和地方政府制定正式的适应行动受到资源缺乏和能力限制，这些非正式的适应方法在阿克拉和其他非洲城市提供了更加重要的支持和保护。

Jonathan Silver, Department of Geography,
Durham University, UK

161

市（Ilo），“当地政府与社区组织合作，成功地开发了低收入家庭负担得起的安全合法的土地”（Hardoy and Romero-Lankao 2011：161）。在菲律宾，

> 正在进行以社区为基础的防灾准备，通过提高认识、建立预警系统和成立地方机构为居民提供安全网应对自然灾害造成的困难和压力。
>
> （Anguelovski and Carmin 2011：172）

图 6.2　加纳 Ga-Mashie 贫民窟应对气候的适应
图片来源：乔纳森·西尔弗

原则上，基于社区的适应可以提供新的手段，通过这些手段可以在制定适应战略时利用当地的知识，并在气候变化目标实现的同时满足社区发展需求。实际上，正如基于城市政府的适应计划一样，在实践中实现这种努力的例子并不常见。在许多城市、社区，尤其是那些最容易受到气候变化影响的社区，仍然被决策机构边缘化，在城市发展规划中被忽视。与此同时，对于那些能够独立地应对气候变化复杂挑战的社区，仍然存在严重的不足之处。在这种情况下，社区适应的相关性有可能会“被夸大或低估”（UN-Habitat 2011：131）。

城市政府气候变化适应的实践

关于城市气候变化适应的研究文献大多集中在应该做什么，而不是在于做什么（因为做的事情还太少）。

（UN-Habitat 2011：145）

由于减缓问题占主导地位，制定适应对策存在的挑战，因此适应
163 气候变化的战略和措施现在才刚刚开始在城市层面上发展。此外，即使在那些正在进行适应规划的城市中，迄今为止的工作仅限于评估气候变化对城市，特别是对经济和政策部门的潜在风险，基于此发展适应策略。在某些情况下，已开始开展以社区为基础的气候变化适应工作，这方面非常重视收集知识，并在适当的情况下支持社区应对气候相关风险。正是出于这个原因，正如联合国人居署在最近对城市对气候变化反应的评估中所指出的那样，对适应气候变化正在做什么的研究仍然很少。

在第四章和第五章中介绍的概念和思想的基础上，可以通过考虑正在部署的不同治理模式以及具体行动的部门来检查城市政府适应气候变化如何实践即将出台的方案。与减缓政策不同，城市政府倾向于采取自我管理方法，通过结合监管、供应和授权治理模式来实现适应。检查三个关键城市部门——城市发展、建筑环境和基础设施——对减缓和适应方式的差异及其潜在重叠提供了一些见解。此外，如上所述，适应和应对灾害风险之间的密切关系意味着这是城市适应发展的另一个关键部门。在这些不同的部门中，适应可能涉及“建立适应能力”和“实施适应决策，即将这种能力转化为行动”（Tompkins *et al*. 2010：628）。

应对风险和灾害

减少风险和灾害影响一直是国家和城市政策的重点。气候变化适应

的出现增加了这一任务的复杂性和挑战性。一方面，人们越来越认识到气候变化对于改变风暴、干旱或高温等长期风险的性质、规模和时间的影响，可能意味着现有的风险管理方法已不再适用，或者在某些情况下，可能必须从根本上重新考虑。另一方面，经过试验和测试的手段可以回应、应对和建立适应现有气候相关风险的弹性，这为气候适应行动能够建立起知识和技能提供宝贵的资源，这仅仅是为了简单地应对特定的气候影响。虽然减少灾害和气候适应不能被认为是一回事，但它们是“减少极端事件的影响和增强城市抗灾能力，尤其是脆弱的城市人口中的共同事业”（Solecki *et al.* 2011：135）。因此，为适应气候变化而建立的一些举措侧重于对气候相关风险做出更有效的应对。其中包括降低城市面临气候风险的方法，在城市发展和城市基础设施方面更详细地讨论，提供气候相关风险的预警，发展灾后应对和重建的能力。 164

就预警系统的发展而言，有几个城市已经制定了应对热浪的措施减少其对人类健康的风险。正如第二章所述，气候变化的一个潜在影响是长时间的极端热量，而城市热岛效应进一步加剧了城市居民的高温暴露。在多伦多、芝加哥、费城、巴黎和伦敦等地，已经建立了高温预警系统，以预测城市天气状况，预报何时更有可能导致死亡率增加，需引发使用健康保护措施（见专栏 6.4），包括告知个人预报温度，提供降温措施的建议；在城市开设“降温”中心；通过社区卫生网络——如卫生工作者、药剂师——直接与老年人和弱势群体联系。然而，“高温应急计划继续忽视穷人和社会孤立”，此外，延伸服务、互动以及必要时的疏散活动在实践中很少发生（Yardley *et al.* 2011：676）。

专栏 6.4

多伦多的高温健康预警系统

高温健康预警系统是如何工作的？

从5月15日至9月30日，多伦多公共卫生部门使用高温健康预警系统确定是否向市民发布高温预警报或极端高温预警。比较的对象是曾导致多伦多死亡率升高的历史温度。发布高温预警意味着，高温导致的死亡率比正常的一天的死亡率高25%—50%。发布极高温预警意味着，高温导致的死亡率比正常的一天死亡率至少高50%。

在高温警报期间会发生什么？

一旦公共卫生部门负责人发布高温警报，将会通知关键响应合作伙伴、社区机构和公众。高温天气的应对活动主要是应对弱势群体因高温引起的疾病的风险增加。

极端高温警报期间会发生什么？

极端高温预警发布时，除了高温警报期间提供的服务，城市开放七个防暑降温中心，一些城市的游泳池可能会延长开放时间，卫生督察员会走访高温风险很高的住宅区，确保“高温天气保护计划”的实施。

www.toronto.ca/health/heatalerts/alertsystem.htm

如上所述，制定针对气候相关风险的基于社区的对策，是协同应对灾害和适应气候的另一种方法，可以包括社区组织，独自应对或与城市政府合作开发知识、资源和机构，通过知识、资源和机构，家庭和社区可以应对风险。它还可能涉及更多自上而下的方法，包括设立新机构，通过机构与社区合作应对风险。例如，美国国际开发署（USAID）资助的“承诺—孟加拉”（PROMISE-Bangladesh）试点项目，由亚洲防灾中心协调，由位于吉大港的孟加拉国防灾中心执行。该项目涉及建立“监督灾害管理委员会，其中包括社区成员、学校教师、本地监督专

165

员和来自高收入人群的当地居民”，委员会被授权根据国家灾害管理计划开展活动和采取行动（Ahammad 2011：509—510）。除了讨论潜在的回应之外，这个试点项目还任命了“一些‘变革推动者’……在10个监督区内与监督灾害管理委员会就减轻灾害风险展开自愿性任务”。经过与当地居民沟通，当地居民已接受培训，会帮助监督灾害管理委员进行灾前预防工作和灾后应对措施（Ahammad 2011：509—510）。然而，尽管可能发挥作用，但是在城市贫困人口的需求通常被边缘化的情况下，在与政府和其他机构沟通配合以达成一致行动解决城市发展可能面临的能力不足的情况下，这种方式可以多大程度发挥作用仍然存在疑问（Ahammad 2011）。

因此，对于可以为风险和灾难做好充分准备的城市政府来说，存在着非常现实的挑战。灾害重建和适应城市的机会在多大程度上得到了利用，这种机会不由任何线性因果关系产生，而是由于事件本身暴露了当前发展形势的不稳定性和不足，并造成社会和政治权威的暂时真空（Pelling 2011a：95）。研究表明，“更常见的是基础设施迅速恢复到灾前条件之上”，而不是建立更加有弹性的替代方法，这是由于缺乏意识和弹性相关知识（Birkmann and von Teichman 2010：176—177），以及像往常一样维持发展中的既得利益（Pelling 2011a）的综合结果。

城市发展的管理

在气候变化的风险不那么迫切的情况下，也出现了城市应对的其他形式，它们试图将城市发展放在长期适应气候变化的轨道上。有两种比较确定且广泛使用的方法。一种是城市试图以适应气候变化的方式塑造自己的物质发展；另一种是将重点放在城市的社会和经济发展

167

上。城市政府通过使用规划系统能够确定当前和未来土地利用模式的一些最重要的方式，以及因此暴露于各种与气候有关的风险（Davoudi *et al.* 2009；Measham *et al.* 2011；Wilson and Piper 2010）。虽然城市在规划领域具备的特定能力和资源因国家具体情况而异，但在大多数情况下，城市政府有责任实现或调节（某些形式）城市发展的性质和位置。在发展中国家，住房和经济活动的非正规领域通常超出正规计划体系。同时，无论是在发展中国家还是在发达国家，现有的规划框架可能并不总是按照预期的方式实施，或出于制定计划的政府或部门与当地社区或企业之间的腐败或冲突，或出于制定和执行规划的能力以及管理能力有限。虽然将气候适应纳入规划框架并不能保证实际上正在进行适应，但将适应问题纳入城市规划的兴趣日益增强表明适应能力正在发展。

也许有两个部门（沿海管理部门和洪水风险部门）的规划和适应一体化最应进行。由于气候变化对海平面上升，对风暴强度和频率的潜在影响，某些城市将面临适应沿海洪水和/或河流洪水的挑战。在有些地区，具体的战略规划已经到位，以确定应该采取的降低脆弱性的风险水平和保护措施的种类。例如，英国环境署于2002年建立的“泰晤士河口2100项目”（TE2100），目的是为伦敦和泰晤士河口制定长期的潮汐洪水风险管理计划（Environment Agency 2011）。在这个涉及大伦敦地区不同公私合作伙伴的项目中，确定了不同的“决策途径”，详细说明了“各种洪水风险管理措施未能提供可接受的保护水平的阈值”和“触发点，从而采取不同的管理洪水风险的方法来应对海平面上升”（Nickson 2011：6—7）。

其他方法试图将对未来气候影响的关注融入现有的沿海地区管理规划流程中。在英国，城市政府一直参与制定海岸线管理计划，该计划“对沿海地区的风险进行了大量的评估，并提出了一个长期的政策框架，以可持续发展的方式降低对人和自然环境的风险”（Wilson and Piper 2010：309）。在开普敦，“沿海开发准则包括所谓的‘蓝线’，低于这个准则应该防止新的开发”（Cartwright 2008：27）。悉尼制定了国家级海平面上升准则，向地方议会提供补贴，以便城市政府规划时能够考虑到气候影响（Gurran *et al*. 2008; Measham *et al*. 2011：905）。这些措施越来越多地需要建立防御机制来保护特定资产和人口，并且认识到诸如调整和撤退等其他形式的沿海管理可能更具成本效益，长期更具可持续性（Wilson and Piper 2010：307—314）。虽然对这种变化的意识在增强，但“体制遗留问题和根深蒂固的社会—经济利益”对实现这一目标产生了重大的障碍，社会某些企业的效益可能会受影响，例如保险损失减少，可能无法带来整体社会效益，确保适应沿海地区气候变化的挑战仍然存在争议，情况复杂（Moser *et al.* 2008：653）。

在英国和荷兰，为了应对河流洪水的风险，城市也开始倡导“为水腾出空间”的原则（Wilson and Piper 2010：287—299）。在过去的十五年，这种转变已经显现出对于需要“大规模工程措施”以降低洪水风险，实现“更广泛的适应措施”的需求（Harries and Penning-Rowsell 2011：189）。在英国，城市政府在城市发展中将洪水风险纳入考虑范畴，制定具体流域洪水管理计划和地表水管理计划。在制定计划时，城市政府必须充分证明使用特定场地进行城市发展的合理性，并在发展建议中采取防洪措施，例如安装可持续的城市排水系统。伦敦的一系列规划文件中规定了这些措施的使用，其中包括“伦敦总体规划”（City of London 2010：16）。尽管进行了这种整合，但这种方法已被证明是相对缓慢的，部分原因在于保险业持续要求在提供保险之前政府应提供人身保护，另一个原因是洪水风险管理的新方法遭遇了受洪水风险影响的当

169 地社区的抵制（Harries and Penning-Rowsell 2011：190）。

在资源有限的城市环境中，通过规划适应气候变化的问题更加突出。在墨西哥，莱尔马河横跨位于托卢卡山谷人口最稠密的地区（Eakin *et al*. 2010：16）。传统上被认为是管理农业用水的资源问题，而城市发展和周边地区的出现使环境变得复杂。供水压力和变化的气候条件要求有新的管理形式。尽管法律规定，城市政府负责管理污染进入水道，防止在有可能发生洪水的地区定居，但“大多数城市政府在调控增长和规划土地利用方面缺乏经验”，“通常缺乏设备和资源……需要实施建议的行动（Eakin *et al*. 2010：18）。结果导致采取了相应的措施不仅没有解决潜在问题，还因增加提供临时保护地区（本不应是居所的最佳选择）而增加风险”（Eakin *et al*. 2010：21）。在有些城市，城市政府可以积极寻求保护城市某些地区，甚至牺牲其他地区的利益。查特吉（Chaterjee 2010：344）指出，在孟买，公共资金旨在保护正规经济部门和全球企业免受洪灾风险，而不是为城市非正式居住区居民提供额外的保护，非正式居住区的居民理应承担非居住区强制搬离后的结果。谁应该从适应中受益和谁可能会因此失去保护，这些问题至关重要。正如胡克等人认为的，

> 对“气候防护”城市来说，城市规划和治理所需的所需的各种变化常常要支持发展目标。但是……他们也可以做相反的事情——因为应对风暴和海平面上升的计划和投资，会强行清理目前在洪泛平原上的居住区或靠近海岸的非正式居住区。
>
> （Huq 2007：14）

考虑到将适应纳入城市规划和经济发展的现有框架所带来的重大体

制、政治和社会挑战，试图首先考虑社区需求的方法，可能提供了一种适应推进的方法。孟加拉国在包括吉大港在内的四个沿海社区开展了基于社区的适应气候变化沿海造林项目（CBACC-CA）。该项目的目标是通过发展红树林、种植园、堤坝和堤防，以及预警系统和防灾系统，缓冲气候变化造成的危害（Rawlani and Sovacool 2011：859）。此外，它还通过促进林业、渔业和农业等手段发展社会能力，以此作为新的经济增长点和适应气候变化的手段，“将水产养殖和粮食生产纳入造林和再造林活动中”（Rawlani and Sovacool 2011：859；Kiithia 2011：178）。德班开发了自己的方法，力求将应对气候变化与城市发展优先事项结合起来，尤其是在气候条件变化的情况下确保粮食和水安全（见专栏 6.5）。尽管有这些方法的承诺，但基于社区的方法所面临的挑战，包括其渐进式的和小规模的性质，以及无法解决影响发展轨迹的更多结构性过程，是不能被忽视的（Rawlani and Sovacool 2011：860）。通常情况下，城市发展会持续，若没有充分重视和考虑到气候适应的需要，会继续把最脆弱的城市居民置于最大风险之下（Manuel-Navarrete *et al.* 2011）。

170

171

专栏 6.5

德班以社区为基础的气候弹性发展

为了培养适应能力，以社区为基础的试点适应项目已在两个“贫困、高风险、低收入”的社区发起。在试点开展了三种干预措施：

1. 以社区为基础的适应规划：“更详细了解社区层面风险”；采用作为建立“社区级行动计划”基础的一系列方法，包括绘制风险和脆弱性，提高意识，以及评估不同适应方法的可持续性。

2. 粮食安全：“在预计的气候变化条件下，旱地玉米（一种关键的生计作物）的产量将下降至几乎为零”，有必要确定替代作物。评估粮食安全，进行替代作物的田间试验，“制定食品安全行动计划”的活动已经开展。

3. 水安全：在当前气候变化的情况下，水资源可能会减少。“确定可行的和持续的集水技术”已得到越来越多的关注，通过现场测试和评估可以提高贫困社区的食品安全。

此外，德班承诺成为碳中立国家，在主办 2010 世界杯足球赛期间，抓住机会，开展“重新造林项目，不但可以碳封存（通过植树）还会减轻贫困，解决环境退化和流域管理问题”。项目包括种植超过 8 万棵树，成立 500 家“树企”为项目供应树苗，这些企业已经为当地社区带来效益。“树企”用他们的树苗换食物、学费和“树店”所需的其他基本物品，从而为远离经济区的贫困社区提供创收的机会。

172

Roberts 2010

建筑环境的设计和使用

针对个别建筑，各种形式的适应行动已经展开。适应措施倾向于关注如何提高建筑对不同形式风险（包括洪水、风暴破坏和热量）的抵御能力，或者着重于使用建筑围护结构作为保障资源的手段，如水或冷却空气，这在变化的气候条件下可能会受到限制。这些措施可以正式授权，通过城市政府的监管权力执行，或由城市政府通过参与和教育进行推动。同时，城市居民可以采取措施作为应对特定风险的手段，或者在资源稀缺的条件下变得更加自给自足。

试图改善建筑物对气候相关风险抵御能力的正式措施包括在建筑规范和规划文件中纳入特定的设计准则或标准。在英国，建筑设计建议包括保证基本服务（电力、水、卫生设施）受破坏最小（例如将电源插座放置在可能的洪峰水位之上），可以从洪水的影响中快速恢复

（Department for Communities and Local Government 2007）。考虑到高温的脆弱性，人们正在努力设计不同形式的“冷屋顶”——防止太阳辐射进入的屋顶和／或提供高质量的绝缘层以保持建筑物冷却，降低城市热岛效应。在加利福尼亚州，根据建筑物能效标准对建筑物进行了规定，将白色或反光屋面材料作为冷却建筑物的一种方式，替代空调（The California Energy Commission 2012）。由伯克利大学和康考迪亚大学研究人员发起的“全球城市凉爽联盟”旨在征集全球 100 个城市，承诺广泛使用冷屋顶技术（Global Cool Cities Alliance 2012）。纽约和费城等城市已经制定了计划，公共建筑采用冷屋顶，实施自我管理，鼓励个人和企业使用冷屋顶。越来越多地融入城市规划和建筑规范的一种特殊的屋顶技术是绿色屋顶。绿色屋顶是一个由防水膜、生长介质和植被层组成的分层系统，可以减少雨水径流，降低建筑物温度，增强生物多样性，延长屋顶使用寿命（Castleton *et al.* 2010：1583）。绿色屋顶的多重效益意味着城市政府越来越多地推动实施。例如，在芝加哥，环境部建立了一个绿色屋顶赠款计划，该项目在 2005—2007 年期间为 70 多个绿色屋顶项目提供了资助。

173

除了提供增加应对水灾和高温风险的弹性措施之外，建筑环境还可以提供适应供水不足的措施。在受气候条件影响导致供水不足，或供水服务分散或无供水的城市地区，出现了新形式的供水设施和卫生设施。例如，灰水的回收利用，以前用于家庭用途（例如洗澡或洗涤）的水来用于其他目的包括园艺、洗车或冲洗厕所。在有些建筑物中，这种系统是非正式的，特别是在水资源紧张，禁止淡水用于这类目的的时候。在有些建筑物，设计和建造中包含了用于回收灰水的新系统，例如，墨尔本市政厅 2 号办公楼，其中包括一座灰水和黑水处理厂，以及下水道附近的“矿井”提供额外水资源（City of Melbourne 2012）。雨水收集是通过建筑物储存水的另一种方式。孟买所谓的“雨水收集计划”的发展（见专栏 6.6；图 6.3），与其他印度城市一样，正成为日益普遍的手段，以满足快速城市化的日益增长的水资源需求。

专栏 6.6

孟买集雨

在印度由于水资源短缺，古代的雨水收集技术正在复兴与再造。最简单的雨水收集方式是将径流引到一个水箱中。一个自然的斜坡可以用来引导雨水进入通道，水也可以从屋顶被收集。在一些历史建筑物上，雨水从屋顶被收集然后通过华丽的喷水口传送到地下的水箱中。用这种方式在孟买集水是有问题的，因为季风降雨需要一个大容量的水箱，此外静止的水会导致蚊虫孳生。

在许多系统中雨水用于回灌水井。雨水可以从建筑物的屋顶被收集，在用于回灌井之前先过滤。拉贾斯坦农村阶梯井的设计借鉴现代的预铸井和回灌坑，重新设计以适应城市要求。这种方法占用的空间少，通常在停车位的下面。在孟买国内的供水是有区别的，收集的雨水可以用于特定的用处。钻井水主要用于户外，例如洗车、冲洗厕所。这种系统是典型的常见改装成中产阶级公寓，增加水安全，降低成本，解决环境问题的一种。另一种是雨水渗透直接补充地下水。这些系统将从花园收集的水引导到特殊的地方渗入地下，而不是奔流入河海。在大型公寓楼，可能会使用多种系统组合的方式，包括渗透至草坪和利用灰水。

Catherine Button, Department of Geography,
174 Durham University, UK

建筑环境也适合开展非正式应对和非正式适应。在孟买，由于缺乏有效的城市发展战略降低城市非正规部分的风险，个别家庭改进结构以
175 降低他们可能遇到的风险。“在 2005 年洪水事件之后，大约 53% 的受

图 6.3 孟买的混凝土填充坑和钻孔井，以拉贾斯坦邦阶梯井原理设计

图片来源：凯瑟琳·巴顿

调查家庭在 2006 年季风之前提高了地基，以确保上一年的事件不再重演”，还采用了其他结构性措施，例如为存储有价值的资产创建高架区域（Chaterjee 2010：345）。这种调整是有成本的，并非所有的家庭都能够同样采取这种措施，因此，在任何一条街道或社区，适应能力的差异都会导致不同程度的脆弱性（Chaterjee 2010：346）。其他形式的非正式适应也在很多城市中能够找到。以高温危险为例，从物理措施或技术措施，如阴影和植被使特定地区降温，或使用冷却技术，到其他行为形式，包括穿着较轻的衣服或改变饮食、工作和睡觉习惯。除了适应能力，关注个体掌握的知识、技能和资源以及他们的经济和社会背景的这些因素之外，影响适应的文化和社会因素尚未得到很好的理解，这可能与制度化和具有文化固定思维“什么构成‘正常’行为”有关（Adger *et al.* 2009）。从这个意义上讲，气候变化适应可能会挑战和改变现有的约定和惯例。

城市基础设施网络的重构

气候变化的影响将对城市基础设施网络——提供水、卫生、能源、通信和运输服务的系统——具有特别重要意义。在水、卫生和能源系统的案例中，城市服务的提供直接关系到水的可用性及其直接使用性或用于生产电力或热水的可用性。在所有案例中，气候变化的影响可能导致网络逐渐受到侵蚀（例如，通过海水入侵沿海城市地下水），或导致与气候相关事件相关的具体影响，包括热带风暴、干旱、洪水和热浪。城市基础设施网络适应气候变化的努力包括发展适应能力，通过评估潜在风险和考虑气候变化的新形式决策，加强身体恢复能力和社会特定网络的弹性。

纽约气候变化对城市基础设施网络的潜在影响已经得到广泛的研究

（见专栏 6.7）。纽约市环境保护局（NYCDEP）是纽约负责供水和污水处理系统的行政机构于 2004 年成立了气候变化工作组，由研究人员和决策者共同组成。纽约市环境保护局创建了“分析气候变化的框架，包括 9 步适应评估程序”，根据该程序，“潜在的气候变化适应分为管理、基础设施和政策类别，并根据气候变化时间尺度（即时、中期和长期）的条件、资本周期、成本和其他影响”（Rosenzweig *et al*. 2007：1400），来选择和实施适当的措施。这促进了对海平面上升、对下水道和污水处理的影响研究，以及受气候变化影响的纽约流域面积的模拟水资源可用性的新方法的开发（Rosenzweig *et al*. 2007：1407）。在加拿大安大略省滑铁卢和圭尔夫市的供水量减少的情况下，采取了一些应对措施，其中 176

专栏 6.7

纽约将气候变化适应纳入基础设施规划

东北电力协调委员会（NPCC）调查结果表明，适应气候变化的许多方式也可以被有效地纳入现行的城市重要基础设施的管理：

- 可以调整现有的风险和风险管理战略，面对当前和未来的气候变化的挑战。
- 设计标准可以调整增加气候变化预测，有利于长期的基础设施承受未来的威胁。基础设施的设计和运作的法律框架可以囊括气候变化的影响因素。
- 保险行业和其他风险—负担共享机制（如合作社）通过产品适应应对长期风险，通过分享气候变化经验与大量利益相关者交流讨论。
- 内部和跨机构以及管理基础设施的组织，可以从更广泛的反应制定适应战略，包括调整经营和管理，基础设施的资本投资，促进政策灵活性发展。

Rosenzweig and Solecki 2010

177

包括需求管理，如“自愿和强制户外用水限制、公共教育、水价格和安装节水设备”（de Loë *et al*. 2001：236）。这些措施涉及重新调整不同的机构和将新的知识形式融入决策。虽然这些举措可能侧重于个人干预或社会干预，但适应决策过程考虑到了在制度层面发展适应能力。就安大略省而言，与其他地方一样，这种能力往往受到缺乏必要的法律或体制权力的限制（de Loë *et al*. 2001：236）。

服务欠发达或缺失的城市地区缺乏运行良好的基础设施，对适应构成了最大挑战。在孟买，查特吉（Chaterjee 2010：346）发现居民采取了各种形式的提前应对措施，包括与当地团体共同在年度季风之前清理、扩大和覆盖下水道。在达累斯萨拉姆正在开展一项新的计划，城市政府在计划外定居点收集固体废物，由居民付款，这有助于解决城市在这些地区维持适当形式的卫生和排水所遇到的挑战（Dodman *et al*. 2011：9）。然而，尽管这些举措在降低直接风险方面很受欢迎，但正如上文所讨论的，这种应对方式和渐进恢复能力不能解决更广泛的脆弱性所带来的挑战。这些定居点通常位于特别容易受到风险影响的环境边缘地区，因此永久解决社区可能面临的与气候有关的危害是不可能的。在这种情况下，为了应对气候变化，采取某种形式的搬迁——可能会导致社会和经济生活割裂，是否有必要。当然，很大程度上这取决于如何解决重新安置问题——强行驱逐那些无处可搬的弱势群体不是可持续的适应形式。然而，要实现佩林（Pelling 2011a）所建议的过渡和转型，需要为城市贫困居民提供适当的住房和服务。

178 除了应对现有基础设施的挑战之外，城市层面对气候变化的另一个应对措施是发展新型绿色（植被）和蓝色（水）基础设施系统。单个建筑，正如上文所述，绿色屋顶越来越受欢迎；而城市范围内空间开发、休闲用水和城市植树也同样适用。芝加哥适应战略包括：到 2020 年将城市树冠覆盖率提高20%，隔绝大气中的二氧化碳，以减少城市热岛效应的影响。美国其他城市，如纽约和洛杉矶，已经开展了种植100万棵城市树木的计划。这些方法在欧洲城市也很明显，例如德国的斯图加特和弗莱堡，开发开放空间原则，基于此发展绿色基础设施使城市降温，提供处理过量暴雨水量的措施（Carter 2011：194）。拉丁美洲建立城市树木，保护城市周边森林和植被的计划，尽管这些计划通常以其减缓潜力为框架。

在灾害响应、城市发展、建设环境和城市基础设施体系的各个领域，显然出现了一些适应形式。在一些城市地区，特别是基础设施赤字和经济、政治和社会排斥的地区，反应更像是应对。尽管创造弹性设施，以更具变革性的方式吸引社区的个人举措是可见的，但这种情况仍然是例外。在经济更发达的城市地区，有证据表明，城市政府及其合作伙伴正在采取更可持续的方式来建立适应能力，并在城市规划和监管以及提供服务的同时考虑到这一点，使其他人能够应对气候变化。鉴于城市政府适应行动的证据有限，目前不可能确定哪些治理模式——监管、提供或扶持——是主导模式。然而，显而易见的是，随着减缓气候变化，城市气候变化适应正在受到一系列不同因素的驱动，也遇到了一些重大的挑战。

城市气候变化适应的驱动因素和障碍

如第四章所述，应对气候变化的驱动因素和挑战可以分为三大领域：制度、政治和社会技术。关于气候变化适应已经在城市中开展，但发展程度有限，许多人担心“地方政府缺乏财政资源、决策权力和其他公共机构的能力解决多重交叉、加强发展问题，以及脆弱性的根本问

179

题”（Hardoy and Romero-LanKao 2011：161）。广义上来说，虽然机构能力对解决这一挑战很重要，但政治因素和现有城市社会技术也需要考虑到（见表 6.2）。

从根本上说，大多数被认定为影响城市适应的制度驱动因素和障碍，与大多数城市为解决城市人口的基本需求而存在的有限资源有关，更不用说涉及的问题被视为不那么直接关切或者与本地关联性较少的（Roberts 2010）。莎玛和托玛尔（Sharmar and Tomar 2010：461—462）发现，在印度“地方政府正在与其他发展压力斗争，地方政府议程几乎没有任何涉及气候变化等感兴趣的全球问题”，“地方政府在促进气候变化等问题的制度化方面的能力严重缺失”。在这种情况下，气候变化似乎是一个遥不可及的问题，绝非当务之急，气候变化适应尚未成为城市的主流也就并不为怪了。地方政府对城市气候变化方面的潜在影响和脆弱性的认识程度，可能既是适应的驱动因素也是障碍。在已经开展了正式评估过程的城市，包括纽约、伦敦和德班，适应能力已经建立，已采取新的适应措施。然而，在大多数城市，气候变化的时间和影响的不确定性以及适应的潜在成本都是适应行动的障碍（Carter 2011）。特别是，在资源稀缺的情况下，计算行动与否的成本以及实现效益的时间等问题是投资适应措施实施的主要障碍。在这种情况下，与其试图实现全面的适应战略，不如设法重新修订建筑规范、土地使用管理、改变基础设施标准等的替代方法，通过这些方法建立更强的弹性，并且不会造成前期成本显著提高（Satterthwaite 2008b）。 180

与减缓问题一样，制度驱动因素和障碍与多层次适应治理有关。作为影响卫生和能源，交通和娱乐等各种行业的交叉问题，协调城市政府和相关伙伴机构内部的有效适应响应可能会很困难。在德班，黛布拉·罗伯茨发现，气候变化适应方面缺乏技能、资金和知识方面的问

表 6.2　适应气候变化的驱动力和障碍

	城市发展	建筑环境	城市基础设施系统
制度驱动	开发项目的土地 / 股份的所有权 支持国家和区域的规划框架 城市发展组织与积极的私营部门之间的伙伴关系 获得足够的资本以解决额外的前期适应成本	拥有 / 运营住房和商业股票 支持国家和区域政策目标 与私营部门和民间社会组织的伙伴关系 和其他城市的知识交流 外部资金的可用性	拥有 / 运营基础设施系统 支持国家和区域政策目标 与私营部门和民间社会组织的伙伴关系 和其他城市的知识交流 获得承担大规模气候保护措施的资金
制度障碍	有限的能力和资源挑战——知识、人、资金 程度、位置和气候影响的时间、持续存在的观念（认为气候变化是一个遥远的问题）的不确定 缺乏非正式城市发展的本质和程度的相关知识 缺乏本地、区域或国家规划框架的适应 实施和执行规划法规困难 缺乏政策协调，政策目标相互冲突	有限的能力和资源挑战——知识、人、资金 程度、位置和气候影响的时间、持续存在的观念（认为气候变化是一个遥远的问题）的不确定 缺乏气候脆弱性的相关知识 现有规定缺乏适应方面的考虑 条例实施与执行中存在的问题 缺乏政策协调，政策目标相互冲突 缺乏有效或负责的城市政府，特别是在城市非正式居住区	有限的能力和资源挑战——知识、人、资金 程度、位置和气候影响的时间、持续存在的观念（认为气候变化是一个遥远的问题）的不确定 缺乏系统的影响方式的相关知识 缺乏气候脆弱性的相关知识 关键基础设施部门缺乏市政能力 在制定制度规则、形成投资决策机制和基础设施系统操作方面缺乏适应能力

续表

	城市发展	建筑环境	城市基础设施系统
	城市管辖权与城市增长压力不匹配 缺乏有效或负责的城市政府，特别是在城市非正式居住区		缺乏政策协调，政策目标相互冲突 城市管辖权和塑造城市基础设施系统发展相互不匹配 缺乏有效或负责的城市政府，特别是在非正规城市居住区
政治驱动	领导力——示范项目，推进城市的国际形象 城市发展议程的共同利益，例如减少灾害风险，加强城市绿色空间，减缓气候变化 大规模重建项目的机会 城市政府参与社区和利益相关者在设计和实施中的适应策略 / 措施中的机会 中介或以社区为基础的组织有足够能力组织和解决脆弱性问题	领导力——通过例如减少健康脆弱性，改善住房条件解决城市选区的关键心问题 共同利益——例如减少灾害风险，解决贫困问题，加强建筑结构，减缓气候变化 新建筑的机会 / 现有建筑物中的干预 城市政府参与社区和利益相关者在设计和实施中的适应策略 / 措施中的机会 中介或以社区为基础的组织有足够能力组织和解决脆弱性问题	领导力——示范项目，例如促进能源独立，运输系统现代化 共同利益——例如减少灾害风险，保障安全，满足基本需求，减缓气候变化 新基础设施系统开发的机会 城市政府参与社区和利益相关者在设计和实施中的适应策略 / 措施中的机会 中介或以社区为基础的组织有足够能力组织和解决脆弱性问题

续表

	城市发展	建筑环境	城市基础设施系统
政治障碍	缺乏领导或政治挑战意愿 城市发展议程和经济增长冲突 故意忽视和边缘化城市贫困的利益和议程 争夺资金，注意力被更紧迫和直接的发展需求所吸引 贫困和边缘化群体难以进入决策领域 城市适应的长期过程和短期政治执政周期不匹配	缺乏领导或政治意愿 与城市（重新）发展和改造的其他议程冲突 故意忽视和边缘化城市贫困的利益和议程 争夺资金，注意力被视为更紧迫和直接的发展需求所吸引 贫困和边缘化群体难以进入决策领域	缺乏领导或政治意愿 与提供服务和安全资源的其他议程冲突 故意忽视和边缘化城市贫困的利益和议程 争夺资金，注意力被视为更紧迫和直接的发展需求所吸引 贫困和边缘化群体难以进入决策领域 城市适应的长期过程和短期政治执政周期不匹配
社会技术驱动	现有的城市形态有利于适应 适应措施易被纳入城市景观 出现替代技术和社会组织的利基/试验 新的社会文化期望和实践有利于城市生活可持续发展	建立有利于适应干预形式的环境 易纳入现有系统、结构和实践的适应措施 出现替代技术和社会组织的利基/试验 新的社会文化期望和实践有利于城市生活可持续发展	运作良好，维护良好的基础设施网络 易纳入现有系统、结构和实践的适应措施 出现替代技术和社会组织的利基/试验 新的社会文化期望和实践有利于能源、水和废弃物服务的可持续发展

续表

	城市发展	建筑环境	城市基础设施系统
社会技术障碍	基于暴露在与气候相关风险和海平面上升的城市形态 城市发展压力导致在城市边缘的非正式居住区暴露在气候风险中 基于历史气候条件的城市发展与规划实践的延续适应不良，限制适应能力，如在洪泛区的持续发展 适应措施需要城市景观与争论和冲突的重大重组	历史遗产使建筑物的改造和重建昂贵或挑战现有的城市美学 缺乏足够的房屋和住所，特别是弱势群体 采用以历史 / 文化为基础应对气候相关风险，可能不再合适 适应不良，限制适应能力，如建筑在干旱多发区对水的需求 适应措施与现有的建筑形式，制度和做法，以及争论和冲突不相容	基础设施不足，不能满足基本需求 刚性的基础设施网络和制度文化，有利于现有技术和防止变化 在基于过去的气候条件发展和使用的基础设施网络的组织和行为文化的延续 适应不良，限制适应能力，如关键基础设施项目的位置 适应措施与现有的建筑形式，制度和做法，以及争论和冲突不相容

题，“因隐含的（并且经常是明确的）假设而更加严峻，即环境相关问题如气候变化将由 EPCPD 处理，所以没有必要与他们进行任何深度的交流”（Roberts 2010：401）。此外，适应遇到的问题经常跨越多个司法管辖区。这可能发生在垂直管理系统中，例如投资保护可能需要国家、地区和当地政府资助和批准建设关键的基础设施；也可能发生在横向管理过程中，例如跨河流流域的各地方政府之间。在政府和非政府机构间的责任分配和协调适应行动也面临巨大的挑战，例如，在欧洲，卡特（Carter 2011）认为，欧盟的适应总体战略与欧盟各国家和地方计划的发展不相符。地外，沿海或空间战略也开始包含气候变化适应的议程，自下而上的做法在很大程度上受到国家和欧洲政策的影响，这些政策都为适应原则提供了一般性的支持，并限制了具体行动的范围（Carter 2011）。此外，对城市中最脆弱人群缺乏有效的或负责任的治理制度，这也进一步增加了适应的复杂性，因为他们身为非正式住区居民的地位意味着被城市政府忽视。

城市气候变化适应的政治驱动因素和障碍主要包括领导层、使适应成为相关和地方议题以及参与脆弱城市社区的需求。在减缓政策方面，政治家和政策企业家已经展示出了创新能力，领导力为城市应对提供了重要的驱动力，但在适应领域则缺乏这样的机会。各种可能导致脆弱性降低的行为，如清理渠道，应对日常健康与发展的矛盾等，都不适合作为报纸的头条新闻，也不利于城市竞争。总之，除了大规模的基础设施项目之外，许多适应措施的政治资本有限，迄今为止，在促进城市国际化以及发展低碳城市方面，它们并没有得到与减缓行动同样的赞誉。因此，适应政策需要的是一种不同形式的领导力，一种侧重加强参与性和包容性，侧重边缘化和弱势社区，特别是城市贫困人口的需求的领导力。不幸的是，在许多迫切需要领导力的地方，城市政府忽视

184

或故意漠视最弱势群体的需求，特别是那些居住在非正式地区的人群（Satterthwaite 2011）。关于地方适应的研究发现，“政治权力和治理空间的制度障碍，可以对社区的某些适应能力施加严格的限制”（Jones and Boyd 2011：1271）。

特别是，但并非唯一，对于边缘化持续存在毫无改善的地方，非政府组织或慈善机构等活跃的“中介”组织和社区组织对创造参与机会，推动可替代形式的适应发挥着重要作用（Dodman *et al.*2011；Pelling 2011b; Satterthwaite 2011；UN-Habitat 2011）。然而，这些组织往往缺乏超越和加强现有应对机制的能力和资源，只能开展小规模行动。正如阿尔杜瓦和罗梅－罗兰考（Hardoy and Romero-Lankao 2011：161）所指出的那样，虽然“现有的经验表明，政府和民间社会之间的协调工作更有可能带来更有效的应对措施”，但这种努力并不常见，因为“参与的方式和途径很少支持这种协调的工作”。在当前背景下，弱势群体的需求被排除在外，超越这样的环境背景，需要制定框架和治理结构，将适应与更广泛的城市改造议程联系起来，解决“现有的不对称性和结构脆弱性”，这将是一项挑战，需要“对房地产和住房市场进行有力调节和公共服务输送，以及国家层面的支持和体制环境”（Revi 2008：222）。

无论适应是由中介组织还是由社区组织自发推动或引导，“必须要认识到，对潜在的未来气候变化影响的预先适应往往不是支持倡议和项目的动力”（Carter 2011：195）。相反，其他议程，包括需要发展城市绿地、满足发展需要、应对灾难风险、替代老化的基础设施或解决当前的资源成本或安全问题等，可能为具有共同利益的行动——减少脆弱性和提高适应能力——提供依据和动力。在明确的气候变化问题驱动下，减缓气候变化的政策议程通常寻求共同利益，但在适应领域，适应本身似乎就成为其他政策和项目的共同利益。虽然这可能提供一种以较

185

低的政治代价实现适应的手段，但这也意味着加剧脆弱性的城市发展途径可能会继续受到限制。在问题的制定和解释方式、责任划分和脆弱群体的冲突已被排除在决策之外时（Eakin *et al*. 2010：16），这些挑战可能会加剧。曼纽尔－纳瓦雷特（Manuel-Navarrete *et al*. 2011）指出，在墨西哥坎昆沿海地区，以大众旅游业为重点的经济增长方式使越来越多的人受到与飓风有关的气候相关风险的影响，但这种脆弱性已通过自上而下的"应对策略"得到保障，包括授权"民防系统"解决自然灾难，保护国际游客和运营商安全，从而维持"安全目的地"的形象（Manuel-Navarrete *et al*. 2011：257），并通过外部资金和保险确保飓风之后能够快速开展恢复和修复工作。大众旅游在政治经济利益中的主导地位，而大众旅游依赖"维护旅游目的地的良好形象"，导致优先执行有效的指挥和控制战略，避免人身伤亡，产生广泛的安全感，而不需要解决不同脆弱性的根源问题（Manuel-Navarrete *et al*. 2011：257）。实质上，特定的政治和经济利益有助于促进现有经济发展形式的恢复能力，而不须考虑更多的适应变革的形式，这也有助于解决现有的脆弱性和排斥现象。

适应的另一个驱动因素和障碍是社会技术环境。例如，位于三角洲地区的不同类型的城市形态，无论城市是否处于低洼地，都依赖于特别脆弱的能源形式或供水，这些都构成了脆弱性和适应发生的条件。此外，城市基础设施网络是否充足以及其运行程度如何，是否存在重大的基础设施缺陷，已被证明是形成脆弱性和适应能力水平的关键因素（Satterthwaite *et al*. 2008b）。现有的系统以及围绕现有气候条件构建的城市发展规划、组织实践、传统建筑方法、生计以及生产和消费形式的历史和文化习俗的持续，会使现有的脆弱性形式继续存在，并形成"不良适应"，"气候适应限制了决定或行动"的形式（Carter 2011：195）。 186

如果这些系统、结构和实践被严格维护且制度不灵活，重新配置的干预措施，例如建筑标准、规划区域或用水的潜力，将受到限制。如果适应措施可以服务于“日常和灾害风险功能”，例如“在提供紧急通道的基础上，提供市场准入的阶梯、更多的社会互动……”，他们可能更能够与现有的社会技术网络相结合，有助于增强城市弹性（Pelling 201lb：399）。小规模的利基/试验可以为开放这种系统提供替代可能性的手段，为适应提供过渡或转型的方法，但尚未评估其可以创造广泛的变化（见第七章）。

结论

与减缓措施相比，迄今为止，城市对气候变化适应的明确响应工作，只在很少的城市开展，并且仍然相对落后。国际上对减缓问题的关注以及适应本身分散性和复杂性的特点似乎限制了城市的反应。然而，有证据表明，随着跨国城市网络和慈善机构日益参与适应议程，适应作为一个具体的政策领域的兴趣正在不断增加。越来越多的人认识到，城市为实现其他目的而采取的许多政策和措施，包括处理灾害风险和发展需求，都需要在适应气候变化的情况下制定。尽管城市适应的主导模式仍然侧重于对气候变化影响的专家评估和城市规划框架的建立，在规划框架下特定的城市可以考虑这些影响，但有证据表明，基于社区的适应模型正在出现，重点要理解城市脆弱性的社会和经济问题，并通过发展基层适应能力来解决这个问题。本章提供的证据和实例表明，这些不同的方法可以集中在一起，这是实现城市气候变化适应方面最重要的进展。

然而，尽管有进展和创新方面的证据显示，实现适应在实践过程中仍然面临重大挑战。虽然气候变化适应与“良好”发展与治理形式之间的界限模糊是有利的，但在提供将气候变化考虑纳入主流城市议程方面，无论是提供基本服务还是保护关键的基础设施，都会在其他相互竞争的优先事项中分散对气候变化的关注，掩盖其对城市发展的不同要求。适应的渐进过程（特别是那些着重提高现有城市系统的弹性的过程）和那些认识到需要通过转型或改变城市条件来解决当前城市脆弱性的过程存在明显的矛盾关系。建立弹性可能会提供一个切实可行的方法来应对城市脆弱性的现实问题，以及许多城市社区的适应能力和基础设施存在严重缺陷的问题。建立弹性可能会提供一个新的方式——通过经济和政治精英推动来维持现状，并只寻求保护城市中最有价值的部分。虽然城市化的变革形式可能会有更大的潜力来解决这些问题，但是它们在多大程度上会遭遇既得利益和现有的社会技术制度的抵制是不确定的。因此，了解城市应对气候变化适应的动态，意味着要分析这种复杂局面如何在特定城市地区进行谈判和争论的。

187

讨论

- 我们如何以及为什么要区分适应、良好的治理形式和渐进式发展？维持或放弃这种区别意味着什么？
- 我们怎样解释城市最近与气候变化适应问题的关系？创建城市政府适应政策的潜在优势和劣势是什么？
- 对于一个或多个案例研究城市，比较和对比现有的适应策略和措施。适应多大程度是“自上而下”的？社区和其他角色在这个过程中扮演了什么角色？在适应、过渡或转型之后的适应程度如何，如何解释？

延伸阅读

188

关于城市气候变化适应的文献仍处于初级阶段。马克·佩林（2011a）最近的一本书,《适应气候变化：对变革的抵御力，全面介绍适应的问题和挑战》(*Adaptation to Climate Change:From Resilience to Transformation*)，是本章中用来区分不同形式适应的三重框架的起源。

除了第一章列出的核心文本之外，最近《环境可持续发展的当前意见》(2011年第3卷)(*Current Opinion in Environment Sustainablity*，2011，Volume 3)的一个特别问题提供了一些最新的研究报告，具体分析了世界不同地区的城市适应问题。具体讨论城市规划与气候变化适应之间的联系可以在以下网址中找到：

Davoudi, S., Crawford, J. and Mehmood, A. (Eds) (2009) *Planning for Climate Change: Strategies for Mitigation and Adaptation for Spatial Planners*. Earthscan, London and Sterling, VA.

Wilson, E. and Piper, J. (2010) *Spatial Planning and Climate Change*. Routledge, Abingdon.

通过搜索各个城市的网站可以发现城市适应政策和措施的案例和案例研究。著名案例包括：

- Chicago: www.chicagoclimateaction.org/pages/adaptation/11.php
- Durban:www.durban.gov.za/City_Services/development_planning_management/environmental_planning_climate_protection/Pages/default.aspx
- London: www.london.gov.uk/lccp/
- Quito: www.quitoambiente.com.ec/index.php/cambio-climatico
- Rotterdam: www.rotterdamclimateinitiative.nl/en
- ACCRN: www.acccm.org/
- ICLEI: http://resilient-cities.iclei.org/bonn2011/resilience-resource-point/

189

- UN-Habitat: www.unhabitat.org/categories.asp?catid=550.

城市气候变化创新与替代方案

前言

过去二十年，人们对发展中城市应对气候适应和减缓气候变化的双重挑战的兴趣日益增加。这种应对可以被认为是治理形式以指导或引导他人的行为（见第四章）。在大多数情况下，研究和政策关注的焦点都集中在城市政府的行为以及他们为减少城市脆弱性和温室气体排放而采取的措施和可能发挥的作用上。第五章详细讨论了减缓政策的设计与实施。第六章侧重于适应以及考虑城市政府和其他行政机构曾试图寻求适应或促进基于社区形式的适应方式。无论何种情况，尽管理想模式不断涌现，即科学知识作为驱动目标设计和计划实施的基础，但在实践中各种因素，既推动又限制了城市应对气候变化的进程，使得城市如何减缓和适应气候变化的环境更加复杂和零散。

因此，虽然有证据表明，一些城市正在出台综合的减缓措施政策和规划，但“许多已采用温室气体减排目标的城市未能采取这种系统化和结构化的方法，相反，他们更喜欢按不同情况选择无悔的措施”（Alber and Kern 2008：4；Jollands 2008）。同样，在适应方面，“缺乏可遵循的模式导致地方政府追求适应时需要测试规划中每一步的新思路和新方法”（Anguelovski and Carmin 2011：171）。随着气候变化已被广泛认为是一个经济、政治和社会的综合问题，城市对这个问题的反应已经超越了城市政府的权限，涵盖了广泛的参与者和利益。结果呈现了矛盾的情况。一方面，尽管持续致力于追求城市应对气候变化的对策和战略重要性的意识不断提高，但是城市规划和政策的发展与部署仍然有限。另一方面，城市景观充斥着各种各样的项目和计划，这些项目和计划声称是应对气候变化的一种形式——从废弃地的改造到城市公园的植树计划，从炎热天气里的办公室着装规范到水瓶回收利用，气候变化影响着城市组织与生活的战略和世俗习惯。

在应对气候变化而采取行动的紧迫背景下，这样零星的反应似乎不能令人满意，反而可以作为缺乏制度和政治统筹整合能力的依据（Corfee-Morlot *et al.* 2011）。另一种观点认为，这种东西拼凑的干预措施对了解城市应对气候变化至关重要。首先，这样的举措和方案似乎无处不在，需要某种形式的解释。它们的存在是否该被视为现有的政策方针失败的指示？又或者，它们是解决城市气候变化必要性和重要性的标志？此外，有必要了解这种干预的性质和动态，因为它们可以提供手段，检验不同形式的气候变化应对措施和学习开发，从而为更广泛的变革提供动力。此外，这种形式的干预可以提供应对城市气候变化的空间，提供了一种植根于保护资源和追求“碳排放控制”的可实现的替代方案。通过这些方式，这种渐进和不协调的城市反应可以被视为城市气候变化治理方式的重要组成部分。

本章探讨了气候变化响应的城市格局，分为三部分。第一部分考虑了如何以及为什么这种形式的干预可能是正在进行的城市气候变化治理方法中的根本。与其将这些项目和计划视为最佳实践的单独实例，不如把它们视为“气候变化试验”，这是由国家和非国家行动者寻求干预以应对气候变化的重要手段（Bulkeley and Castán Broto 2012a）。初步证据表明，这种尝试正发生在全球不同类型的城市，虽然它们主要是由城市政府领导，但它们也为私营部门和民间社会行动者动员城市应对气候变化提供了手段。第二部分详细地分析了气候变化试验的例子。将试验作为政策创新的形式、生态城市的发展、技术干预和重新配置日常做法的努力，与气候变化试验的目的、限制和影响加以区分。第三部分探讨了替代试验的出现情况，这些试验远离经济发展、资源安全和碳排放控制的城市气候变化对策的主流论述，与其他议程相关联，包括社会和环境

191

正义以及城市生活的经济和社会基础的基本转型。这些试验形式的存在虽然远非常见，但表明城市应如何应对气候变化是有争议的，这仍然是政治斗争的一个领域。结论总结了本章所提出的主要问题，并提供了需要思考的问题与讨论，以及延伸阅读资料。

播种变革的种子?

虽然提倡城市是应对气候变化的主体，跨国城市网络、国际捐助组织、国家治理机构和城市政府都主张采取有序的、基于证据的方法，其基础似乎是无可争议的逻辑——“如果不能衡量它，便无法管理它”（C40 2011b），但是发展城市应对措施的现实情况并不是这样。这反映了一系列更广泛的过程，表现了城市治理变化的特征，一方面，是不断改变的气候变化议程；另一方面，是更加渐进的、反应迅速和机会主义的方法，这是许多对减缓和适应做出响应的城市政府进程的特征。这也反映了地方治理的体制结构、过去二十年地方政府权力和能力的转变，以及各种体制、政治和社会技术的挑战。

192

从基于计划到基于项目的城市气候治理

影响城市应对气候变化的最重要因素之一是城市治理性质的变化。例如，在英国，20 世纪 80 年代和 90 年代经历了一些改革，通过这些改革，“地方政府减少了直接提供教育、住房、公共交通、社会和其他服务的广泛参与。相反，它们越来越‘使’其他机构，即志愿组织和私营部门提供这些服务”（Leach and Percy-Smith 2001：29）。在德国，地方治理的性质也发生了变化：“在欧洲市场自由化的压力下，（地方政府）的一个重要（且久经考验的）部门似乎正在瓦解”（Wollmann 2004：

654），城市政府正在退出提供能源和运输服务（Bulkeley and Kern 2006）。在美国和澳大利亚，城市政府传统上发挥的作用较弱，新自由主义治理原则的出现进一步限制了城市政府在气候治理领域的能力。尽管新自由主义原则和影响远非普遍，但它们曾在欧洲、北美洲和大洋洲塑造城市气候变化响应的发展中起到了重要作用。其他地方治理，应对气候变化的资源和能力有限，特别是需要面对更紧迫的问题，难以形成有助于解决问题的综合战略方法。

在当前持续改革和能力有限的背景下，面对一个跨越传统城市政府的管辖范围的问题，城市政府转而关注自治模式和扶持模式（见第四章）。这种自治模式是由上述的系统的和基于证据的政策方法所形成的。然而，除了几个值得注意的例外情况外，在一些地方，城市政府设法在社区层面应对气候变化实施减缓措施，或设法制定适应措施，从而形成一种更为特殊的方法。在一定程度上，这反映了授权作为一种管理模式的本质，以及它对约翰·艾伦（John Allen 2004：27—28）所说的"诱导"（如经济激励）和"诱惑"（即试图赢得人心）的依赖，正如所谓的"原动力，学习新做法和创造新能力的力量"（Coafee and Healy 2003：1982）。这反过来意味着，如果采用扶持治理模式则更有可能通过提供参与机会和参与激励机制独立开展项目工作。为应对气候变化而制定的临时方法也反映了政治工作的重要性，这些工作是为了将气候变化与其他问题重新定位——无论是在财政节约还是救灾方面——以及利用特定机会推动气候变化行动。虽然这已证明是确保气候变化在地方议程中的位置的一项有价值的战略，但它强化了在议程制定和实施的随机、按不同情况采取不同办法的情况（Bulkeley and Kern 2006; Sanchez-Rodriguez *et al.* 2008）。这种干预措施还受到资金的影响，资金的提供往往是围绕具体项目和方案的交付而形成的，通常是短期的，这加剧了

193

城市拼凑型的应对措施。通过例如 C40、ICLEI 和各种市长协议，以及 21 世纪初重新启动跨国城市政府合作，对这一背景进行回应，又通过利用以项目为基础的资金和一系列有利行动的杠杆作用使其长期存在。

这些因素在一定程度上解释了为什么城市政府采取了一种渐进的、有针对性的、机会性的途径来制定减缓政策和适应政策及措施。当然，城市对气候变化的反应并不局限于城市政府。从资助机构和国家政府到私营企业和社区组织等一系列其他组织也设法通过以一个或多个城市为重点的项目和举措应对气候变化。鉴于许多此类行为体本身缺乏在特定城市实施系统性或战略性干预的潜力——或者因为它们跨越多个城市，或者因为它们缺乏以这种方式进行干预的权力和权威——关注特定建筑物、示范项目或基于社区的倡议的干预措施的种类并不让人意外。随着气候变化的话题受众越来越广泛，在公共文化中占据一席之地，各种在没有气候变化议题的情况下也是可以发展的产品、地点、措施和举措，现在都和气候变化问题联系在一起了。气候变化作为一种话语的延伸，其普遍性意味着它可以依附于多种项目，从防洪措施到植树计划，从而加剧了城市应对措施的零散不成系统的状况（Bulkeley and Castán Broto 2012a）。

194

气候变化试验

在许多关于城市应对气候变化和广义城市治理的文献中，此类举措和干预措施被视为一次性或最佳做法项目，在某种程度上有别于规划和治理城市的实际业务。然而，正如上文的讨论所表明的那样，它们也可被视为治理的结果，并以此方式作为治理手段的一个基本部分。若干不同的文献提醒注意各种形式的创新或尝试在制定政策和更广泛的治理过程中所起的重要作用。在 20 世纪初，美国律师路易斯·布兰迪斯

（Louis Brandeis）曾在“测试新想法和新政策建议”而著名的言论中指出，美国各州的职能是“民主的实验室”，逐步创造政策创新的纪录，在时机成熟时，国家官员可以利用这些纪录（Aulisi *et al*. 2007：5）。因此，尝试和创新不是政策和规划的对立面，而是可以被视为政策制定方式的组成部分，地方政府可以被视为发生这种情况的一个特定领域。

最近，马修·霍夫曼（Matthew Hoffmann 2011）令人信服地指出，试验是气候治理发展方式的关键部分。他认为，“气候治理试验”正在不同的政治管辖范围内（跨国、区域）出现，随着国际谈判进程和气候协定的不满情绪日益高涨，各种公共和私人行为者的政治权力分散，创造政治空间，在其中可以出现替代的治理安排和举措。作为治理的形式，这些是在没有正式权力的情况下努力完成事情、制定规则的；它们是试验性的，因为它们具有“创新性”，意味着在多边条约制定过程之外的新的治理机制具有“试错性”（Hoffmann 2011：17）。对霍夫曼而言，气候治理试验有三个标准：明确规则或规范，以“形成社区如何应对气候变化的体系”；独立于气候治理或国家监管的国际进程；可跨管辖边界（Hoffman 2011：17—18）。第三项标准是必要的，以便将尝试限制在那些“在非传统政治空间中制定规则的努力”（Hoffmann 2009：4）。鉴于许多城市应对气候变化的措施跨越了城市内外制定和执行“规则”的现有体制渠道，这一概念也包括一些不跨越管辖边界的城市倡议。 195

因此，借鉴霍夫曼的工作，采取城市干预措施、项目和举措，寻求制定最广泛的规则，以管理他人的行动或行为，并使其超越既定的决策渠道，可被视为气候治理试验的形式。霍夫曼认为，这些试验的特点也是或多或少有一种明确的意图，即创新、培养某种形式的学习或获得关于管理气候变化潜力的新经验。然而，正如前文所讨论，城市气候治理试验不仅仅受到不断变化的国际气候治理环境和不同形式的动机的驱动，例如利润、紧迫感、意识形态或为确保资源而做出的努力，城市气候治理试验还受不同城市的政治经济和权力动态所限制。

霍夫曼的分析为考虑“试验”提供了一个积极的起点，不是作为独立的举措，而是作为更广泛的治理环境的一部分。其他概念方法也指出了试验可以发挥更广泛的作用。旨在解释社会技术制度动态的文献——用来描述构成和共同生产基础设施系统并导致特定系统占主导地位或被锁定的社会和技术要素的术语——表明“利基”（niches）和试验可以为变革提供催化剂（Geels and Kemp 2007；Smith *et al*. 2010）。例如，技术定位可以“通过（一系列）受保护的试验平台，例如试点和示范工厂，将技术首次应用于社会环境中”（Raven 2007：2391）。还有人提出“基层创新”的重要性，认为它在现有的社会技术体系中具有独特的地位，是“公民团体和 / 或非政府组织在企业和政府的体制结构之外开展环境技术创新的基础”（Hegger *et al*. 2007）。在每一种情况下，专门领域都被视为提供了一个受保护的空间，在这里可以产生新的想法，可以试验新的技术、社会组织形式或尝试新的实践。与霍夫曼的观点相反，在这里，试验是重要的，因为它们干预了社会技术系统。

在研究具体城市实验室项目的工作中提出了类似的论点，认为正是由于社会和技术的结合，在城市中进行现场试验正在成为城市管理战略的一部分。詹姆斯·伊万斯（James Evans 2011）分析了所谓的“现场实验室”的出现，他的研究项目旨在实时实地测试与社会和自然城市系统相关的可持续性干预的特定形式，他记录了这些试验与“特定适应治理方式的关系，从而将环境监测重新纳入适应治理管理中”（Evans 2011：255）。随着城市逐渐被视为自我调节、社会生态实体，治理进程从注重管理转向注重指导，这种适应治理形式被视为在不确定性背景下塑造城市未来的新手段。事实上，这种形式的灵活性、适应性和试验性

196

被视为管理可持续性的基本特征。例如，在澳大利亚城市水环境治理的背景下，法雷利和布朗认为，“可持续的制度将强调适应性的框架，优先考虑灵活、包容和协作的做法，在包含促进部门适应的试验和学习中运作”（Farrelly and Brown 2011：721）。因此，作为“现场实验室”的试验不仅是为了促进科学学习，也是为了寻求一种治理城市的新方式。

关于气候治理、社会技术制度和城市中的“现场实验室”的文献都指出了如何将试验与更广泛的城市治理进程相结合的方式。这表明，“气候变化试验”这一术语对于明确寻求制定新规则，促进学习/经验，超越现有的管辖范围，重新配置社会技术关系的城市中正在出现的各种干预和倡议行动是非常有用的。并非所有的倡议和干预措施都具有这种试验性。有些可能是经过试验和检验的决策手段产生的；有些可能与发展创新或学习无关。然而，由于它们在社会技术制度中存在潜在的催化作用，以及作为在城市治理的新手段，“气候变化试验”显得特别重要。

绘制城市气候变化试验图

2009—2010年间，英国杜伦大学的一个研究小组对全球100个大城市进行了调查，作为“城市转型和气候变化项目”（UTACC）的一部分，以考察气候变化试验的性质和范围。作为首次此类调查，它提供了一个有价值的证据来源，证明在城市领域何时何地出现了试验，以及进行这些活动的部门和参与这一试验过程的行为者。

197

调查发现，有79%（495个试验）在2005年之后，即在《京都议定书》强制生效之后开始实施，只有5%的倡议在1997年之前开始实施（Bulkeley and Castan Broto 2012a; Castan Broto and Bulkeley 2012）。这一发现与霍夫曼的分析一致，即气候治理试验是一个相对较新的现象，因为《京都议定书》为新的行为者创造了干预气候治理的机会（例如通过金融机制、碳排放交易和它所包含的CMD）及其随后的谈判，人们有机会更深入地关注以国家间谈判的形式解决气候治理问题的可行性。然而，霍夫曼的分析侧重在跨国和区域规模的试验。如前文所述，城市政治经济格局的变化的具体的特点，城市层面的气候治理演变方式的具体特征，可能是导致最近出现城市气候变化试验的原因。其中包括城市政府日益增强的扶持促进作用、发展中经济体城市迅速城市化的特征，以及越来越多的行为者将城市视为气候行动的场所。UTACC的调查发现，试验并不局限于北美、欧洲和大洋洲的城市，因为那里的气候治理历来都是集中的。相反，每个全球区域的试验分布情况与该区域调查中所包括城市数量一致（Bulkeley and Castan Broto 2012a; Castan Broto and Bulkeley 2012）。

就与减缓有关的部门类型和应对形式而言，调查发现，对城市基础设施（不包括交通设施）的关注最为普遍，其次是建筑环境和运输（在调查中作为一个单独的类别处理），最后是城市发展部门、规划和城市绿化或碳封存部门（见图7.1）。根据以往关于城市应对气候变化的研究结论和第六章的讨论，发现专门针对气候变化适应的试验要少得多（见图 7.1; Bulkeley and Castan Broto 2012a; Castan Broto and Bulkeley 2012）。总体而言，45%的试验侧重于能源部门。在基础设施部门，78%的试验与能源有关。能源节约和财政收益之间的联系，以及城市新的市场机会，包括各种形式的低碳投资和融资，以及正在出现的各种碳控制形式（While *et al.* 2010），可能有助于解释这一重点（Bulkeley and Castan Broto 2012a）。正在进行的创新和试验的类型既有社会性的，也有技术性的。UTACC的调查发现，有76%的试验集中在技术创新上，有50%的试验集中在社会创新上（Castan Broto and Bulkeley 2012）。各部门之间存在差异。在基础设施部门，88%的试验包含技术

198

创新部分，但只有 39% 的试验侧重于社会创新。相反，在碳封存部门，只有 40% 有技术创新部分，60% 有社会创新重点（Castan Broto and Bulkeley 2012）。

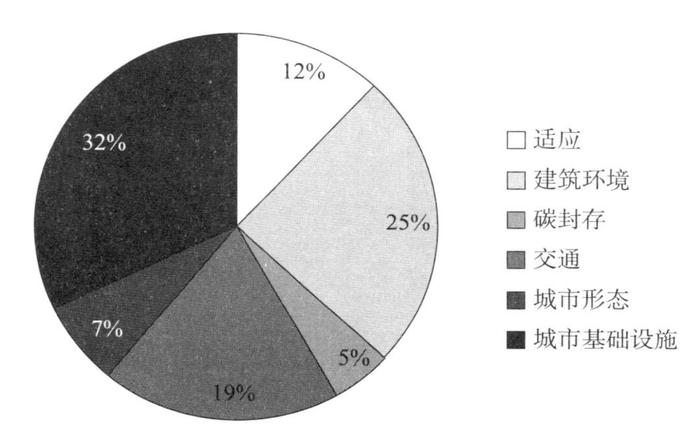

图 7.1 在 UTACC 数据库中在不同部门的试验分布

除了分析试验的时间、地点和方式之外，UTACC 调查还试图了解谁在进行试验以及他们如何以这种方式管理气候变化。调查发现，城市政府——在此调查中包括一些提供公用事业或提供运输的市政机构——是主导行为者，占到试验的 66%（Castan Broto and Bulkeley 2012）。其他行为者也是试验的重要发起者，15% 的举措由私营组织发起，9% 的举措由民间组织发起（Castan Broto and Bulkeley 2012）。然而，许多试验不是由一个行为者组织和实施的，而是以伙伴关系进行的。几乎一半的试验（47%）涉及某种形式的伙伴关系，或者是各级政府之间的纵向伙伴关系，或者是不同城市行为者（公共、私营、民间组织）之间的横向伙伴关系（Castan Broto and Bulkeley 2012）。这一点很重要，它表明，虽然城市政府可能继续占主导地位，但私营组织和民间组织在城市气候治理中发挥的作用越来越受到认可。虽然私营组织和民间组织所领导的倡议只占所有举措的25%，但私营组织参与了42%的试验，民间组织参与了19%的试验（见图7.2）。

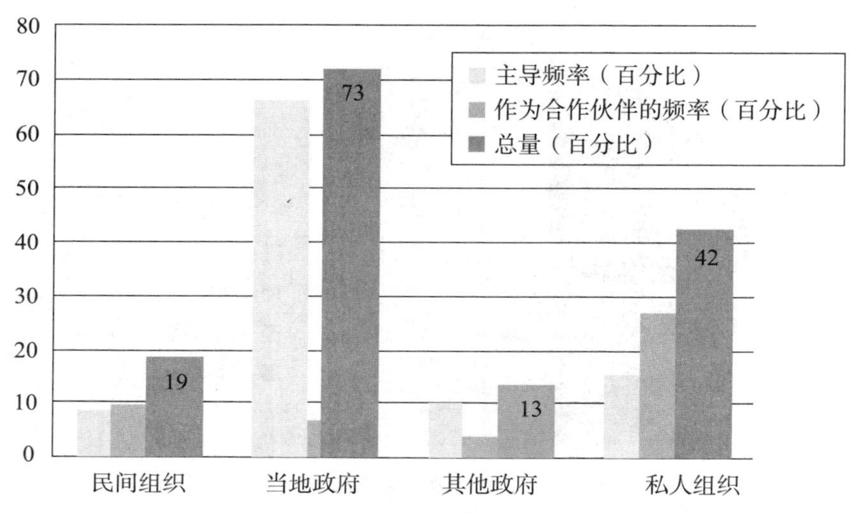

图7.2　UTACC数据库中参与者参与气候变化试验的频率

城市气候变化试验的起源相对较近，反映了霍夫曼所确定的更广泛的治理试验现象的一个关键特征。然而，这些以技术和社会创新形式进行的城市气候变化试验表明，随着城市尝试开发理解或体验与气候变化有关的城市的新方式，这些试验也可以被理解为新的小利基或实验室。城市政府参与了大部分这类活动；然而，其他行为者，特别是私营组织，越来越被认为是城市气候治理的重要组成部分。

实践中的创新

随着气候变化减缓和适应方面的城市政策和规划的出现，城市还采取了一系列其他应对措施，包括项目和干预措施。其中一些干预措施可被视为创新的形式——寻求以与气候变化相关的不同方式理解和体验城市的手段。自 2005 年以来，城市气候变化试验并不局限于特定城市或区域，而且涉及技术和社会创新，主要包括四种不同的类型：政策创新、生态城市试验、新型技术和变革措施。

政策创新

从某种意义上说，注重政策创新的城市气候变化试验可能最接近霍夫曼对气候治理试验的定义。在这方面，已经设计了一些试验，以确定组织城市气候政策的新方法，并开发新的政策工具和手段。霍夫曼（Hoffmann 2011）指出，城市网络是跨国治理试验的一种形式，他发现，在他研究的 58 个政府试验中，"至少 14 个部分参与了城市的技术部署"。霍夫曼认为，这构成了一组独特的治理试验，其中包括那些专门关注气候变化并鼓励成员开发和部署新形式技术的跨国城市网络（如 ICLEI, C40），"一系列以技术为重点的试验（气候中立网络和相关城市发展计划）发现，城市政府及其网络是一个富有成效的政治组织，可以在城市网络中部署工作"；"旨在将城市和公司聚集在这一领域开展工作"的治理试验，例如，气候组织和克林顿气候倡议（Hoffmann 2011：108）。通过这种方式，正在跨国、公共和私营组织之间进行的政策创新主导制定了新的城市应对气候变化的对策。霍夫曼的分析有效地显示了这些倡议之间的联系和重叠，以及日益增长的迹象，以及它们相互作用的方式，以便彼此合作和竞争。这可能导致出现新的协同效应和劳动分工，使一些城市网络变得专业化，但也可能导致各种不同的政策方针和技术战略混乱，城市选择和部署合适办法的能力有限（Hoffmann 2011：120—122）。

201

除了城市之间出现的政策创新形式外，还有证据表明，城市气候变化试验侧重于城市领域内的政策创新。此类政策创新包括制定新的治理安排——如气候变化委员会或智囊团，他们提供对城市气候变化挑战和机遇的跨学科和跨部门评估——开发新的评估项目的工具和方法，包括碳足迹分析，以及使用新的工具或政策工具，特别是与碳和排放交易有

202 关的工具或政策工具（见专栏7.1）。

专栏 7.1

城市排放量交易试验

排放权交易计划（总量管制与交易制度）在环境经济学中并不新鲜。自20世纪60年代以来，经济学家们一直在模拟市场机制如何应对环境污染等外部因素。然而，最新进展是，在气候变化的辩论中，这一理念得到了高度重视，而且在一些全球城市中，如何将这一理念转换为旗舰政策。

其中最著名的排放交易市场是芝加哥气候交易所（CCX），该交易所在2003—2010年是北美唯一的、自发的、具有法律约束力的排放交易场所。CCX还为世界各地的碳补偿项目提供了投资机会。CCX受美国经济学家理查德·桑德尔——首先实施了一项二氧化硫排放总量限制和交易计划——的启发，政府对排放总量设置了上限，并迫使公司进行排放权交易。根据这一经验，并利用乔伊斯基金会提供的资金，CCX运作到2010年，交换了六种气体的排放量：二氧化碳、甲烷、一氧化二氮、六氟化硫、全氟化碳和氢氟碳化合物。CCX是由上市公司气候交易所运营的。它包括一个交易平台（在成员之间进行交易）和一个结算清算平台（执行交易）。它还拥有一个成员的碳金融工具或登记册的官方数据库。

然而，在被金融公司洲际交易所集团于2010年7月收购气候交易所之后，CCX于2010年11月结束了交易职能。CCX的两个主要问题是碳价格持续下跌（从2008年的7美元降至2010年的10美分）和华盛顿缺乏通过总量和交易法案的政治动力（这既是因为共和党在美国众议院占多数，也是因

203 为以工业为主的州民主党参议员对该法案缺乏支持）。然而，作为一项碳治

理试验，CCX吸引了450个不同类型的成员，包括电力公司、城市、大学和诸如福特、杜邦、摩托罗拉、国际报纸和霍尼韦尔等大公司。CCX计算出，自2003年以来，它已减少了7亿吨二氧化碳（工业排放减少88%，补偿项目减少12%）。

在CCX崩溃之前，对它提出的批评涉及总量和交易机制在低碳社会中实现根本变革的潜力（这种机制本质上是为了进行微小和渐进改进），以及与为减少碳排放的集体责任定价有关的道德问题，这导致了道德、社会和环境问题转变为纯粹的经济问题。然而，CCX的崩溃引起了人们对最严重问题的关注——很难让交易代理人相信他们实际上能从排放交易中获益。

在某些方面，CCX的案例也凸显了，气候变化不能被视为仅仅是现有碳市场的外部性问题，而是一个核心问题，对我们社会的运作提出了道德问题，将不平等的社会和经济关系转化为全球性问题，以及对新的人为风险的集体责任问题。

CCX是由一些公共和私营部门共同发起，他们利用芝加哥这个城市作为平台来接触北美的潜在成员。然而，其他排放交易也同样得到了地方政府的支持和促进，其目的既在于提高城市的形象，也在于利用碳交易挖掘潜在的财富。东京的情况就是这样。东京有一个由东京市政府领导的具有开创性的总量限制和交易计划。2005年，《都市安全条例》（二氧化碳减排方案）要求，被视为“排放大国”的商业机构要提交一份五年的温室气体减排计划，并将以评级制度（A，A+，AA）对其进行评估。日本政府将总量限制和交易制度确定为加速减排的直接手段，不仅直接促进大型企业的减排，而且促使它们可以间接地从小型企业购买减排产品。

东京政府的提案在性质上与CCX不同，因为在东京，地方政府强制执行总量限制和交易（这并不依赖于国家层面的政治辩论）。这意味着其管辖范围更为有限，因此，交易的价值低于国家一级的市场。2010年4月这个计划开始运作的时候，恰逢洲际交易所宣布了CCX终结之时，政府宣布这个计划是“世界上第一个城市限额交易计划”。2009年，东京市政府提出了更广泛的建议，以实施一个全国性的总量限制和交易方案，该方案可以覆盖到城市政府管辖范围以外的大型供应商，并利用全国范围现有的碳封存方案。

204

有 1340 家企业参加了该计划，据观察，该计划已被利益相关方接受（Padeco 2010)。东京市政府规定了减排目标，对不符合这些目标的企业处以罚款（包括最高 50 万日元（约 5500 美元）的罚款、额外的债务和公布违规者的姓名，作为“羞辱罪犯”的一种形式）。为了达到这些目标，企业可以独立地减少自己的排放量，也可以获得贸易信贷，其中包括：其他公司的超额减排、中小企业的信贷（现在受到罚款）、来自城市以外设施的贷款（仅占年排放量的三分之一）、可再生能源贷款或来自城市太阳能银行的贷款（TMG 2008）。东京证交所没有依靠减排，而是对总量限制和交易制度采取了明确的监管措施。

在 CCX 案例中，对总量限制和交易排放方案的适用性所表达的保留意见，同样适用于东京的案例。然而，在地方层面已经很明确了，排放量减少的地方与通过总量限制和交易为哪些行动提供资金方面具有直接的相关性，因此，从金融角度看，更加稳定。

此外，作为世界上首个城市尺度总量交易机制的城市，以及一个全球性城市，东京展现出了领导作用，参与了城市环境保护的新尝试和全球责任感。然而，其他城市则在国家层面上追求自愿市场的潜在盈利能力（例如，采用 CCX 模式的天津气候交易所），比起其监管机构功能，其更多的是作为一个市场主体。

Vanesa Castan Broto, Development Planning Unit, University College London, UK

205

这种试验形式的标志之一是它们超越了城市政府内部以及公共和私营领域之间的传统分歧。在宾夕法尼亚州可以找到如何在实践中发生这种情况的例子。尽管温室气体排放清单并不是什么新鲜事。在城市以外的地方，仍然没有清查排放量的标准办法和措施（Hillmar-Pegram *et al.* 2011：78）。在宾夕法尼亚州的中部地区，来自宾州州立大学的一组研究人员开始了一项清查工作，以便为当地的决策者提供信息，并为制定减缓策略提供依据。这一进程涉及建立排放清单，包括决定分析的规模和范围，以及与当地社区和利益相关者进行进一步的审议。在这些审议的第一阶段，社区重点小组让熟悉排放清单的居民参与为该区域制定可能的减缓方案。第二阶段涉及社区和利益攸关方优先考虑的备选方案。在第三阶段，“地方政府将经过公众审查的减缓备选方案作为考虑正式行动计划的基础”（Hillmar-Pegram *et al.* 2011：81）。以这种方式，研究小组团队利用科学和社区知识，了解本区域应对气候变化的潜在备选办法，并以此作为知情决策的基础和制定政策决策的基础。然而，一旦与政策制定者讨论了社区和利害关系方代表审议利益相关方代表讨论的减缓备选办法，政策制定者之间就出现了不同意见，即气候变化是否是一种真正的现象，是否需要当地采取行动（Hillmar-Pegram *et al.* 2011：81）。这在政策体系中就易形成僵局，最终只能通过一些关键人物的判断和坚持，以及从气候变化到能源效率的转变，克服了僵局。最后的“2011—1 号模型决议”，含有 33 项“能效行动项目”，这些项目直接来自重点小组提出的减缓气候变化的备选办法，并在 2011 年确定了优先次序。这些行动正在被纳入城市政府工作计划（Hillmar- Pegram *et al.* 2011：83）。

生态城市试验

第二类城市气候变化试验侧重于生态城市发展的各种尺度和形式。对不同形式的“生态城市”的试验可以追溯到 20 世纪初英国的“花园城市”运动，到 20 世纪 70 年代在亚利桑那州开发的亚高山地（Arcosanti），再到最近的阿联酋马斯达尔市。最近的一项调查发现，

> 与加拿大、德国、英国、瑞典和美国一样，在中国、肯尼亚、日本、韩国和南非也有可能发现创新的生态城市举措。一些最原始

的生态城市项目目前正在中东和东亚地区进行规划或建设中。

（Joss 2010：242）

而生态城市发展可能有不同的可持续性问题，从废物的减少和再利用到节约用水，从保护资源到新形式的经济活动，从街道、社区甚至城市规模的生态发展，在过去十年里要解决气候变化问题的需求越来越受到关注。（Joss 2010：242）

印度班加罗尔是将生态发展作为城市扩张的典型城市。在这里，针对城市高收入居民的向零碳排放发展（Toward Zero Carbon Development, T-Zed）项目已经发展成为城市边缘地区创新型低碳住宅开发项目。该项目由私营公司印度生物多样性保护组织（BCIL）领导，与该地区的许多其他发展项目一样，它是一个封闭的社区或大院。项目包括 16 套独立住房和 75 套公寓，并采用了多种形式的社会和技术创新，重点是减少碳排放，并限制对更广泛的供水和能源供应系统的依赖（Bulkeley and Castan Broto 2012b）。这些措施包括使用低碳材料、可再生能源系统、节水措施和努力改变居民的行为。

T-Zed 通过复制类似 T-Zed 的发展项目，培育新的公司（如 Flexitron，一家轻型创新公司），并在地方和国家各级的政策中采纳其一些原则和方法，为气候变化创新创造了空间。同时，通过自主开发原则和最终依赖井水，T-Zed 还重新配置了更广泛的城市社会技术网络。它提供了一个场所，可以在那里讨论低碳生活可能给印度城市中产阶级居民带来什么，这些信息被带到邻近的地区，并且已经成为更广泛的城市话题的一部分。这不是一个简单的过程，T-Zed 中的许多元素都受到质疑。尽管这种低碳发展有望创造管理城市扩张的新方式，但他们也有助于复制低密度的城市扩张的形式，可能增加对私人机动车辆的依赖，

206

并可能最终维持城市发展进程，目前城市贫困人群和遭受排斥的人继续这样做。

新型技术

如上所述，大多数气候变化试验都有技术创新的层面。有些试验是专门为开发和测试新技术而设计的，这些试验可以是小规模的技术应用，技术可能在一个城市环境中相当知名，但尚未在另一个城市环境中进行试验，大规模应用尚未被大规模测试的技术系统。

在澳大利亚，法雷利和布朗（Farrely and Brown 2010）对水资源领域的 11 个试验进行了研究，这些试验涉及在不断变化的气候条件和日益增长的供水服务需求下确保供水的替代形式和保护供水系统的健康。虽然这些试验展示了它们所称的“结构（即技术和基础设施）或非结构创新（即政策方案）”的结合，但大多数侧重于“为非饮用水提供替代水源（即回收水）的新的技术规模（分散化）”（Farrelly and Brown 2010：724；图 7.3）。这些技术中的许多技术不是试验性的，因为它们是新颖的或未经试验的，它们的试验质量来自于它们在特定环境中的应用、使用目的，以及那些试图使用这些方法的行为者。在他们的工作中，法雷利和布朗（Farrely and Brown 2010：729）发现，“地方尺度的试验是城市水务人员宝贵的学习平台，但其合法性和影响制度的能力受到传统城市用水管理做法的系统惯性的严重阻碍。”换句话说，虽然试验可以提供各种学习方式，在气候变化条件下可以体验新形式生活的学习和方式，但试验可以在多大程度上塑造现有的和内在的方式，在这种情况下，管理这个城市的水是没有意义的。 207

这种技术革新不仅是作为小规模的地方项目进行的，而且还可以与更广泛的议程和一系列既定的政治和经济行动者的活动联系起来。能源

表 7.1　澳大利亚供水部门气候变化试验实例

项目	城市	创新 / 技术
60 层绿色建筑	维多利亚中央商务区	现场黑水和灰水处理 雨水收集 节水设备
极光房地产	维多利亚埃平北部	分散式废水回收厂 双管网状房屋 暴雨水质处理系统 热水雨水罐
因克尔曼绿洲	维多利亚圣基尔达	现场灰水处理和再利用，用于冲厕和花园灌溉 雨水水质处理
翁贡—乌尔邦供水项目	阿马代尔	协同规划，将可持续水设计特征整合到整体规划发展
岩石河滨公园	南昆士兰	公共露天灌溉用被动式现场污水处理（用芦苇床过滤器）

208

资料来源：法雷利和布朗 2011：72。

安全的国家驱动因素，加上国际气候变化制度，激发了人们对开发低碳能源供应系统新形式的兴趣。在美国，能源部建立了美国太阳能城市计划（见专栏 7.2）。以波士顿为例，“2008 年，在美国太阳能城市的资助下，波士顿市政府成立了波士顿太阳能，一项为期两年的计划，旨在将波士顿的太阳能设施增加 50 倍”（Solar American Cities 2011：2）。根据《波士顿太阳能倡议》，制定了实施太阳能技术的战略，“包括绘制可行的地点地图，编写许可证指南，以及规划全市批量采购、融资，以及安装太阳能技术”（Solar American Cities 2011：3）。在国际层面上，清洁发展机制（CDM）已被证明是城市寻求开发替代能源技术的一种手

专栏 7.2

关于美国太阳能城市计划

通过美国太阳能协会的努力，美国能源部正在迅速增加全国各地社区太阳能的使用和集成。

美国能源部承认地方政府在加速太阳能广泛使用的重要作用。市县在减少全球气候变化，加强美国能源独立，以及通过社区层面转向太阳能，支持向清洁能源经济方面，都具有独特的地位。

通过美国能源部太阳能协会的活动，地方政府正在努力加快太阳能在地方使用。这项活动中，能源部采取三管齐下的办法，查明和克服城市太阳能应用的障碍，然后分享经验教训和最佳做法，以促进在全国各地推广使用。

最初的美国太阳能城市合作伙伴关系是在 2007 年和 2008 年，能源部和美国 25 个大城市之间建立的合作协议，目的是开发全面的、全市范围的方法来增加太阳能的使用。2009 年通过美国经济复苏和再投资法案资助的美国太阳能城市特别项目，解决了通过 25 个城市伙伴关系确定的城市太阳能使用的主要障碍。美国太阳能协会推广伙伴关系旨在通过伙伴关系和特殊项目与数以百计的其他地方政府分享开发的最佳实践方式，从而加速美国各地对太阳能的采用。更多地了解外联伙伴关系。

Solar American Cities 2012

209

段，特别是能源回收项目，

包括巴西圣保罗的“班代兰蒂斯垃圾填埋场”和“圣若昂垃圾填埋场”，厄瓜多尔基多的甲烷工厂，墨西哥城的沼气提取厂波尔多波尼，以及在南非开普敦的贝尔维尔南填埋场和约翰内斯堡的天然气转化能源项目。

（UN-Habitat 2011:99）

这些例子表明，城市气候变化试验可以由在不同规模的行为者进行，他们形成“纵向”伙伴关系，通过这种关系执行和测试应对气候变化的新形式。事实上，在新的资金流动和支持下，这种形式的纵向一体化是这种试验的重要方面。

变革措施

改变个人和组织的行为也是一种重要的试验形式。正如前几章所讨论的那样，在城市政府缺乏监管或提供服务的直接权力不足的情况下，扶持性治理模式已成为治理气候变化的关键手段。虽然城市政府有一些既定的渠道来实现这一目标——最显著的是通过教育运动和其他形式的媒体交流——但寻求改变行为模式是正在出现创新办法和新技术的一个领域。此外，这些举措不仅局限于城市行为者，而且越来越多地涉及各种公司和民间社会组织，它们寻求通过促进行为、日常做法和新形式的社会组织的变革来应对气候变化。

210

在整个英国，许多城市政府组织了新的运动形式，让公众参与进来，并使其改变减少温室气体排放的行为。“牛津是我的世界”（见专栏7.3）、“曼彻斯特是我的星球”（见第四章）或米德尔斯堡通过的“一个星球生存”等举措，其共同之处在于发展新的行为者联盟，在城市内部和其他地方，获取咨询并展示个人如何能够为减少温室气体排放和降低脆弱性而做出改变。在伦敦，已经成立了多个社区团体，发展并支持为气候变化改变个人行为。例如，在伦敦南部的巴勒姆（Balham），海德农场气候行动网络参与了欧盟资助的“回声行动项目”（ECHO），使多达 25 户家庭的二氧化碳排放量减少 10%—20%。并与能源供应商英国天然气公司建立了绿色街道项目，多达 40 户家庭的一系列措施，包括防风、能源审计、可再生能源的安装以及培训当地居民获得能源效率方面的正式资格[①]。

专栏 7.3

牛津是我的世界

拯救地球指南！

"牛津是我的世界"是一个屡获殊荣的地方项目，其目的是通过减少温室气体排放来造福于当地和全球环境，来帮助人们做出正确的选择。我们一直在与当地社区团体、企业和环境组织合作，收集关于如何减少牛津能源和自然资源使用的信息。该指南包括关于环境友好型能源、食物、生活方式、循环利用、旅行和水几部分。它分为"非常容易""相当容易"和"不那么容易"的三个级别。

因此，不管你的情况如何，如果你要去购物，做家庭装修，甚至结婚，首先咨询"拯救地球指南"，这样你就可以为牛津和整个世界做正确的事情！

Oxford is My World 2012

211

在中国香港，减少家庭能源需求的努力也出现在城市政府行为之外。自 2006 年以来，香港地球之友举办了一次"电力智能"竞赛，让家庭、企业和地产发展公司参与减少能源使用（见图 7.3）。参加者一旦报名参加比赛，便会获得有关如何减少能源的建议，并且在规定期限结束时，那些储蓄最多的人可以获得奖金（如果是家庭），也可以获得其成就的认证（企业和地产发展公司）（Friends of the Earth Hong Kong 2011）。此外，世界自然基金会在香港设立了"气候使者计划"，该计划提供网站，让个人了解如何减少能源使用的信息、下载碳计算器应用程式并做出个人承诺。该计划包括一个大使计划，旨在促进了解气候变化

① 本案例来自"碳，控制和舒适项目"（EPSRC-E.ON战略伙伴协会EP/G000395/1），关于伦敦的"低碳能源计划"是与卡伦·比克斯塔夫和艾玛·欣顿合作。

图 7.3　中国香港天星渡轮码头的电力智能广告

对香港地区的影响，并利用社交网络激发更多的兴趣和承诺来解决这个问题（WWF Hong Kong 2012）。这些计划不仅限于家庭，世界自然基金会香港分会亦制定了“低碳办公室运作计划”（LOOP）和“低碳制造计划”（LCMP），作为与城市和大城市地区商业合作以减少能源使用的手段。在德班，城市政府发起了与当地企业合作的计划，并在丹麦国际开发署的资助下成立了两个节能俱乐部。研究发现，

> 通过这些俱乐部，参与者了解了能源管理和审计、监测和目标设定、碳足迹计算和制定节能计划等技术。实施效率措施的成员报告说，2009 年第一季度的节余高达 R220 000（28 000 美元），“俱乐部”的概念普遍受到业界的欢迎。
>
> （Aylett 2011）

试验的局限和影响

气候变化试验正在城市政策创新、新的城市规划、新技术和社会实践的转变等一系列领域中出现。许多学术学者和政界人士认为，这些措施往往是小规模的、短期的，因此需要考虑如何扩大这些措施的规模这一关键问题。鉴于气候变化挑战的艰巨性严峻性，这些举措是否真正发挥作用？有哪些因素可以促进或阻止在这些试验中制定的方法和吸取的经验教训成为主流？表 7.2 提供了一些迹象，说明为什么试验项目和举措难以纳入主流政策和做法。当然，这些都是合理的考虑，但它们也淡化了应对气候变化试验已成为一系列具有重要政治和经济意义的、城市行为者寻求和完成气候变化治理的关键措施。从这一角度来看，进一步发展试验中发现的社会技术创新形式的挑战不是一个能力建设或加强学习的问题，而是一个解决社会、政治和经济结构的问题，政治和经济结

213

构既要支持试验，又要保持对气候变化的主流反应。

表 7.2　试验面临的主要挑战

试验主要挑战	解释
规章制度	强制性的要求往往落后于创新并能阻止新型技术和方法被应用
政策指导和政治支持	在新出现的政策领域，多重议程和有限的政治支持可以防止创新的吸收
经济状况和金融	新技术可能显得成本高昂，对投资回报的了解有限；实现行为改变的替代战略可能显得成本相对较低，并可增强/吸引支持
非正式能力建设	了解新方法和新技术的潜力，并发展由此产生的网络和伙伴关系
组织文化和学习	缺乏足够的空间和时间来思考、学习和参与从现有倡议中吸取的经验教训，会限制对这些建议的更广泛理解
稀缺和危机	试验可在稀缺和危机的背景下蓬勃发展，由于传统的解决问题方法因为需要回应而被抛弃，但长期、持续的危机可能限制资源、能力和学习，并破坏成功试验的推广

资料来源：法雷利和布朗 2011：728。

试验与主流城市气候变化应对措施之间的联系可以从所倡导的各种话语和方法中清楚地看到。在很大程度上，在大多数情况下，试验维持了共同利益、城市生态安全和碳排放控制的逻辑，这些逻辑是城市自愿和战略城市化的基础，也是城市气候变化应对措施的基础（见第四章）。换句话说，城市气候变化试验强化了应对气候变化可能产生的额外经济和环境效益的概念，并采用安全的逻辑——特别是在规划能够自给自足的城市地区和控制碳方面——以便实现更广泛的政治目标和实现这样做的潜在经济红利（Matthew Hoffmann 2011：39）。同样在他关于气候变化试验的研究中同样发现，这些试验是基于“自由主义环境主义的妥协”，其中环境保护的基础是现有经济秩序的延续（Bernstein 2001）。通过这种方式，“试验并不是对已经建立的治理机制的革命性挑战”（Hoffmann 2011：40），而是可以被视为通过主流话语和方法来治理气候变化在城市中得以实现的一种手段。

替代方案：超越主流?

然而，对于试验有不同的思考空间。除了可以促进城市生态安全和碳控制实践的试验，这些试验标志着最近向战略城市化迈进的一步，以及那些提供了政府自愿的手段之外，还可以找到其他替代方案。在这些方案中，试验被用来作为一种手段，推动以不同的方式确定气候变化问题的框架，并考虑适当的应对措施可能涉及哪些方面。在大多数情况下，这些方案是通过“基层”创新的形式出现的（Seyfang and Smith 2007）。本节主要分析三种不同的替代方案：主流关注和激进关注之间能够提供某种融合形式，特别是在环境和能源正义问题上；替代概念气候弹性产生，特别是“转型城镇”中产生的；基于更激进的可持续生活的概念产生的方案。

215

气候变化与社会正义融合

在城市中进行气候变化试验的方法之一是将气候变化与其他在当前政策议程中更为边缘化的问题相融合。这对于制定明确针对经历某种程度社会经济困难的社区和家庭的新应对措施特别重要，而且，随着社会寻求通过实施提高能源成本的金融措施来减少温室气体排放，这些国家可能既易受气候变化的影响，又可能要面对更严峻的经济挑战。这些倡议重点服务于能源匮乏或能源劣势的居民，为其提供能够负担得起的能源基本服务（例如供暖、制冷、供电、做饭、清洁）。虽然这类计划和倡议具有悠久的历史，在英国以及北美洲、欧洲和大洋洲的一些国家和地区相对普遍，但直到最近，这些举措才设法考虑如何通过应对气候变化来解决能源匮乏问题。在传统上，有人认为，解决能源匮乏问题意味着保证有能力消费的个人和家庭能够使用更多的能源，因此，减少需求和减缓气候变化的可能性被认为是微不足道的。然而，最近，一些倡议已开始研究如何通过干预措施提高住房的能源效率，再加上提供低碳能源，不仅有助于应对气候变化，也是提供安全能源的方式，可以降低居民的生活运营成本。同时，气候变化的影响可能加剧贫困居民住房的脆弱性，特别是在极端高温和寒冷的情况下，随着气候变化政策开始在国家层面确立，脆弱社区可能是价格上涨最严重的。而城市和社区层面应对气候变化不是基于城市安全本身，而是将其作为确保特定城市群体的生计以及减少其面临的脆弱性。

墨尔本进行的一个倡议，作为莫兰德能源基金会和圣劳伦斯兄弟会之间的伙伴关系，在应对气候变化的过程中，既要加强社会中较贫穷社区的弹性，也要建设替代经济（Brotherhood of St Laurence 2012)。作为由澳大利亚联邦政府的“太阳能城市计划”资助的“莫兰太阳城项目”的一部分，由澳大利亚联邦政府的太阳能城市计划提供资金，这些组织 216 已经成立了一个“温暖的家园计划”（Warm Homes）和“凉爽的家园计划”（Cool Homes），为居民提供免费的建议和安装服务，旨在提高家庭的能源效率，从而减少城市经历的寒冷和炎热天气的脆弱性（Moreland Solar City 2012）。这将通过“社区企业”模式来实现，该模式将“为低收入家庭提供培训和就业，并提供实用的能效服务”（Moreland Solar

City 2012)。

有证据表明，在发展中国家的城市中，也出现了设法应对贫穷和经济发展挑战以及气候变化的试验。其中一个最著名的例子是在开普敦的卡雅丽莎（Khayelitsha）地区的“库亚萨项目”（Kuyasa project）。由南非的非政府组织 South South North 领导。该项目包括为低收入住房提供能源升级，比如改造天花板、节能灯泡和太阳能热水供暖，这些措施共同作用减少了家庭的能源使用（从而产生了碳节约），缓解了能源贫困，提供了直接的财政利益。与其他在发展中国家城市进行的项目不同，库亚萨的倡议特别具有创新性，它将清洁发展机制作为一种资金来源。因此，该项目为当地创造了就业机会，并提供了直接的财政和碳储蓄（SouthSouthNorth 2011）。许多采取“扶贫”办法适应气候变化的倡议是由社区团体和城市政府与其他机构之间的伙伴关系以不同方式制定的，也可在这种替代试验形式下加以考虑。

气候弹性与社区建设

第二种气候变化替代方案，气候弹性的概念至关重要。然而，这种替代方案的重点不是关注个人或家庭弹性，而是培养不同形式的社区弹性和应对气候变化的能力。至少在某种程度上，这是出于对气候变化可能产生的更激进或更具破坏性影响，包括对现有经济和社会组织形式的破坏甚至使其崩溃产生的应对。在英国的托特尼斯发起，目前在全球 34 个国家——主要集中在欧洲、北美洲、亚洲和大洋洲——的 400 多个城市中开展，转型城镇运动就是替代方案之一（North 2010, Smith 2010），

> 转型城镇运动方案是一个社区……共同的努力，正视石油峰

217 值和气候变化，解决重大问题——在社区为维持自身生存和繁荣所需要的所有方面的基础上，如何大幅提高抵御能力（以减轻峰值石油的影响）和大幅减少碳排放（以减轻气候变化的影响）？

（Project Dirt, 2012）

这一运动背后的转型理念是社区通过发展更本地化的经济，例如通过生产当地的粮食和能源，自发应对“石油峰值”挑战和气候变化的问题。与被哈德森和马文（Hodson and Marvin 2010）认为是现代城市气候治理特点的“安全城市化”一样，对于转型城镇而言，促进自给自足被视为是实现恢复弹性的一种手段。然而，这一构想的核心并不是基于对城市或对占支配地位的政治和经济利益的安全化，而是在现有机构制度可能崩溃的情况下采用“社区”和“恢复弹力”的概念。正如伦敦布里克斯顿转型运动中所体现的：

布里克斯顿转型城镇运动是一个由社区主导的倡议，旨在提高当地对气候变化和石油峰值的认识。布里克斯顿转型城镇运动提出，与其惊讶，不如改变这种变化，减少影响并使之变得有益。我们将为布里克斯顿设想一个能源/碳消耗更低的未来。我们将设计一个布里克斯顿能源下降的计划。然后实现它。

（Transition Town Brixton 2011a）

转型城镇运动倡议包括广泛的行为和活动，尽管这些倡议主要集中在小城镇，通过创建较小规模的城市社区，转型城镇运动的理念越来越多地被伦敦、伯明翰和诺丁汉等大城市采纳。在布里克斯顿，成立了16个不同的小组，涉及教育、艺术和文化、材料回收和再利用、节能、当地粮食生产和当地货币的开发——布里克斯顿镑等方面（见“城市案例研究——伦敦”）。转型城镇运动倡议的实际工作虽然是在社区转型的框架内进行的，但也包括旨在提高家庭和社区层面弹性的干预措施。例如，一项“防风破坏草案”的倡议旨在与家庭主妇一起为她们的家庭提供证明，以节省能源、碳和金钱，并提供智能电表贷款，以便家庭成员可以评估他们自己减少有效性能源的使用。与其他转型城镇运动倡议一样，布里克斯顿的重点是在社区内开发替代食物来源，包括开发社区花园养蜂、分享种子和种植“可食用”的树木。因此，转型城镇不仅提供了一套可能的干预措施和行动来应对气候变化的不安全因素，还为可持续发展和弹性城市的未来提供了不同的构想。虽然有些人可能认为这种构想是无可救药的浪漫，但它提醒人们，应对城市气候变化的政治后果并不总是与当前持续主导的政治经济模式联系在一起的。

218

城市案例研究——伦敦

伦敦的气候变化试验和替代方法

伦敦的温室气体排放量很大，与一些欧洲国家的排放量相似，如希腊或葡萄牙（London Climate Change Agency 2007：1）。自 2000 年以来，在该市成立了政府、积极的政治领导以及主要经济和社区团体的支持，使气候变化问题成为政治议程上的重中之重。2007 年，伦敦第一个气候变化行动计划通过了一项宏伟的目标，即“2025 年将二氧化碳排放量稳定在 60%，低于 1990 年的水平，并在未来 20 年内稳步推进”（Greater London Authority 2007：19）。除了这些战略构想和政策方案外，伦敦应对气候变化的工作还包括一系列不同形式的试验和替代方案，由政府行为者和基层组织共同推动。

在伦敦，减少二氧化碳排放的一个方法是由大伦敦政府指定十个低碳区，目标是在 2012 年之前将碳排放减少 20.12%，以迎接伦敦奥运会。地方政府应邀为多达 1000 座住宅、商业和公共建筑的面积提供资金。其中一个低碳区是布里克斯顿，位于伦敦南部的市中心区域，也是伦敦兰贝斯区的一部分。布里克斯顿低碳区（LCZ）于 2010 年 3 月启动，包含约 3500 座物业、10 座高层及 36 座低层大厦、街道物业（社会及私人房屋）及商业及公共建筑。该地区的大部分地区属于英格兰最贫困的地区之一，失业率高，燃料严重匮乏，大部分房产由社会住房构成。

219 该计划旨在协助区内居民及商界减少碳排放、减少浪费及节约能源，并由一名项目官员、废物管理职员及社区参与人员提供支援。LCZ 开发的重点项目包括绿色医生和社区草案——在家庭中安装节能措施和与家庭讨论能源使用的机制。

与此同时，LCZ 还支持了社区发展优势项目，如食品种植和社区园艺。LCZ 的存在也被用于杠杆投资以改善资本，并为拉夫堡庄园的一个社区节能计划成功获得资金。

尽管总体目标侧重于减少碳排放，但在实施过程中，LCZ 的重点已不再是气候变化，而是更多地放在了当地社区的能力建设上，以此作为长期实现碳减排目标的机制。通过这种方式，最初被称为“政府主导”的试验能否长期成功，取决于能否在社区内部和社区之间建立新型的联盟形式。

另外一个解决气候变化带来的挑战的基层方法是转型城镇布里克斯顿（TTB）。作为转型城镇运动中的一部分，TTB 是在 2007 年推出的第一个转型城镇。它来自于关键的群体——在兰贝斯区表现很积极，被正在托内斯实施的过渡模型所吸引，试图在布里克斯顿应用同样的模型。TTB 旨在提高当地关于气候变化意识和石油峰值的意识，并计划向更好、低能耗的未来过渡。根据转型城镇运动，为实现这一目标，重点是“重新定位”和建立地方社区的弹性。

TTB 关注的是布里克斯顿的整个地区，活跃的志愿者数量从 100 人到

200人不等。尽管TTB被组织为一个“中心和辐射模型”，但是中央工作组与一些不同的专题工作组一起，并非每个人都与TTB的所有元素相关。考虑到这些组织安排，在TTB框架下开展的项目范围广泛，包括正在进行的布里克斯顿镑（一种替代的当地货币）、布里克斯顿能源集团等各种项目。

随着时间的推移，TTB无论是在当地社区还是与伦敦的其他转型组织都应是早期采用者。这种对时间的重视和转型过程的远见性的重要性是显著的，意味着重点是帮助人们更好地了解在哪里以及做什么，以便他们能够控制自己的前进方向，而不仅仅关于气候变化。

220

LCZ和TTB之间相互联系的好处是显而易见的。兰贝斯理事会和TTB之间存在着长期的关系，在布里克斯顿建立这种关系和其他社区参与活动是兰贝斯竞标低碳区的关键部分。因此，TTB在LCZ的指导小组中有代表，是低碳区下属项目的重要合作伙伴。此外，LCZ，部分原因出于它的专用资金流，已经允许TTB推进那些被证明是困难的项目，例如与住房协会讨论关于建筑上的太阳能电池板。

LCZ和TTB都不仅仅专注于碳减排，它们都将气候变化视为一个更全面的议程，认为更重要的是建立社区能力和地方弹性。在这方面，重要的区别在于社区的概念。LCZ的社区模式是基于特定的地理区域和建筑物数量，这并不会立即转化为一个单一的、易于识别的社区；而TTB的社区概念则更广泛、更有机。

尽管如此，这两项举措面临的共同问题是超越了常规的做法。LCZ有一名社区参与官员，其职责是促进社区项目和人员联系，但在与所谓的“难以接触”的团体接触方面仍然存在挑战。相反，由于TTB的基层性质，它可能更有能力接触到这些群体，但它缺乏开展外联工作的能力，并依赖LCZ接触到更广泛和更多样化的参与者。

221

图 7.4　伦敦的布里克斯顿社区花园
图片来源：萨拉·富勒

总而言之，尽管 LCZ 拥有专门的资金来源来支持项目方面的优势，但设计和实施项目要在两年的时间框架内实现具体的碳目标是很有挑战性的。相比之下，TTB 能够从更流畅的社区概念中受益，更注重于构想，更持久，但有时会很难找到资源来支持其工作。这表明，从长远来看，政府主导的气候变化试验的一个关键作用可能是促进基层举措的发展和成长。

萨拉·富勒

英国达勒姆大学地理系

转型城镇是一个正在进行试验的领域，不仅试图应对气候变化，而且还有助于培养新的社区形式。此类的另一种替代方案是以社区为基础

的城市植树计划。这些方案往往强调的是城市植树所带来的集体和公民利益，而不是个人利益，更加委婉地而不是明确地强调潜在的适应和减缓收益。有一项计划是“纽约市百万树木”运动（MillionTreesNYC），该运动被誉为“纽约规划可持续发展战略”的重要组成部分，由纽约公园和娱乐部与纽约恢复项目合作实施，“一个民间社会组织，重点是在整个城市扩大未充分利用的绿色空间”（Fisher *et al.* 2011：8）。在这个项目的工作中，费希尔展示了该计划如何体现“自愿管理”的理念——通过工作场所计划和作为个体户主，参与者都被要求自愿种树，然后通过当地的管理团体来看管。费希尔和她的同事们研究了这项百万人参与的运动，发现与城市人口相比，志愿者更多的是女性、白人和受过高等教育的人，反映了整个美国志愿者的总体趋势。他们通过个人和组织网络参与了这项活动。费希尔和她的同事们（Fisher *et al.* 2011：27）认为，参与者们正在“一起挖掘”，而不是评论者们经常说的在当代西方社会中频繁提出的日益个性化的迹象；“纽约市百万树木”运动可以被视为一种集体的努力，通过这种努力建立和加强组织和社会网络。

222

激进的可持续发展？

其他基于社区的应对气候变化的形式提倡替代的论述和做法考虑到了气候变化和石油峰值的结合可能造成的一些根本性破坏，激进的对策旨在改变产生气候变化的现有社会、政治和经济结构以及这种结构的脆弱性。正如第六章所讨论的，应对气候变化的变革性对策需要超越现有的决策结构和组织模式，以促进应对气候变化的新制度和做法。

完全采用这种形式的气候政治的试验实例很少见，尽管可以确定包含这种激进优势项目的部分内容，包括上文讨论的城镇转型举措。在抗议行动和社会运动中，例如在气候营和占领运动中，这些更为激进、更具变革性的应对气候变化的原则得到了贯彻。在多伦多，参加过 2009 年哥本哈根峰会和 2010 年在玻利维亚科恰班巴举行的气候变化和地球母亲的权利世界人民大会的气候活动家组织了多伦多人民气候正义大会（2011）。多伦多人民大会旨在

> 创造一个空间，我们可以共同合作分享经验、知识和资源，以便对全球危机建立地方反应。大会希望通过集体对话和社区赋权的渠道，努力实现这一目标。
>
> （Toronto People's Assembly on climate Justice 2012）

多伦多人民大会等行动不是寻求直接行动以减少温室气体排放或发展弹性，而是寻求志同道合的群体聚集在一起，以努力重新讨论制定政策，考虑气候变化问题并展示其他方式的可能性——作为社会正义。碳配给行动小组（Carbon Rationing Action Groups, CRAGs）也有类似的想法理念，即试图制定一种更激进的可持续发展方法，承认消费最多的国家需要首先应最大程度减少温室气体排放。通过关注气候变化的网络，将个人聚集在一起，设定一个集体目标，在“碳预算”内生活，支付超过这一消费水平的罚款（Community Pathways 2012）。尽管 CRAGs 的总体影响仅限于小群体和少数几个城市的，但这一想法表明，替代的城市生活形式是可能的。低影响的开发通常是建造替代住宅的集体形式，在其生命周期中具有最小的碳足迹，试图展示根本替代技术和实践可行性的试验形式（Pickerill 2010）。在英国，替代技术中心在推动这一领域的创新方面有着悠久的历史，最近建立了低碳信托基金，以推广建筑和建筑的替代方法。作为非营利组织，两者都尝试开拓新技术，展示不同种类技术的可能性。例如，低碳信托基金会开发了布莱顿

地球建筑作为社区中心，展示了替代建筑材料的可行性；再例如冲压轮胎、可再生能源和雨水收集系统（Low Carbon Trust 2012）。与许多气候变化试验一样，创新与其说是技术本身，不如说是技术在特定城市环境中的展示，并将其用作实现特定社会目标的手段——在这种情况下，负担得起的自建住房对环境的影响较小。

可持续的替代产品

气候变化试验为主流的、自由的环境应对气候变化提供了不同形式的替代方法。在某些情况下，这些方法是建立在主流话语与利用气候变化的可能性之间，进而应对城市贫困和社会正义的挑战。对有一些国家而言，气候变化可成为增强弹性和社区发展的一种手段，利用从现有的政治经济形式向替代经济和社会组织形式的某种过渡。第三种替代试验，采取激进的替代办法，将气候问题纳入主流，并说明应如何加以解决——是否采取抗议和异议的形式，是否明确富人应减少消费的责任，是否提倡替代技术。 224

维持或扩大此类替代试验是一项重大挑战。正如史密斯（Smith 2007：436）所说，“绿色利基”（“green niches”），最显著的是基层创新，是“与当下政府政策相对立的。他们被告知，可持续发展问题的发起和设计应该是政府行为”。然而，有各种试例表明，替代试验以某种形式涵盖了原则、技术和实践，其程度已经影响了主流政策，如微型发电计划和雨水收集等技术，这些曾被视为是建筑行业的边缘项目或技术，现在越来越多地被纳入城市发展主流项目，由地方政府授权，个人和企业承办。转型、弹性和气候正义的概念使其在城市、国家和国际议程中得到体现。有证据表明，这类试验正在尝试使用这些概念，并测试其效果。因此，基层创新和其他替代试验方案可以从边缘走向主流

（Seyfang 2009）。

然而，对气候变化的主流反应和本节介绍的替代试验方案之间仍然存在着重要差别。首先，这些替代试验没有融入现有的经济形式，而是提供了低碳生活的模式，即通过社会和技术创新的形式来建立新的经济和社区关系。其次，这些替代试验明确地认识到资源安全是一个本质上存在争议和不平等的概念，导致脆弱性和弹性在城市内部高度分化。这些替代创新形式表明，

> 城市气候变化应对措施碎片化，在这种情况下，平时没有交往的势力（例如国际碳融资和南非低收入家庭）在安全和弹性问题展开新对话的时候会交织在一起，发生争论和冲突的可能性会经常存在。
>
> （Bulkeley and Betsill 2011）

这同时表明，城市气候政治不能被视为“一种政治，一种简化为决定因素由一致认可的社会科学知识确定的行政和管理过程”（Swyngedouw 2009：602），而应该是“通过每一个人的抵制、争论和替代形式以每日的行为来实践；冲突（尽管有时是潜在的），会伴随着气候变化应该意味着什么，气候变化为了谁，以及气候变化未来对城市的影响这样的观念而时有出现”（Bulkely and Betsill 2011）。 225

结论

在各城市协同努力规划和执行减缓和适应战略的同时，各城市正在出现大量应对气候变化的措施。本章认为它们不是一次性、孤立的例子，而是应该将其视为城市应对气候变化方式的组成部分。这些气候变

化试验正在世界不同区域的城市中出现，尽管主要由城市政府行为者领导，但也由商业和民间社会组织进行承担。由此产生的情况并不是一个已在现有的城市行为者、进程和治理结构之上形成的平稳的气候治理层，而是一个类似于由政策和项目、计划和举措交织而成的拼凑的局面。

本章认为至少可以在四个领域检验试验——政策创新、生态城市发展、新技术和日常做法的转变。城市气候变化试验提供了一种方法，通过这种方法，可以展示支持城市主流应对气候变化的城市自愿主义和战略城市化的逻辑，并赋予其活力，从而加强这些应对城市气候挑战的方式。

试验不是说要与城市主流气候变化对策分开，而应该将其视为主流对策的一部分，因此，扩大试验规模需要将学习从单一项目转向更广泛的政策进程。但是人们认识到，管理气候变化的现有办法已经产生了这种零敲碎打的反应，要超越这一点就需要对这一治理进程进行更根本的改革。研究表明，气候变化的替代试验方案可以发表意见——因为试图推进解决城市贫困和社会正义议程的人正试图通过试验来证明实现这些目标的可能性，围绕气候变化问题动员抵制力、社区形成新的城市干预形式，证明维持可持续发展的根本办法。鉴于此类试验的开展往往与城市气候治理的主流方法背道而驰，如何保存它们的最大潜力并将其用于转变现有制度和做法中，是其当下的挑战。　226

讨论

社会和技术制度及其转型的概念有助于理解城市中气候变化试验的出现方式？这些方法的优点和局限性是什么？

为什么跨国公司、非政府组织、大学和慈善基金会等非国家行为者可以将城市视为他们可以尝试应对气候变化的对象？选择一些例子进行比较和对比。

转型城镇中所表达的转型、弹性和社区讨论在多大程度上代表了对城市气候变化治理的主流方法的挑战？

延伸阅读

有几个不同的文献探讨了治理的概念和各种形式的社会和技术试验。

Bulkeley, H. and Castan Broto,V.（2012a）Government by experiment? Global cities and the governing of climate change. revised for *Transactions of the Institute of British Geographers*.

Evans, J. P. (2011) Resilience, ecology and adaptation in the experimental city, *Transactions of the Institute of British Geographers*, 36: 223-237.

Farrelly, M. and Brown. R. (2011) Rethinking urban water management: experimentation as a way forward? *Global Environmental Change, 21(2): 721-732.*

Hoffmann, M. J. (2011) *Climate Governance at the Crossroads: Experimenting with a Global Response after Kyoto.* Oxford University Press, Oxford.

Raven, R. (2007) Niche accumulation and hybridisation strategies in transition processes towards a sustainable energy system: an assessment of differences and pitfalls, *Energy Policy,* 35: 2390-2400.

Seyfang, G. and Smith, A. (2007) Grassroots innovations for sustainable development: towards a new research and policy agenda, *Environmental Politics,* 16: 584-603.

通过观察不同国家和非国家行为者的网站，可以发现城市中不同类型的试验和

227 替代试验方案。这里仅提供几个案例：

- Masdar City: www.masdar.ae/en/Menu/index.aspx? MenuID=48&CatID=27& mnu=Cat
- OneMillionTreesNYC: www.milliontreesnyc.org/html/home/home.shtml
- Transition Towns: www.transitionnetwork.org/
- WWF Hong Kong: www.wwf.org.hk/en/whatwedo/footprint/climate/.

结论

气候变化不仅仅发生在城市的现象，而是城市需要承受和克服的一系列环境过程和事件。气候变化正在根据城市环境不断出现，各种形式的社会、经济和环境脆弱性对气候变化都产生不同程度的影响，逐渐形成气候变化的方式和适应的可能性。同时，城市经济、城市消费模式和城市居民生活方式所产生的温室气体对全球大气和气候变化也产生重大影响。

正如我们前文所述，城市本身并未因气候变化现象而改变。城市的气候风险从风暴到洪水事件，热浪到新型疾病，为应对气候变化产生的不利条件，适应未来的风险出台了大量的政治决策，包括基础设施建设、资产保护和城市发展。城市也成为应对气候变化的行为者寻求缓解气候变化的场所。为了应对减少温室气体排放的挑战，城市已经建立了新的流动形式、能源供应、建筑、城市改造计划、社区行动和日常行为习惯。通过这种方式，气候变化正在重塑城市，产生与现有城市结构、政治经济和文化并驾齐驱的新型城市生活。

本书论证了气候变化与城市的相互依存和相互关系。但是，至关重要的是，这不是一种全面的现象——世界气候变化的产生和经验相同，城市的反应都是一致的。事实上，城市条件、生计的多样性以及气候变229化问题的各方面正在形成一个高度不均衡的格局。对于一些城市居民来说，气候变化是他们必须在极端恶劣环境下应对的日常现实；对于另一些人来说，气候变化意味着当地的超市售卖新的光伏电池板。在同一个城市不同的城区，气候变化的影响可能截然不同，应对这种现象的机遇和挑战也各不相同。虽然“气候变化”这个“全球性”的环境问题有希望集体应对——将社会、政治和经济差异放置一边，实现共同的事业，然而世界各城市目前的态度是，气候变化目前正在加剧不平等而不是在减少。

本章总结了本书讨论的主要议题和争论，分析了它们对城市应对气候变化未来的影响。第一部分总结了脆弱性与适应性、风险与缓解、试验与替代方案之间的关系。第二部分分析了当前方法能够应对气候挑战的程度，以及对城市未来的影响。

改变气候，还是改变城市？

本书通过探讨六个关键主题：脆弱性、温室气体排放、减缓、适应、试验和替代方案，研究了气候变化与城市之间的关系。城市行为者应对这些挑战是根据其应对策略、不同的手段和管理模式，以及通过试验和建立替代响应产生的多种形式的干预。本节总结了城市如何解决脆弱性、适应气候变化和通过缓解措施来减少温室气体排放的主要问题，以及试验和替代方案在这些响应中的作用。

应对脆弱性：城市适应气候变化

城市如何受到气候变化影响的最大问题集中在它们会经历什么——从干旱到洪水，从海平面上升到温度变化。正如第二章所解释的那样，为了确定城市可能经历的各种影响，城市正在花费大量精力和努力，为建立脆弱性和适应策略评估提供证据基础。这些证据往往是吸引政治关注，将气候变化纳入城市议程，以及吸引资源方面的关键要求。然而，在时间和金钱方面可能代价也是巨大的，常常还要受到地方气候影响的科学模式的限制，以及本地数据可用性的限制。因此，这种形式的气候影响评估只能发生在大型城市，其他城市则无法实现，也不可能发生在气候变化威胁已被认为是重大影响的城市中。

人们还担心，对气候变化影响的关注不利于理解脆弱性。也就是说，尽管影响研究可以提供可能的遇到各种气候变化的重要信息，但它们可能无法充分解析现有城市环境、条件和过程如何形成脆弱性。因此，将脆弱性与气候影响相结合的研究往往侧重于对城市地区大范围的风险评估，例如遭受沿海和河流泛滥的地区。这种评估可以概述各种风险的经济资产和人口规模，但是无法展示不同城市社区如何以及为何容易遭受这种风险，因此仅能提供部分基础，并基于此建立适应性响应。

从不同的立场开始评估气候影响和脆弱性，研究城市地区物质和经济发展的方式如何应对风险和脆弱性，这些研究指出了城市脆弱性的调节方式，主要是通过为城市提供住所、能源供应、健康、水和卫生等服务所建立的环境和基础设施网络来进行调节，对最贫穷地区和非正式居住区尤为重要。根据家庭和个人可能面临的风险、应对能力和适应能力方面的差异，城市社区内部和城市社区之间的脆弱性也存在差异。城市贫困是导致形成这些城市脆弱性的主要原因，而其他因素，包括性别、年龄、就业和社交网络等都是城市脆弱性形成的原因。因此，城市的气候脆弱性可以被认为是通过气候影响、城市地区的物质和经济生产以及应对和适应能力方面的社会差异相互作用形成的。 231

这些对气候脆弱性的不同解释对于如何设计和开展适应工作至关重要。对于世界上大多数城市居民来说，应对气候变化一直是一个“应对问题”——利用现有资源以降低所面临的风险。从应对到适应，“行动者能够反思和制定基于风险根源和近似风险原因的实践活动和制度，从而通过规划来应对和进一步适应气候变化”（Pelling 201la：21），这要求在方法和资源方面做出重大改变。研究表明，这种有目的的适应现在才开始以战略、计划和措施的形式在城市中出现。尽管气候变化因素可能会被纳入一系列的决策中，如建筑标准和城市发展应该如何定位，但对其正在进行的方式及其所产生的后果的理解有限。第六章着重分析了适应的政策反应，展示了以城市政府主导和社区为基础的适应形式是如何形成的。然而，大多数情况下，适应仍然集中在佩林（Pelling 2011a）所称的“弹性”——在现有社会、经济和政治结构中工作，以提高应对风险的能力，而不是通过采取制度和实践过渡或转型的方法来改变适应方式。这表明，尽管人们认识到脆弱性是城市内部深层次的结构性问题，但大部分适应气候变化的努力迄今仍未能应对这一挑战。

温室气体排放地区差异和减缓的挑战

与适应相反，过去二十年来，气候变化的减缓在城市层面得到了持续的关注。在此期间，人们为了解城市对减少全球温室气体排放的贡献做出了巨大努力。各种组织开发出不同的方式、方法、工具和指标测量城市产生的温室气体排放量。虽然政策制定者和从业者现在经常提到，70% 以上的与能源相关的二氧化碳排放量是由城市产生的，这一个数字的背后的意义已经引起了激烈的争论。传统的温室气体排放核算将责任分配给排放的生产者，而不是接受产品和服务的消费者。这意味着，温室气体排放最显著的城市是对全球气候变化贡献最突出的城市。在某些情况下，这是无可争议的。例如，用于加热建筑物的能源和用于驱动汽车的燃料被认为是在同一地点生产和消费的。然而，当考虑到在一个城市中生产然后出口到另一个城市的商品（例如，电子产品或食品时）的能源问题时，温室气体排放被认定为归属生产者而不是消费者。批评人士认为，这是不公正的。这种观点导致将责任归咎于发展中国家城市，而发展中国家城市已经承受制造业环境和劳动条件限制的负面影响，这些城市的气候变化问题实际上是受到其他地区消费水平提高所驱动的。研究过于关注生产过程产生的温室气体排放，而城市消费及日常生活与温室气体排放和气候变化的复杂关系的研究甚少。新的排放核算

232

方式，例如碳足迹，正在将这些因素考虑在内，但在大多数情况下，这类温室气体排放仍然是隐藏的。

城市气候减缓，作为减少温室气体排放方式之一，所面临的问题已经普遍存在。政策方法采用了相对标准的模式，即排放量的测量、目标的设定和禁令的制定。虽然在资源丰富且通航便利的经济发达城市的温室气体排放领域，这项工作相对是成功的，但减缓措施的必要性和利益已经超出了这些限制范围，这种办法变得更具挑战。一方面，随着减缓措施在更为多样化的城市政治和经济环境背景下被提上议程，采取这种方法的资源和能力往往不足。另一方面，城市社区的测量、监测、目标设定和政策实施复杂且具争议。尽管如此，正如第五章所述，有大量研究表明，气候变化减缓已成为城市发展、设计和重建建筑环境、重新配置城市基础设施网络和服务的一部分。虽然常规趋势在关注扶持型和自治型治理模式以及侧重能源部门和能源效率方面效果显而易见，但在城市环境下减缓气候变化的程度和性质，已经受到城市之间现有制度能力高度分化的影响，并遇到政治和社会技术的挑战。

233

尽管个别城市以及其经常参与的跨国城市网络，可以在减少温室气体排放和增加额外收益方面取得成功，特别是在解决能源安全和经济效率以及满足社会其他方面需求，但是设定的目标与取得的成就之间依然存在巨大的差距。在过去的二十年中，城市在温室气体排放和减缓气候变化方面的作用已经从城市、国家和国际层面的许多政策议程的边缘转变为主流议程。然而，尽管很多城市已经确定了目标，制定了计划，采取了行动，但实际情况是，对于全球大多数城市和城市居民来说，减缓气候变化仍然是一个遥不可及的问题，或者说是无法承受的奢侈品。

创建转型？试验和替代气候变化反应

在城市层面上，越来越多的人已经认识到城市气候脆弱性和温室气体排放的挑战，发展协调一致的减缓努力，以及支持适应和气候弹性的努力。然而，随着证据收集、目标设定和政策实施，很明显，对这些挑战的回应并没有以连贯一致或普遍的方式出现，相反，主要通过现有的政治关注、体制能力和社会技术网络进行调解，受国家（地方）和大量参与气候变化议程的非国家行为体的影响。在解决气候变化的问题上，没有一个整体稳定的城市格局，可以轻松地被划分为公共议程和私人议程，实际情况要复杂得多——极度不平衡且存在争议。这些气候治理进程导致有目的的治理并非单纯通过政策、战略和计划来实现，而是通过制定具体的项目和举措来实现。气候变化的普遍性意味着它已经与各种城市干预、城市景观和行为者联系在一起。其结果是各种城市气候变化反应——常常为了不同的目的，由不同的参与者进行，在不同的规模和网络中实施，其结果也不同——的拼凑。

可以说，这种不平衡的格局标志着气候治理的失败——未能创造足够的一致性、愿景和规模来应对气候挑战。气候治理需要将部分整合到整体中，形成城市响应。事实上，许多城市气候变化战略和计划已具有这些特征，这些城市将城市中正在进行的各种项目和举措汇聚整合。公平地说，一千朵气候变化之花盛开是值得庆祝的，应该承认它们的存在为城市气候变化政策的努力提供了非常必要的补充，并且可能为学习和改善政策响应提供机会。尽管这些观点表达了对气候变化试验的不同态度，但都不承认这种干预措施和倡议是城市应对气候变化的基本组成部分。詹姆斯·伊万斯主张，“气候试验是管理的落脚点；它们代表了适应（和减缓）的实际层面——当政策制定者、研究者、企业和社区负责

234

人寻找新途径时，‘实地’到底发生了什么”（Evans 2011：225）。从这个意义上讲，试验不是一个可以被摒弃或接受的选择，而是成为城市应对气候变化的基本组成部分。正如伊万斯（Evans 2011：233）所坚持的，“如果可持续发展归结为让一千朵试验之花开花，那么谁来做试验，如何做才是最重要的”。正如第七章所阐释的，在政策创新、生态城市发展、新技术和社会实践转型等领域，试验以追求城市自愿和战略城市化为主导，与效率、安全和碳控制紧密相关，并以环境自由主义的意识形态为基础。尽管如此，试验确实为替代方案创造了空间，有利于追求社会和环境正义，提供新的过渡形式和气候弹性，对可持续发展有更激进的理解。尽管将这些原则和实践融入主流还远未得到保证，但有一些证据表明，这种替代形式可以为城市气候变化提供不同的表达和应对方式。

城市未来：走向气候正义？

未来的城市可能会是什么样？会是什么感觉？城市的未来自从城市最初形成至今一直是学者关注的问题。正如前言所述，气候变化有助于重新开放和重新认识这一问题。在普遍的印象中，或在许多设立城市研究的学科中，自然是位于城市之外的（Bulkeley and Betsill 2003: Owens 1992）。然而，在过去的二十年中，人们越来越认识到城市造就了可持续发展的机会与限制，通过城市和乡村景观城市创造出“自然”。这种自然与城市相融合的概念使我们可以审视气候变化，不是将它作为城市中或城市周边发生的事情，而是将它与当代城市化相结合思考。因此，城市未来不能脱离气候未来。未来是通过不同的乌托邦式的观点规划出来的，包括设计的生态城市或自发组织的气候适应性社区，处于气候变

235

化危险中的异乌托邦构想，或会成为未来生态灾难的导火索。

每一种乌托邦和反乌托邦式的城市对气候变化反应的观念都可以在高度分化的景观中找到。本书展示了生态设计，基于社区的适应、弹性的案例，以及乌托邦原则在追求适应和减缓气候变化的过程中如何被采纳、改革并付诸实施，以寻求适应；呈现了气候变化如何对城市社区构成现实的风险，城市生产和消费的过程如何以高度不均衡的方式继续将全球气候置于更危险的境地。在这不平等且零碎的图景中，应对气候变化的现实有非常现实的要求：城市实现了什么？它们必须做什么？它们如何做？受数据收集、监测和测量方面的限制，证据十分匮乏；担心破坏在城市层面应对气候变化这一脆弱的政治意愿，限制了人们获取具体的知识。尽管如此，气候联盟、ICLEI 和 C40 等城市政府网络与个别城市协作，可以在证据收集、目标设定、减少排放和提高适应能力方面取得重要的进展。

这足够了吗？首先，也是最直接的，答案显然不是。气候变化尚未成为大多数城市关注的问题，与大多数城市居民的日常生活相距甚远。城市脆弱性持续存在，温室气体排放持续增加，这确实是一个“紧迫的议程”（World Bank 2010）。其次，与国际社会在解决气候变化所取得的缓慢进展相比，城市所采取的行动可谓是奇迹。相比考虑对城市应对气候变化的有效性进行评估的方法，在提升减缓和适应可以造成的影响力方面，气候问题在根本上是城市经济和社会发展问题方面，以及将城市置入国际议程中宣传方面，我们可以考虑更广泛的影响。 236

第三，也许是最重要的。无论是城市内部还是城市之间，气候变化的挑战和应对措施都是极不平衡的。城市景观不是与一个或多个乌托邦或反乌托邦理想相对应，城市景观构成了这些讨论的各种要素、相互关系以及相互影响。因此，不存在所谓的城市气候变化问题，而是气候变化在特定地区和特定社区发生的一系列城市进程和实践活动。然而，尽管承认这种差异，大多数情况下，城市气候变化治理——世界各城市的政治精英和经济精英进行的有目的的和战略性的干预——都倾向于承担一个亟需解决的一般性问题。虽然特殊的弱势群体可能会被区别对待，但气候影响被认为是整个城市要应对的挑战。城市气候变化战略确定了在城市层面上的减排目标，但没有承认不同类型的居民、企业、游客等可能污染排放造成的影响。尽管城市的概念需要公民和集体共同推动，将气候变化作为非政治问题，但这种普遍性在城市应对时能否充分解决气候正义方面提出了非常严峻的挑战。正义原则不是指基于城市的责任或权利的平等，而是需要认识到如何承担成本、提供机会和参与决策的能力。在制定和实施气候政策时，应采取措施确保这一点被考虑。因此，对城市气候变化做出适当应对不仅关乎城市脆弱性是否减轻，温室气体排放量是否减少或城市得到了更广泛地宣传，还应该从根本上认识到差异，并将其整合到应对气候变化挑战的集体行动中。237

参考文献

Adelekan, I. O. (2010) Vulnerability of poor urban coastal communities to flooding in Lagos, Nigeria, *Environment and Urbanization*, 22(2): 433–50.

Adger, W. N., Arnell, N. A. and Tompkins, E. L. (2005) Successful adaptation to climate change across scales, *Global Environmental Change*, 15(2): 77–86.

Adger, W. N., Dessai, S., Goulden, M., Hulme, M., Lorenzoni, I., Nelson, D. R., Naess, L. O., Wolf, J. and Wreford, A. (2009) Are there social limits to adaptation to climate change? *Climatic Change*, 93: 335–54.

Ahammad, R. (2011) Constraints of pro-poor climate change adaptation in Chittagong City, *Environment and Urbanization*, 23(2): 503–15.

Akinbami, J. F. and Lawal, A. (2009) *Opportunities and challenges to electrical energy conservation and CO_2 emissions reduction in Nigeria's building sector*. Paper prepared for the Fifth Urban Research Symposium, Cities and Climate Change: Responding to an Urgent Agenda, 28–30 June, Marseille, France.

Alam, M. and Golam Rabbani, M. D. (2007) Vulnerabilities and responses to climate change for Dhaka, *Environment and Urbanization*, 19(1): 81–97.

Alber, G. and Kern, K. (2008) Governing climate change in cities: modes of urban climate governance in multi-level systems. *Proceedings of the OECD Conference on Competitive Cities and Climate Change*. OECD, Paris.

Allen, J. (2004) The whereabouts of power: politics, government and space, *Geografiska Annaler*, 86B(1): 19–32.

Allman, L., Fleming, P. and Wallace, A. (2004) The progress of English and Welsh local authorities in addressing climate change, *Local Environment*, 9(3): 271–83.

Anguelovski, I. and Carmin, J. (2011) Something borrowed, everything new: innovation and institutionalization in urban climate governance, *Current Opinion in Environmental Sustainability*, 3: 169–175.

Arup (2011a) Infographic: how are cities tackling climate change? Online:

www.arup.com/Homepage_Cities_Climate_Change.aspx#!lb: /Homepage_Cities_Climate_Change/Infographic.aspx (accessed January 2012).

Arup (2011b) *Climate Action in Mega Cities: C40 cities baseline and opportunities*, Version 1.0, June, ARUP.

Aulisi, A., Larsen, J., Pershing, J. and Posner, P. (2007) *Climate Policy in the State Laboratory: How States Influence Federal Regulation and the Implications for Climate Change Policy in the United States*. World Resources Institute, Washington DC.

Aylett, A. (2010) Municipal bureaucracies and integrated urban transitions to a low carbon future, in Bulkeley, H., Castán Broto, V., Hodson, M. and Marvin, S. (Eds) *Cities and Low Carbon Transition*, Routledge, Abingdon and NewYork, pp. 142–58.

Aylett, A. (2011) Changing Perceptions of Climate Mitigation Among Competing Priorities: The Case of Durban, South Africa, in *Cities and Climate Change: Global Report on Human Settlements 2011*, UN-HABITAT.

Bai, X. (2007) Integrating global environmental concerns into urban management: the scale and readiness arguments, *Journal of Industrial Ecology*, 11(2): 15–29.

Bartlett, S. (2008) Climate change and urban children: impacts and implications for adaptation in low-and middle-income countries, *Environment and Urbanization*, 20(2): 501–19.

Bernstein, S. (2001) *The Compromise of Liberal Environmentalism*. Columbia University Press, New York.

Berrang-Ford, L., Ford, J. D. and Paterson, J. (2011) Are we adapting to climate change? *Global Environmental Change*, 21: 25–33.

Betsill, M. M. and Bulkeley, H. (2006) Cities and the multilevel governance of global climate change, *Global Governance*, 12(2): 141–59.

Betsill, M. and Bulkeley, H. (2007) Looking back and thinking ahead: a decade of cities and climate change research, *Local Environment: The International Journal of Justice and Sustainability*, 12(5): 447–56.

Bicknell, J., Dodman, D. and Satterthwaite, D. (Eds) (2009) *Adapting Cities to Climate Change: Understanding and Addressing the Development Challenges*. Earthscan, London.

Bioregional (2009) Capital consumption: the transition to sustainable consumption and production in London, November 2009, Bioregional and London Sustainable Development Commission. Online: www.bioregional.com/files/publications/capital-consumption.pdf (accessed January 2012).

Birkmann, J., Garschargen, M., Kraas, F. and Quang, N. (2011) Adaptive urban governance: new challenges for the second generation of urban adaptation strategies to climate change, *Sustainability Science*, 5: 185–206.

Birkmann, J. and von Teichman, K. (2010) Integrating disaster risk reduction and climate change adaptation: key challenges – scales, knowledge, and norms,

Sustainability Science, 5: 171–84.

Blake, J. (1999) Overcoming the 'value–action gap' in environmental policy: tensions between national policy and local experience, *Local Environment*, 4: 257–78.

Brody, S. D., Zahran, S., Vedlitz, A. and Grover, H. (2008) Examining the relationship between physical vulnerability and public perceptions of global climate change in the United States, *Environment and Behavior*, 40(1): 72–95.

Brotherhood of St Laurence (2012) Climate change. Online: www.bsl.org.au//Research-and-Publications/Research-and-Policy-Centre/Climate-change

Bulkeley, H. (2000) Down to earth: local government and greenhouse policy in Australia, *Australian Geographer*, 31(3): 289–308.

Bulkeley, H. (2001) No regrets? Economy and environment in Australia's domestic climate change policy process, *Global Environmental Change*, 11: 155–69.

Bulkeley, H. (2009) Planning and governance of climate change, in Davoudi, S., Crawford, J. and Mehmood, A. (Eds) *Planning for Climate Change Strategies for Mitigation and Adaptation for Spatial Planners*, Earthscan, London.

Bulkeley, H. (2010) Cities and the governing of climate change, *Annual Review of Environment and Resources*, 35: 229–53.

Bulkeley, H. (2012, forthcoming) Climate change and urban governance: a new politics? In Lockie, S., Sonnenfeld, D. and Fisher, D. (Eds) *International Handbook of Social and Environmental Change*, Routledge, London.

Bulkeley, H. and Betsill, M. M. (2003) *Cities and Climate Change: Urban Sustainability and Global Environmental Governance*, Routledge, London.

Bulkeley, H. and Betsill, M. M. (2011) Revisiting the urban politics of climate change, submitted to *Environmental Politics*, in revised form, June 2012.

Bulkeley, H. and Castán Broto, V. (2012a) Government by experiment? Global cities and the governing of climate change, revised for *Transactions of the Institute of British Geographers* (awaiting acceptance).

Bulkeley, H. and Castán Broto, V. (2012b) Urban experiments and the governance of climate change: towards Zero Carbon Development in Bangalore, *Contemporary Social Science*, accepted subject to revision.

Bulkeley, H. and Kern, K. (2006) Local government and climate change governance in the UK and Germany, *Urban Studies*, 43: 2237–59.

Bulkeley, H. and Newell, P. (2010) *Governing Climate Change*, Routledge, Abingdon.

Bulkeley, H. and Schroeder, H. (2009) *Governing Climate Change Post-2012: The Role of Global Cities – Melbourne*. Tyndall Centre for Climate Change Research Working Paper 138.

Bulkeley, H., Schroeder, H., Janda, K., Zhao, J., Armstrong, A., Chu, S. Y. and Ghosh, S. (2009) *Cities and Climate Change: The Role of Institutions, Governance and Urban Planning*. Report for the World Bank Urban Research Symposium: Cities and Climate Change.

Bulkeley, H., Watson, M. and Hudson, R. (2007) Modes of governing municipal waste, *Environment and Planning A*, 39(11): 2733–53.

C40 (2011a) Fact Sheet: Why Cities? Online: http://c40citieslive.squarespace.com/storage/FACTper cent20SHEETper cent20Whyper cent20Cities.pdf (accessed October 2011).

C40 (2011b) C40 Releases Groundbreaking Research on the Importance and Impact of Cities on Climate Change. Online: c40citieslive.squarespace.com/storage/C40%20Research%20Press%20Release.pdf (accessed January 2012).

C40 Cities (2011c) C40 São Paulo Summit. Retrieved 26 January 2012 from www.c40saopaulosummit.com/site/conteudo/index.php?in_secao=26

C40 Cities (2011d) C40 São Paulo Summit letter to Rio + 20, United Nations Conference on Sustainable Development. Retrieved 26 January 2012 from www.c40saopaulosummit.com/site/conteudo/index.php?in_secao=37&ib_home=1

C40 Cities (2012) C40 Voices: Adalberto Maluf reports on recent advances in São Paulo's bus transit strategy. Online: http://live.c40cities.org/blog/2012/1/12/c40-voices-adalberto-maluf-reports-on-recent-advances-in-sao.html

Carbon Disclosure Project (2008) *CDP cities 2011: Global report on C40 cities*, CDP/KPMG. Online: https://www.cdproject.net/CDPResults/65_329_216_CDP-CitiesReport.pdf.

CFU (2010a) *Carbon Finance at the World Bank*. World Bank, Washington DC.

CFU (2010b) *A City-wide Approach to Carbon Finance*. World Bank, Washington DC.

Carter, J. G. (2011) Climate change adaptation in European cities, *Current Opinion in Environmental Sustainability*, 3: 193–8.

Cartwright, A. (2008) Final report: sea-level rise adaptation and risk mitigation measures for the city of Cape Town, prepared by by Anton Cartwright (SEI Cape Town) in collaboration with Professor G. Brundrit and Lucinda Fairhurst, July 2008. Online: www.capetown.gov.za/en/EnvironmentalResourceManagement/publications/Documents/Phase%204%20-%20SLRRA%20Adaptation+Risk%20Mitigation%20Measures.pdf.

Castán Broto, V. and Bulkeley. H. (2012) A survey of urban climate change experiments in 100 global cities, submitted to *Global Environmental Change*.

Castleton, H. F., Stovin, V., Beck, S. B. M. and Davison, J. B. (2010) Green roofs: building energy savings and the potential for retrofit, *Energy and Buildings*, 42: 1582–91.

CDP (2008) Carbon Disclosure Project Cities Pilot Project 2008, Report by the CDP for ICLEI US, available online: www.cdproject.net/CDPResults/65_329_216_CDP-CitiesReport.pdf (accessed February 2012).

Chaterjee, M. (2010) Slum dwellers response to flooding events in the megacities of India, *Mitigation and Adaptation Strategies for Global Change*, 15: 337–53.

City of Cape Town Environmental Resources Management Department (2009) *Enviroworks: Special Edition Energy and Climate Change*. Online: www.capetown.gov.za/en/EnvironmentalResourceManagement/publications/Documents/Enviroworks_Dec09.pdf (accessed January 2012).

City of London (2010) *Rising to the Challenge – The City of London Climate Change Adaptation Strategy*. First published May 2007; revised and updated January 2010. City of London. Online: www.cityoflondon.gov.uk/services/environment-and-planning/sustainability/Documents/pdfs/SUS_AdaptationStrategyfinal_2010update.pdf.

City of Melbourne (2008) Zero Net Emissions by 2020 Update, Arup Pty Ltd for the City of Melbourne, Melbourne, City of Melbourne.

City of Melbourne (2012) CH2 – Water conservation. Online: http://www.melbourne.vic.gov.au/Sustainability/CH2/aboutch2/Pages/WaterConservation.aspx.

City of Philadelphia (2007) Local action plan for climate change, Sustainability Working Group, April 2007. Online: www.dvgbc.org/green_resources/library/city-philadelphia-local-action-plan-climate-change, last accessed 30 June 2011.

City of Philadelphia (2009) Greenworks Philadelphia, City of Philadelphia, Mayor's Office of Sustainability. Online: www.phila.gov/green/greenworks/2009-greenworks-report.html, last accessed 30 June 2011.

City of Philadelphia (2011) *Greenworks Philadelphia 2011 Progress Report*, City of Philadelphia, Mayor's Office of Sustainability.

Coafee, J. and Healy, P. (2003) My voice my place: tracking transformations in urban governance, *Urban Studies*, 40(10): 1979–99.

Collier, U. (1997) Local authorities and climate protection in the European Union: putting subsidiarity into practice? *Local Environment*, 2: 39–57.

Commission on Climate Change and Development (2009) *Closing the Gaps: Disaster Risk Reduction and Adaptation to Climate Change in Developing Countries*, Commission on Climate Change and Development, Stockholm, Sweden.

Community Pathways (2012) Carbon rationing action group (CRAG) or energy saving club, available online: http://www.communitypathways.org.uk/approach/439/full (accessed September 2012).

Copenhagen Climate Communiqué (2009) Copenhagen Climate Communiqué, Copenhagen 2009. Online: www.kk.dk/Nyheder/2009/December/~/media/B5A397DC695C409983462723E31C995E.ashx, last accessed January 2012.

Corburn, J. (2009) Cities, climate change and urban heat island mitigation: localising global environmental science, *Urban Studies*, 46(2): 413–27.

Corfee-Morlot, J., Cochran, I., Hallegate, S. and Teasdale, P. J. (2011) Multilevel risk governance and urban adaptation policy, *Climatic Change*, 104: 169–97.

Coutard, O. and Rutherford, J. (2010) The rise of post-network cities in Europe? Recombining infrastructural, ecological and urban transformation in low carbon transitions, in Bulkeley, H., Castán Broto, V., Hodson, M. and Marvin, S. (Eds) *Cities and Low Carbon Transition*, Routledge, Abingdon, pp. 107–25.

Covenant of Mayors (2011a) About the covenant. Online: www.eumayors.eu/about/covenant-of-mayors_en.html (accessed January 2012).

Covenant of Mayors (2011b) Welcome. Online: www.eumayors.eu/home_en.htm (accessed January 2012).

Davoudi, S., Crawford, J. and Mehmood, A. (Eds) (2009) *Planning for Climate Change: Strategies for Mitigation and Adaptation for Spatial Planners*. Earthscan, UK and USA.

Department for Communities and Local Government (2007) *Improving the Flood Performance of New Buildings: Flood Resilient Construction*, Department for Communities and Local Government, London.

Dhakal, S. (2011) *Urban energy transitions in Chinese cities*, in Bulkeley, H., Castrán Broto, V., Hodson, M., Marvin, S. (Eds) Cities and Low Carbon Transitions, Routledge, pp. 73–87.

Dockside Green (2012) A better approach. Online: www.docksidegreen.com/Sustainability/Ecology.aspx (accessed January 2012).

Dodman, D. (2009) Blaming cities for climate change? An analysis of urban greenhouse gas emissions inventories. *Environment and Urbanization*, 21(1): 185–201.

Dodman, D., Kibona, E. and Kiluma, L. (2011) Tomorrow is too late: responding to social and climate vulnerability in Dar es Salaam, Tanzania, case study prepared for *Cities and Climate Change: Global Report on Human Settlements 2011*. Online: www.unhabitat.org/grhs/2011 (accessed January 2012).

Douglas, I., Alam, K., Maghenda, M., McDonnell, Y., McLean, L. and Campbell, J. (2008) Unjust waters: climate change, flooding and the urban poor in Africa, *Environment and Urbanization*, 20: 187–205.

Dubeux, C. and La Rovere, E. (2011) The contribution of urban areas to climate change: the case study of São Paulo, Brazil, case study prepared for *Cities and Climate Change: Global Report on Human Settlements 2011*.

Eakin, H. and Lemos, M. C. (2006) Adaptation and the state: Latin America and the challenge of capacity-building under globalization, *Global Environmental Change*, 16(1): 7–18.

Eakin, H., Lerner, A. M. and Murtinho, F. (2010) Adaptive capacity in evolving peri-urban spaces: responses to flood risk in the Upper Lerma River Valley, Mexico, *Global Environmental Change*, 20: 14–22.

Environment Agency (2011) Thames Estuary 2100. Online: www.environment-agency.gov.uk/homeandleisure/floods/104695.aspx (accessed December 2011).

European Environment Agency (2011) Greenhouse gas emission trends and projections in Europe 2011 – Tracking progress towards Kyoto and 2020 targets. Online: www.eea.europa.eu/publications/ghg-trends-and-projections-2011 (accessed January 2012).

Evans, J. P. (2011) Resilience, ecology and adaptation in the experimental city,

Transactions of the Institute of British Geographers, 36: 223–37.
Farrelly, M. and Brown, R. (2011) Rethinking urban water management: experimentation as a way forward? *Global Environmental Change*, 21(2): 721–32.
Fisher, D., Connolly, J., Svendsen, E. and Campbell, L. (2011) *Digging Together: Why People Volunteer to Help Plant One Million Trees in New York City*. Environmental Stewardship Project at the Center for Society and Environment of the University of Maryland White Paper 1.
Foresight (2008) *Powering our Lives: Sustainable Energy Management and the Built Environment*. Final Project Report, The Government Office for Science, London.
Friends of the Earth Hong Kong (2011) Friends of the Earth Power Smart Contest 2011. Online: www.foe.org.hk/powersmart/2011/e_index.html (accessed January 2012).
Geels, F. W. (2002) Technological transitions as evolutionary reconfiguration processes: a multi-level perspective and a case study, *Research Policy*, 31(8–9): 1257–74.
Geels, F. W. and Kemp, R. (2007) Dynamics in socio-technical systems: typology of change processes and contrasting case studies, *Technology in Society*, 29: 441–55.
Global Cool Cities Alliance (2012) What is global cool cities alliance? Online: www.globalcoolcities.org/ (accessed January 2012).
Gore, C. and Robinson, P. (2009) Local government response to climate change: our last, best hope? in Selin, H. and VanDeveer, S. D. (Eds) *Changing Climates in North American Politics: Institutions, Policymaking and Multilevel Governance*, MIT Press, Cambridge, MA, pp. 138–58.
Gore, C., Robinson. P. and Stren, R. (2009) *Governance and Climate Change: Assessing and Learning from Canadian Cities*. Fifth Urban Research Symposium Cities and Climate Change: Responding to an Urgent Agenda, Marseille.
Graham, S. and Marvin, S. (2001) *Splintering Urbanism: Networked Infrastructures, Technological Mobilities and the Urban Condition*. Routledge, London.
Granberg, M. and Elander, I. (2007) Local governance and climate change: reflections on the Swedish experience, *Local Environment*, 12: 537–48.
Greater London Authority (2007) *Action Today to Protect Tomorrow: the Mayor's Climate Change Action Plan*, Greater London Authority, London, February.
Greater London Authority (2012) London heat map: welcome. Online: www.londonheatmap.org.uk/Content/home.aspx
Gurran, N., Hamin, E. and Norman B. (2008) *Planning for Climate Change: Leading Practice Principles and Models for Sea Change Communities in Coastal Australia*, Report no. 3 for the National Sea Change Taskforce, July 2008.
Gustavsson, E., Elander, I. and Lundmark, M. (2009) Multilevel governance, networking cities, and the geography of climate-change mitigation: two Swedish examples, *Environment and Planning C: Government and Policy*, 27: 59–74.
Hammer, S. (2009) *Capacity to act: the critical determinant of local energy planning*

and program implementation. Paper presented at the Fifth Urban Research Symposium, Cities and Climate Change: Responding to an Urgent Agenda, Marseille.

Handmer, J. W. and Dovers, S. R. (1996) A typology of resilience: rethinking institutions for sustainable development, *Organization and Environment*, 9(4): 482–511.

Hanson, S., Nichols, R., Ranger, N., Hallegate, S., Corfee-Morlot, J. C., Herweijer, C. and Chateau, J. (2011) A global ranking of port cities with high exposure to climate extremes, *Climatic Change*, 104: 89–111.

Hardoy, J. and Pandiella, G. (2009) Urban poverty and vulnerability to climate change in Latin America, *Environment and Urbanization*, 21: 203–24.

Hardoy, J. and Romero-Lankao, P. (2011) Latin American cities and climate change: challenges and options to mitigation and adaptation responses, *Current Opinion in Environmental Sustainability*, 3: 1–6.

Hargreaves, T., Burgess, J. and Nye, M. (2010) Making energy visible: a qualitative field study of how householders interact with feedback from smart energy monitors, *Energy Policy*, 38(10): 6111–19.

Harries, T. and Penning-Rowsell, E. (2011) Victim pressure, institutional inertia and climate change adaptation, *Global Environmental Change*, 21: 188–97.

Hegger, D. L. T., Van Vliet, J. and Van Vliet, B. J. M. (2007) Niche management and its contribution to regime change: the case of innovation in sanitation, *Technology Analysis & Strategic Management*, 19(6): 729–46.

Hillmar-Pegram, K. C., Howe, P. D., Greenberg, H. and Yarnal, B. (2011) A geographic approach to facilitating local climate governance: from emissions inventories to mitigation planning, *Applied Geography*, 34: 76–85.

Hobson, K. and Neimeyer, S. (2011) Public responses to climate change: the role of deliberation in building, *Global Environmental Change*, 21: 957–71.

Hodson, M. and Marvin, S. (2009) 'Urban ecological security': a new urban paradigm? *International Journal of Urban and Regional Research*, 33(1): 193–215.

Hodson, M. and Marvin, S. (2010) *World Cities and Climate Change: Producing Urban Ecological Security*. Open University Press, Milton Keynes.

Hoffman, M. (2009) *Experimenting with Climate Governance*. 2009 Conference on the Human Dimensions of Global Environmental Change – Earth System Governance: People, Places and the Planet, Amsterdam.

Hoffmann, M. J. (2011) *Climate Governance at the Crossroads: Experimenting with a Global Response after Kyoto*. Oxford University Press, Oxford.

Holgate, C. (2007) Factors and actors in climate change mitigation: a tale of two South African cities. *Local Environment*, 12(5): 471–84.

Hommels, A. (2005). Studying Obduracy in the City: Toward a Productive Fusion between Technology Studies and Urban Studies, *Science, Technology & Human Values*, 30: 323–51.

Hoornweg, D., Sugar, L. and Gomez, C. L. T. (2011) Cities and greenhouse gas emissions: moving forward, *Environment and Urbanization*, 23(1): 207–27.

Hulme, M. (2009) *Why We Disagree About Climate Change*. Cambridge University Press, Cambridge.

Hunt, A. and Watkiss, P. (2011) Climate change impacts and adaptation in cities: a review of the literature, *Climatic Change*, 104: 13–49.

Huq, S., Kovats, S., Reid, H. and Satterthwaite, D. (2007) Reducing risks to cities from disasters and climate change, *Environment and Urbanization*, 19(3): 3–15.

ICLEI (1997) *Local Government Implementation of Climate Protection: Report to the United Nations*. International Council for Local Environmental Initiatives, Toronto.

ICLEI (2006) *ICLEI International Progress Report – Cities for Climate Protection*. ICLEI, Oakland.

ICLEI Australia (2008) *Local Government Action on Climate Change: Measures Evaluation Report 2008*. Australian Government Department of Environment, Water, Heritage and the Arts and ICLEI, Melbourne, Australia. Online: http://www.iclei.org/fileadmin/user_upload/documents/Global/Progams/CCP/CCP_Reports/ICLEI_CCP_Australia_2008.pdf

ICLEI Australia (2009) CCP Australia December 2008–January 2009. Online: www.iclei.org/index.php?id=9264#c34751 (accessed January 2012).

ICLEI (2009) *International Local Government GHG Emissions Analysis Protocol Version 1.0 (October 2009)*. Online: www.iclei.org/index.php?id=ghgprotocol

ICLEI (2011) *Global Standard on Cities Greenhouse Gas Emissions – C40 and ICLEI MoU*. Online: www.iclei.org/index.php?id=1487&tx_ttnewsper cent5Btt_newsper cent5D=4643&tx_ttnewsper cent5BbackPidper cent5D=983&cHash=712a8184bb

ICLEI (2012) *The Five Milestone Process*. Online: www.iclei.org/index.php?id=810 (accessed January 2012).

IPCC (2007a) Synthesis report: summary for policy-makers 1. Online: www.ipcc.ch/publications_and_data/ar4/syr/en/spms1.html (accessed January 2012).

IPCC (2007b) *Climate Change 2007: Working Group III: Mitigation of Climate Change – Glossary E-I*. Online: www.ipcc.ch/publications_and_data/ar4/wg3/en/annex1-ensglossary-e-i.html (accessed January 2012).

IPCC (2007c) Synthesis report: summary for policy-makers 2. Online: www.ipcc.ch/publications_and_data/ar4/syr/en/spms2.html (accessed January 2012).

IPCC (2007d) Synthesis report: summary for policy-makers 3. Online: www.ipcc.ch/publications_and_data/ar4/syr/en/spms3.html (accessed January 2012).

IPCC (2007e) *Climate Change 2007: Working Group II: Impacts, Adaptation and Vulnerability – Glossary A-D*. Online: www.ipcc.ch/publications_and_data/ar4/wg2/en/annexessglossary-a-d.html (accessed January 2012).

IPCC (2007f) *Climate Change 2007: Working Group II: Impacts, Adaptation and Vulnerability – Glossary P-Z*. Online: www.ipcc.ch/publications_and_data/ar4/

wg2/en/annexessglossary-p-z.html

International Energy Agency (2008) *World Energy Outlook 2008*. International Energy Agency, Paris.

International Energy Agency (2009) *Cities, Towns and Renewable Energy: Yes in My Front Yard*. IEA, Paris.

Jackson, B., Lee-Woolf, C., Higginson, F., Wallace, J. and Agathou, N. (2009) *Strategies for reducing the climate impacts of red meat/dairy consumption in the UK*. WWF/Imperial College London, London. Online: http://assets.wwf.org.uk/downloads/imperialwwf_report.pdf (accessed January 2012).

Jessup, B. and Mercer, D. (2001) Energy policy in Australia: a comparison of environmental considerations in New South Wales and Victoria, *Australian Geographer*, 32(1): 7–28.

Jollands, N. (2008) *Cities and Energy: A Discussion Paper*. OECD International Conference on Competitive Cities and Climate Change. OECD, Milan.

Jones, L. and Boyd, E. (2011) Exploring social barriers to adaptation: insights from Western Nepal, *Global Environmental Change*, 21: 1262–74.

Joss, S. (2010) Ecocities: a global survey, *WIT Transactions on Ecology and The Environment*, 129: 239–50.

Karl, T. R., Melillo, J. M. and Peterson, T. C. (Eds) (2009) *Global Climate Change Impacts in the United States*. Cambridge University Press, New York.

Kennedy, C., Pinsetl, S. and Bunje, P. (2010) The study of urban metabolism and its applications to urban planning and design, *Environmental Pollution*, 159: 1965–73.

Kern, K. and Bulkeley, H. (2009) Cities, Europeanization and multi-level governance: governing climate change through transnational municipal networks, *Journal of Common Market Studies*, 47: 309–32.

Kiithia, J. (2011) Climate change risk responses in East African cities: need, barriers and opportunities, *Current Opinion in Environmental Sustainability*, 3: 1–5.

Kingdon, R. W. (1984) *Agenda, Alternatives and Public Policies*. Longman, London.

Kirshen, P., Ruth, M. and Anderson, W. (2008) Interdependencies of urban climate change impacts and adaptation strategies: a case study of Metropolitan Boston USA, *Climatic Change*, 86: 105–22.

Koehn, P. H. (2008) Underneath Kyoto: emerging subnational government initiatives and incipient issue-bundling opportunities in China and the United States, *Global Environmental Politics*, 8(1): 53–77.

Krause, R. M. (2011) Symbolic or substantive policy? Measuring the extent of local commitment to climate protection, *Environment and Planning C: Government and Policy*, 29(1): 46–62.

Lambright, W. H., Chagnon, S. A. and Harvey, L. D. D. (1996) Urban reactions to the global warming issue: agenda setting in Toronto and Chicago, *Climatic*

Change, 34: 463–78.

Lasco, R., Lebel, L., Sari, A., Mitra, A. P., Tri, N. H. (Eds) (2007) *Integrating Carbon Management Into Development Strategies of Cities – Establishing a Network of Case Studies of Urbanisation in Asia Pacific*. Final Report for the APN project 2004–07-CMY-Lasco.

Laukkonen, J., Blanco, P. K., Lenhart, J., Keiner, M., Cavric, B. and Kinuthia-Njenga, C. (2009) Combining climate change adaptation and mitigation measures at the local level, *Habitat International*, 33: 287–92.

Leach, R. and Percy-Smith, J. (2001) *Local governance in Britain*. Palgrave Macmillan, London.

Lebel, L., Huaisai, D., Totrakool, D., Manuta, J. and Garden, P. (2007) A carbon's eye view of urbanization in Chiang Mai: improving local air quality and global climate protection, in Lasco, R., Lebel, L., Sari, A., Mitra, A. P., Tri, N. H. *et al.* (Eds) *Integrating Carbon Management Into Development Strategies of Cities – Establishing a Network of Case Studies of Urbanisation in Asia Pacific*. Final Report for the APN project 2004–07-CMY-Lasco, pp. 98–124.

Leichenko, R. (2011) Climate change and urban resilience, *Current Opinion in Environmental Sustainability*, 3: 164–8.

Levine, S., Ludi, E. and Jones, L. (2011) *Rethinking Support for Adaptive Capacity to Climate Change*. Overseas Development Institute, London. Online: http://policy-practice.oxfam.org.uk/publications/rethinking-support-for-adaptive-capacity-to-climate-change-198311 (accessed January 2012).

Li, J. (2011) Decoupling urban transport from GHG emissions in Indian cities – a critical review and perspectives, *Energy Policy*, 39: 3503–14.

de Loë, R., Kreutzwiser, R. and Moraru, L. (2001) Adaptation options for the near term: climate change and the Canadian water sector, *Global Environmental Change*, 11: 231–45.

LogiCity (2012) Introduction. Online: www.logicity.co.uk/ (accessed January 2012).

London Climate Change Agency (2007) *Moving London Towards a Sustainable Low-Carbon City: An Implementation Strategy*. London Climate Change Agency, London, June.

London Development Agency (2012) *Low Carbon Economy*. Online: www.lda.gov.uk/our-work/low-carbon-future/low-carbon-economy/index.aspx (accessed February 2012).

López-Marrero, T. and Tschakert, P. (2011) From theory to practice: building more resilient communities in flood-prone areas, *Environment and Urbanization*, 23(1): 229–49.

Lovelock, J. (2009) *The Vanishing Face of Gaia: A Final Warning*. Allen Lane, London.

Low Carbon Trust (2012) Low Carbon Trust. Online: www.lowcarbon.co.uk/home

Liu, J. and Deng, X. (2011) Impacts and mitigation on climate change in Chinese cities, *Current Opinion in Environmental Sustainability*, 3: 1–5.

Lynas, M. (2004) *Six Degrees: Our Future on a Hotter Planet*. Harper Perennial, London.

McEwan, I. (2010) *Solar*. Jonathan Cape, London.

McGranahan, G., Deborah Balk and Bridget Anderson (2007) The rising tide: assessing the risks of climate change and human settlements in the low elevation coastal zone, *Environment and Urbanization*, 19: 17–37.

McKibben, B. (2011) *Eaarth: Making a Life on a Tough New Planet*. St Martin's Griffin, New York.

Manuel-Navarrete, D., Pelling, M. and Redclift, M. (2011) Critical adaptation to hurricanes in the Mexican Caribbean: development visions, governance structures, and coping strategies, *Global Environmental Change*, 21: 249–58.

Measham, T. G., Preston, B. L., Smith, T. F., Brooke, C., Gorddard, R., Withycombe, G. and Morrison, C. (2011) Adapting to climate change through local municipal planning: barriers and challenges, *Mitigation and Adaptation Strategies for Global Change*, 16: 889–909.

Moreland Solar City (2011) Energy Hub. Online: www.morelandsolarcity.org.au/our-programs/energy-hub (accessed January 2012).

Moser, S. C., Kasperson, R. E., Yohe, G. and Agyeman, J. (2008) Adaptation to climate change in the Northeast United States: opportunities, processes and constraints, *Mitigation and Adaptation Strategies for Global Change*, 13: 643–59.

NAGA (2006) Northern Alliance for Greenhouse Action Strategic Plan. NAGA, Melbourne.

NAGA (2008) Towards zero net emissions in the NAGA region. NAGA, Melbourne, December.

Neuhäuser, A. (2010) *KWK Modellstadt Berlin – Energy Efficiency in Energy Consumption*. Online: www.kwk-modellstadt-berlin.de/media/file/95.Achim-Neuh%E4user-Berlin-Energy-Agency.pdf

NCC (2012) City consumption. Online: www.newcastle.nsw.gov.au/environment/climate_cam/climatecam (accessed January 2012).

Newman, P. and Kenworthy, J. (1999) *Sustainability and Cities: Overcoming Automobile Dependence*. Island Press, Washington DC.

Nickson, A. (2011) Cities and climate change: adaptation in London, UK, case study prepared for *Cities and Climate Change, Global Report on Human Settlements*. Online: www.unhabitat.org/downloads/docs/GRHS2011/GRHS2011CaseStudy Chapter06London.pdf (accessed January 2012).

North, P. J. (2010) Eco-localisation as a progressive response to peak oil and climate change – a sympathetic critique, *Geoforum*, 41(4): 585–94.

Owens, S. (1992) Energy, environmental sustainability, and land-use planning, in Breheny, M. (Ed.) *Sustainable Development and Urban Form*, Pion, London, pp. 79–105.

Oxford is My World (2012) Welcome to Oxford is My World. Online: www.oxfordismyworld.org/ (accessed January 2012).

Padeco (2010) *Cities and Climate Change Mitigation: Case Study on Tokyo's Emissions Trading System*. World Bank, Washington DC.

Paterson, M. (1996) *Global Warming and Global Politics*. Routledge, London.

Paterson, M. (2007) *Automobile Politics: Ecology and Cultural Political Economy*. Cambridge University Press, Cambridge.

Pearce, F. (2009) Greenwash: the dream of the first eco-city was built on a fiction, *The Guardian*, 23 April.

Pelling, M. (2011a) *Adaptation to Climate Change: From Resilience to Transformation*. Taylor & Francis Books, London.

Pelling, M. (2011b) Urban governance and disaster risk reduction in the Caribbean: the experiences of Oxfam, GB, *Environment and Urbanization*, 23(2): 383–400.

Pew Centre (2011) *Adaptation Planning – What US States and Localities Are Planning*. Pew Centre, Washington DC.

Pickerill, J. (2010) Building liveable cities: low impact developments as low carbon solutions? in Bulkeley, H., Castán Broto, V., Hodson, M. and Marvin, S. *Cities and Low Carbon Transitions*. Routledge, pp. 178–97.

Pitt, D. R. (2010) The impact of internal and external characteristics on the adoption of climate mitigation policies by US municipalities, *Environmental and Planning C: Government and Policy*, 28(5): 851–71.

Prefeitura Do Município De São Paulo (2009) Lei 14.933 de 5 de Junho de 2009. São Paulo.

Prefeitura Do Município De São Paulo (2011) Diretrizes para o Plano de Ação da Cidade de São Paulo para Mitigação e Adaptação às Mudanças Climáticas. São Paulo.

Project Dirt (2012) Transition Towns. Online: http://projectdirt.com/page/transition-towns

Puppim de Oliveira, J. (2009) The implementation of climate change related policies at the subnational level: an analysis of three countries, *Habitat International*, 33(3): 253–9.

Qi, Y., Ma, L., Zhang, H. and Li, H. (2008) Translating a global issue into local priority: China's local government response to climate change, *Journal of Environment and Development*, 17(4): 379–400.

Ranger, N., Hallegatte, S. *et al.* (2011) An assessment of the potential impact of climate change on flood risk in Mumbai, *Climate Change*, 104: 139–67.

Raven, R. (2007) Niche accumulation and hybridization strategies in transition processes towards a sustainable energy system: An assessment of differences and pitfalls, *Energy Policy*, 35: 2390–400.

Rawlani, A. K. and Sovacool, B. K. (2011) Building responsiveness to climate change through community based adaptation in Bangladesh, *Mitigation and*

Adaptation Strategies for Global Change, 16: 845–63.
Revi, A. (2008) Climate change risk: an adaptation and mitigation agenda for Indian cities, *Environment and Urbanization*, 20(1): 207–29.
Roberts, D. (2010) Prioritizing climate change adaptation and local level resilience in Durban, South Africa, *Environment and Urbanization*, 22(2): 397–413.
Robinson, P. and Gore, C. (2011) *The spaces in between: a comparative analysis of municipal climate governance and action*. Paper presented at the American Political Science Association, Annual Conference, 1–4 September, Seattle, WA.
Romero-Lankao, P. (2007) How do local governments in Mexico City manage global warming? *Local Environment*, 12(5): 519–35.
Romero-Lankao, P. (2010) Water in Mexico City: what will climate change bring to its history of water-related hazards and vulnerabilities? *Environment and Urbanization*, 22(1): 157–78.
Rosenzweig, C., Major, D. C., Demong, K., Stanton, C., Horton, R. and Stults, M. (2007) Managing climate change risks in New York City's water system: assessment and adaptation planning, *Mitigation and Adaptation Strategies for Global Change*, 12: 1391–409.
Rosenzweig, C., Solecki, B., Hammer, S. and Mehrota, S. (2011) *Climate Change and Cities: First Assessment Report of the Urban Climate Change Research Network*. Cambridge University Press, Cambridge.
Rosenzweig, C. and Solecki, W. (2010) Introduction to 'Climate change adaptation in New York City: building a risk management response'. Ann. New York Acad. Sci., 1196, 13–18.
Rutland, T. and Aylett, A. (2008) The work of policy: actor networks, governmentality, and local action on climate change in Portland, Oregon, *Environment and Planning D: Society and Space*, 26(4): 627–46.
Sanchez-Rodriguez, R., Fragkias, M. and Solecki, W. (2008) *Urban Responses to Climate Change a Focus on the Americas: A Workshop Report*. International Workshop Urban Responses to Climate Change, New York City.
Sari, A. (2007) Carbon and the city: carbon pathways and decarbonization opportunities in Greater Jaxarta, Indonesia, in Lasco, R., Lebel, L., Sari, A., Mitra, P., Tri, N. H., Ling, O. G. and Contreras, A. (Eds) *Integrating Carbon Management Into Development Strategies of Cities: Establishing a Network of Case Studies of Urbanization in Asia Pacific*. Final Report for the APN project 2004–07, CMY, Lasco, pp. 125–51.
Satterthwaite D. (2008a) Cities' contribution to global warming: notes on the allocation of greenhouse gas emissions, *Environment and Urbanization*, 20(2): 539–49.
Satterthwaite, D. (2008b) *Climate Change and Urbanization: Effects and Implications for Urban Governance*. United Nations Expert Group Meeting on Population Distribution, Urbanization, Internal Migration and Development, UN/POP/EGM-

URB/2008/16.

Satterthwaite, D. (2011) Editorial: why is community action needed for disaster risk reduction and climate change adaptation? *Environment and Urbanization*, 23(2): 339–49.

Satterthwaite, D., Huq, S., Pelling, M., Reid, H. and Romero-Lankao, P. (2008) *Adapting to Climate Change in Urban Areas: The Possibilities and Constraints in Low- and Middle-Income Nations*. IIED, London.

Schreurs, M. A. (2008) From the bottom up: local and subnational climate change politics, *Journal of Environment and Development*, 17(4): 343–55.

Scott, M., Gupta, S., Jáuregui, E., Nwafor, J., Satterthwaite, D., Wanasinghe, Y. A. D. S.,Wilbanks, T., Yoshino, M., Kelkar, U., Mortsch, L. and Skea, J. (2001) Human settlements, energy, and industry. Climate change 2001: impacts, adaptation, and vulnerability, in McCarthy, J. J., Canziani, O. F., Leary, N. A., Dokken, D. J., White, K. S. (Eds) *Contribution of Working Group II to the Third Assessment Report of the Intergovernmental Panel on Climate Change*. Cambridge University Press, Cambridge, pp. 381–416.

Seelig, S. (2011) A master plan for low carbon and resilient housing: the 35 ha area in Hashtgerd New Town, Iran, *Cities*, 28: 545–56.

Setzer J. (2009) *Subnational and transnational climate change governance: evidence from the state and city of São Paulo, Brazil*. Paper presented at the Fifth World Bank Urban Research Symposium: Cities and Climate Change – Responding to an Urgent Agenda, Marseille.

Seyfang, G. (2009) *The New Economics of Sustainable Consumption: Seeds of Change*. Palgrave Macmillan, Basingstoke.

Seyfang, G. and Smith, A. (2007) Grassroots innovations for sustainable development: Towards a new research and policy agenda, *Environmental Politics*, 16: 584–603.

Sharmer, D. and Tomar, S. (2010) Mainstreaming climate change adaptation in Indian cities, *Environment and Urbanization*, 22(2): 451–65.

Short, J., Dender, K. V. and Crist, P. (2008) Transport policy and climate change, in Sperling, D. and Cannon, J. S. (Eds) *Reducing Climate Impacts in the Transportation Sector*. Springer-Verlag, New York, pp. 35–48.

Shove, E. (2003) *Comfort, Cleanliness and Convenience: The Social Organization of Normality*. Berg, Oxford.

Shove, E. (2010) Beyond the ABC: climate change policy and theories of social change, *Environment and Planning A*, 42(6): 1273–85.

Smith, A. (2007) Translating sustainabilities between green niches and socio-technical regimes, *Technology Analysis and Strategic Management*, 19: 427–50.

Smith, A. (2010) Community-led urban transitions and resilience: performing Transition Towns in a city, in Bulkeley, H., Castán Broto, V., Hodson, M. and Marvin, S. (Eds) *Cities and Low Carbon Transition*. Routledge, Abingdon and

New York, pp. 159–77.
Smith, A., Voß, J.-P. and Grin, J. (2010) Innovation studies and sustainability transitions: the allure of the multi-level perspective and its challenges, *Research Policy*, 39: 435–48.
Solar American Cities (2011) *Boston Massachusetts*. Online: www.solaramericacities.energy.gov/Cities.aspx?City=Boston (accessed February 2012).
Solar American Cities (2012) About. Online: http://solaramericacommunities.energy.gov/about/ (accessed February 2012).
Solecki, W., Leichenko, R. and O'Brien, K. (2011) Climate change adaptation strategies and disaster risk reduction in cities: connections, contentions, and synergies, *Current Opinion in Environmental Sustainability*, 3: 135–41.
Source London (2012) *Source London*. Online: https://www.sourcelondon.net/Scope I.
SouthSouthNorth (2011) *Project Portfolio and Reports*. Online: www.southsouthnorth.org/ (accessed March 2011).
State of Victoria (2005) *Victorian Greenhouse Strategy Action Plan Update*. The State of Victoria Department of Sustainability and Environment, Melbourne.
Stern, N., Peters, S., Bakhshi, V., Bowen, A., Cameron, C., Catovsky, S., Crane, D., Cruickshank, S., Dietz, S., Edmonson, N., Garbett, S.-L., Hamid, L., Hoffman, G., Ingram, D., Jones, B., Patmore, N., Radcliffe, H., Sathiyarajah, R., Stock, M., Taylor, C., Vernon, T., Wanjie, H. and Zenghelis, D. (2006) *Stern Review: The Economics of Climate Change*. HM Treasury, London.
Sugiyama, N. and Takeuchi, T. (2008) Local policies for climate change in Japan, *Journal of Environment and Development*, 17(4): 424–41.
Swyngedouw, E. (2009) The antinomies of the postpolitical city: in search of a democratic politics of environmental production, *International Journal of Urban and Regional Research*, 33(3): 601–20.
Sydney Olympic Park Authority (2012) Water and catchments. Online: www.sopa.nsw.gov.au/our_park/environment/water (accessed January 2012).
The California Energy Commission (2012) Cool Roofs and Title 24. Online: www.energy.ca.gov/title24/coolroofs/ (accessed January 2012).
The Carbon Trust (2012) Organizational carbon footprints. Online: www.carbontrust.co.uk/cut-carbon-reduce-costs/calculate/carbon-footprinting/pages/organisation-carbon-footprint.aspx (accessed January 2012).
The Climate Group (2011) City partnerships. Online: www.theclimategroup.org/programs/city-partnerships/ (accessed January 2012).
TMG (2008) Tokyo's proposals on nationwide introduction of cap-and-trade program in Japan, Tokyo Metropolitan Government, Tokyo.
TMG (2009) Tokyo cap-and-trade program: Tokyo ETS. Tokyo Workshop 2009 on Urban Cap & Trade Towards a Low Carbon Metropolis, Tokyo.
Tompkins, E. L., Adger, W. L., Boyd, E., Nicholson-Cole, S., Weatherhead, K. and Arnell, N. (2010) Observed adaptation to climate change: UK evidence of transition

to a well-adapting society, *Global Environmental Change*, 20: 627–35.

Toronto Environment Office (2008) *Ahead of the Storm: Preparing Toronto for Climate Change*. City of Toronto. Online: www.toronto.ca/teo/pdf/ahead_of_the_storm.pdf

Toronto People's Assembly on Climate Justice (2011) People's Assembly on Climate Justice: Earth Day 2011. Online: http://torontopeoplesassembly.wordpress.com/assemblies/earth-day-2011/(accessed January 2012).

Toronto People's Assembly on Climate Justice (2012) People's Assembly on Climate Justice: about. http://torontopeoplesassembly.wordpress.com/about/ (accessed January 2012).

Transition Town Brixton (2011a) About transition? Online: www.transitiontownbrixton.org/?s=About+transition&submit=Search (accessed March 2011).

Transition Town Brixton (2011b) Buildings and energy. Online: www.transitiontownbrixton.org/category/groups/buildingsandenergy/ (accessed March 2011).

Transition Town Network (2012) What is a transition initiative? Online: www.transitionnetwork.org/support/what-transition-initiative (accessed January 2012).

UNFCCC (n.d.) Convention text. Online: http://unfccc.int/files/essential_background/background_publications_htmlpdf/application/pdf/conveng.pdf (accessed January 2012).

UNFCCC (1992) *United Nations Framework Convention on Climate Change*. United Nations, New York.

UN-Habitat (2008) *State of the World's Cities 2008/2009 – Harmonious Cities*. Earthscan, London and Sterling, VA.

UN-Habitat (2009) *Planning Sustainable Cities: Global Report on Human Settlements 2009*. Earthscan, London.

UN-Habitat (2011) *Global Report on Human Settlements: Cities and Climate Change*. UN-Habitat, Nairobi, Kenya.

Union of Concerned Scientists (2008) *Climate Change in Pennsylvania: Impacts and Solutions for the Keystone State*. Union of Concerned Scientists, Cambridge, MA, 54 pp. Online: www.northeastclimateimpacts.org/ (accessed January 2012).

Urry, J. (2011) *Climate Change and Society*. Polity Press, Cambridge.

van Vliet, B., Chappells, H. and Shove, E. (2005) *Infrastructures of Consumption: Environmental Innovation in the Utility*. Earthscan, London.

While, A., Jonas, A. E. G. and Gibbs, D. (2010) From sustainable development to carbon control: eco-state restructuring and the politics of urban and regional development, *Transactions of the Institute of British Geographers*, 35: 76–93.

Wilbanks, T. J., Romero-Lankao, P., Bao, M., Berkhout, F., Cairncross, S., Ceron, J. P., Kapshe, M., Muir-Wood, R. and Zapata-Marti, R. (2007) Industry, settlement and society, in Parry, M. L., Canziani, O. F., Palutikof, J. P., van der Linden, P. J. and Hansen, C. E. (Eds) *Climate Change 2007: Impacts, Adaptation and Vulnerability*. Contribution of Working Group II to the Fourth Assessment Report of the Intergovernmental Panel on Climate Change, Cambridge University Press, Cambridge, pp. 357–90.

Willis, R., Webb, M. and Wilsdon, J. (2007) *The Disrupters: Lessons for Low-Carbon Innovation From the New Wave of Environmental Pioneers*. National Endowment for Science, Technology and the Arts, London.

Wilson, E. and Piper, J. (2010) *Spatial Planning and Climate Change*. Routledge, Abingdon.

Wolf, J., Adger, W. N., Lorenzoni, I., Abrahamson, V. and Raine, R. (2010) Social capital, individual responses to heat waves and climate change adaptation: an empirical study of two UK cities, *Global Environmental Change*, 20: 44–52.

Wollmann, H. (2004) Local government reforms in Great Britain, Sweden, Germany and France: between multi-function and single purpose authorities, *Local Government Studies*, 30(4): 639–65.

World Bank (2010) *Cities and Climate Change: an Urgent Agenda*. World Bank, Washington DC.

Worldmapper (2012) Greenhouse gases. Online: www.worldmapper.org/display.php?selected=299 (accessed January 2012).

WWF Hong Kong (2012) Climateers. Online: www.climateers.org/eng/contents/ (accessed January 2012).

Yardley, J., Sigal, R. J. and Kenny, G. P. (2011) Heat health planning: the importance of social and community factors, *Global Environmental Change*, 21: 670–9.

Zahran, S., Brody, S. D., Vedlitz, A., Grover, H. and Miller, C. (2008) Vulnerability and capacity: explaining local commitment to climate-change policy, *Environment and Planning C: Government and Policy*, 26: 544–62.

Zimmerman, R. and Faris, C. (2011) Climate change mitigation and adaptation in North American Cities, *Current Opinion in Environmental Sustainability*, 3: 181–7.

索引

数字系原版书页码，在本书中为页边码。
斜体页码系数字和表格页码；粗体页码表示插栏页码

Accra (Ghana) 阿克拉（加纳）**161**

Action Aid 行动救援 27

adaptation 适应 15, 37—38, 80, 93, 104, 142—189, 226;

and built environment *see* built environment and adaptation; and co-benefits 建筑环境参见建筑环境和适应；共同利益 *182,* 185—186;

community-based *see* community-based adaptation; and coping *see* coping strategies; deficit
以社区为基础见以社区为基础的适应策略；应对参见应对策略；财政赤字 146, 150—151;

defined/types of 定义 / 类型 144—150, **145**;

in developed countries 在发达国家 151;

drivers/barriers for 驱动 / 障碍 179—188, *181—183;*

efficacy/limits of 效力 / 限制 144, 150;

further reading/resources on 延伸阅读 / 资源 188—189;

future for 未来 187—188;

implementation of 实施 159;

and informal settlements 非正式居住区 160, 168, 170, *181,* 184;

and infrastructure *see* infrastructure; institutional factors in 基础设施参见基础设施；制度因素 179, 180—184, *181,* 192;

and knowledge/data 知识 / 数据 152—153, 160—161, 164;

levels of 水平 148, 149;

low-/middle- income countries and 低收入 / 中等收入国家 19, 27, 80—82, 150—151, 152—153, 158, 160—162, 217;

mal- 坏的，负面的 *183,* 186—187;

and mitigation, compared 减缓 / 比较 185—186, 187;

and modes of governance 治理模式 164, 179, 184;

neglect of 忽视 143, 163;

new models of 新模式 190;

Philadelphia case study 费城案例研究 154—158;

policy/planning, development of 政策 / 计划，发展 150—164;

political factors in 政治因素 179, *182—183,* 184—186;
and poverty 贫穷 155, 158, 159—163, 167;
and resilience *see* resilience; and risk/disaster 弹性参见弹性；风险 / 灾难 142, 146, 151, 152—154, 164—167, 179;
role of municipal authorities in 城市政府的作用 151—152;
sociotechnical factors in 社会技术因素 179, *183,* 186—187, 188;
transitional/ transformational 过渡 / 转型 15, 148, *149,* 150, 159, 187, 188;
and uncertainty 不确定性 142—143;
and urban development 城市发展 167—171, 179, *181—183;*
and urban diversity 城市多样性 150—151;
and vulnerability 脆弱性 144, 146, 160, 188, 230—232
adaptive capacity 适应能力 71, 146, 148, 164, 168, 171, 176, 178, 180, 186, 188, 231—232, 236
additionality 额外性 55, 109
Aecom 一家美国工程咨询公司 82
Africa 非洲 *3,* 27, 34, 80, **161**
age factor 年龄因子 35, **39**, 42, 39, *41,* 66
air conditioning 空气调节系统 118—119, 121, 123, 124, *139*
air quality/pollution 空气质量 / 污染 32, *33, 41,* 77, 102, 115, 127
airports 飞机场 121
Amazon region 亚马逊地区 75—76
Amman (Jordan) 安曼（约旦）14, 47, 54—58, *56*;
Green Growth Program 绿色增长计划 55—58, *57—58,* 69
Amsterdam (Netherlands) 阿姆斯特丹（荷兰）75, 76, **131**
adaptation 适应 **145**, 151
architects 建筑师 72, 82
Arcosanti (US) 206 亚高山地（美国）206
Argentina 阿根廷 7, 82, 125
art and climate change 艺术和气候变化 10
Arup 阿普鲁 11, 80, 89, 91, 119, 127
Asia 亚洲 3, 7, 29, 34, 76, 78, 103, 132;
see also South Asia Asian Cities Climate Change Resilience Network 另见南亚城市气候变化弹性网格 80
Asian Disaster Preparedness Centre 亚洲防灾中心 167
Australia 澳大利亚 76, 82, 130, 169, 197;
CCP in 城市气候保护行动 78, 85, 86, *88,* 112;
climate change experiments in 气候变化试验 207, *208,* 216;
climate change impacts in 气候变化的影响 *3;*
mitigation in 减缓 112, 135;
see also Melbourne; Newcastle awareness raising 另见墨尔本；纽卡斯尔意识提高 *95, 96,* **111**, 150, 172

Bali Conference (2007) 巴厘岛会议（2007) 91
Bangalore (India) 班加罗尔（印度）206
Bangladesh 孟加拉国 38, **39**, 165—167, 170—171
Baoding (China) 保定（中国）122
Barcelona (Spain) 巴塞罗那（西班牙）123, 128
Bartlett, Sheridan 谢里丹・巴特利特 39—40

Beijing (China) 北京（中国）129
Berlin (Germany) 柏林（德国）76, 128, 129
Besancon (France) 贝桑松（法国）76
Bhubaneswar (India) 布巴内斯瓦尔（印度）**79**
bicycles 自行车 127, 128
BioCarbon Fund 生物碳基金 54
biodiversity 生物多样性 3, 36
biofuels 生物燃料 63, 115, **124**, 127—128
Bloomberg, Mayor Michael 市长迈克尔·彭博 111
Bogota (Colombia) 波哥大（哥伦比亚）127, 129
Boston (US) 波士顿（美国）24, 32, 153
Boulder (US) 博尔德（美国）**131**
Brazil 巴西 6, 82, 125, 127, 129;
  see also Sao Paulo 另见圣保罗
Brighton (UK) 布莱顿（英国）224
Britain (UK) 英国 40—42, 52, 65—66, 135, 197, 206;
  building standards in 建筑标准 171—173;
  climate change experiments in 气候变化试验 197, *206,* 211, 216, 224;
  climate change governance in 气候变化治理 74;
  coastal management in 海岸管理 168—169;
  GHG emissions targets in 温室气体排放目标 106;
  planning authorities in 规划当局 120;
  Stern Review (2006)《斯特恩报告》（2006）7;
  Transition Towns in *see* Transition Towns movement; *see also* London; Manchester; Nottingham 转型城镇参见转型城镇运动；另见伦敦；曼彻斯特；诺丁汉
Brixton LCZ (Low Carbon Zone, London) 布里克斯顿低碳区 218—222, *221*
bromine compounds 溴化物 **2**
BRT (bus rapid transit) systems（快速公交系统）114, 115, 127
Brussels (Belgium) 布鲁塞尔（比利时）128
Buenos Aires (Argentina) 布宜诺斯艾利斯（阿根廷）7, 125
building codes 建筑规范 9, 72, 84, 86, 93, 103, 123, 171—173, 180
building materials 建筑材料 52, 119, 224
built environment and adaptation 建筑环境和适应 171—176, 179, 181—183, 198;
  informal practices 非正式运作 175—176;
  resilience of buildings 建筑弹性 171—173;
  surface treatments 表面处理 25, 173;
  water harvesting/recycling 集水 / 水循环 173, **174**, 175
built environment and mitigation 建筑环境和减缓 107, 122—126;
  drivers/barriers in 驱动 / 障碍 132, 133—134;
  energy consumption by 能源消耗 122;
  and energy demand management 能源需求管理 125—126;
  and energy efficiency 能源效率 122—123;
  municipal powers and 政府权力 123;
  retrofitting projects *see* retrofitting 改造项目参见改造
bus rapid transit (BRT) systems 快速公交系统 114, 115, 127
Bush, George W. 乔治·布什 78
business sector 商业部门 1, 6, 41, 72, **99**, 229

C40 Cities Climate Leadership Group C40 城市气候领导小组 45—46, 53, 78—80, 82, 84, 192, 194, 236;
members 成员 81;
and mitigation 减缓 110, 117, 119, 127, 136
Calcutta (India) 加尔各答（印度）7
California (US) 加利福尼亚（美国）173
Canada 加拿大 121, 153, 159, 178; *see also* Toronto 另见多伦多
capacity building 能力建设 55, 76—77, *214*
Cape Town (South Africa) 开普敦（南非）14, 20, 35, 36—38, 38, 153, 169;
hybridized climate change strategy in 混合气候变化战略 217;
mitigation in 减缓 118, 122;
policy responses in 策略 37—38;
vulnerability of 脆弱性 36—37
car owner ship/use 汽车所有权 / 使用权 65, 108, 119, 120, 127, 132, 233
carbon capture and storage 碳捕获和碳储存 109
carbon control 碳控制 83, 130, 191, 198
carbon dioxide (CO_2) 二氧化碳 **2**, 8, *8*, 46, 108, 109, **203**
Carbon Disclosure Project (CDP) 碳披露项目 49, 53, 110, 117
Carbon Finance Capacity Building (CFCB) programme 碳融资能力建设方案 55
carbon finance/market 碳金融 / 市场 47, 52, 54—58, 83, 84;
Amman case study 安曼个案研究 55—58, 69;
and co-benefits/additionality 协同效益 / 额外性 55;
criticisms of 批评 54—55;
emissions trading schemes 排放交易计划 **203—205**;
sectoral approach in 分业种减排方法 55;
strengths/weaknesses of 优势 / 劣势 57
carbon footprint 碳足迹 51—52, 67, 93, 202, 233
carbon monoxide (CO) 一氧化碳 115
Carbon Rationing Action Groups(CRAGs) 碳配给行动小组 223—224
carbon sinks/sequestration 碳汇 / 碳封存 106, 107, 108—109, 121, **172**, 179, 198
Carbon Trust 碳信托 **49**
carbon/emissions intensity 碳 / 排放强度 63, 130
CCP (Cities for Climate Change) programme 城市气候变化行动 47, 75, 76, 77—78, 83, 84, 136;
in Australia 在澳大利亚 78, 85, 86, *88*, 112;
approach and 方法 110, **111**, 112;
in South Asia 在南亚 78, **79**;
Streetlight Management Scheme 路灯管理计划 129;
in US 在美国 156
CCX (Chicago Climate Exchange) 芝加哥气候交易所 **203—205**
CDCF (Community Development Carbon Fund) 社区发展碳基金 54, 55
CDM (Clean Development Mechanism) 清洁发展机制 6, 54, 129, 209
CDP (Carbon Disclosure Project) 碳披露项目 49, 53, 110, 117
CEMR (Council of European Municipalities and Regions) 欧洲城市政府和地区委员会 75
Centre for Alternative Technology (UK) 替代技术中心（英国）224
CFCB (Carbon Finance Capacity Building)

programme 碳融资能力建设计划 55
Chiang Mai (Thailand) 清迈（泰国）51—52, 119—120
Chicago (US) 芝加哥（美国）102, 123, 165, 173, 179
Chicago Climate Exchange (CCX) 芝加哥气候交易所 **203—205**
children 儿童 5, 39—40, *41,* 155
Chile 智利 82
China 中国 6, 60, *60,* 61—62, 63, 82, 127, 129, 132, 135;
low-carbon cities in 低碳城市 121—122; *see also* Shanghai 另见上海
chlorine compounds 氯化物 **2**
CHP (combined heat and power) 热电联产 129
churches 教堂 72
cities 城市 4—5;
central to climate change problem 气候变化的核心问题 4, 7—9, *8;*
future for 将来 235—237;
GHG emissions by 温室气体排放量 7—8, *8*
Cities and Climate Change Initiative (UNHabitat) 城市与气候变化倡议（联合国人居署）80
Cities for Climate Change programme *see* CCP 城市气候变化项目参见城市气候保护行动
Cities and Climate Change (World Bank 2010)《城市与气候变化报告》（世界银行 2010）80
civic capacity 公民能力 84
civil society 公民社会 *8,* 72, **73**, 116, *133,* 192, 199—200, 209, 226
Clean Development Mechanism (CDM) 清洁发展机制 6, 54, 129, 209
climate activism 气候行动 223, 224
Climate Alliance 气候联盟 75—76, 77, 78, 83, 110, 236
climate change: artists'response to 气候变化：艺术响应 10;
controversies surrounding 周围的争议 1;
created by cities 城市创建 7—8, 29—30, 229;
evidence for 证据 1—2;
as global problem 全球性问题 5—6;
growth in science of 科学的增长 5;
as location-specific problem 特定地方的问题 6—7;
and responsibilities 责任 14;
society's lack of engagement with 社会缺乏参与 1, 2;
as urban problem 城市问题 4, 7—9, *8,* 71
climate change experiments 气候变化试验 190—228;
eco-cities 生态城市 15, 121, 192, 206, 226, 235, 236;
emissions trading schemes 排放交易计划 **203—205**;
and enabling governing mode 启用治理模式 193—194, 209;
further reading/resources on 延伸 / 资源 227—228;
future for 未来 226, 234—235;
grass-root *see* grass- roots/bottom-up approach; hybridized 基层参见基层 / 自下而上的方法；融合 215, 216—217;
incremental approach 增量法 192, 194, **204**, 220;
limits/implications 限制 / 影响 213—215, *214;*
literature on 有关文献 195—197;
living laboratories 现场实验室 196—197;

and mainstream responses, compared 主流响应，比较 225；
mapping 绘制 197—200；
niches and 利基 196, 200, 225；
policy innovation 政策创新 15, 192, 201—206, **203—205**, 226, 235；
as reaction to international indecision 国际决定的反应 195；
reconfiguring of social practices 重新配置社会实践 192, 206, 209, 226；
resilience and 弹性 215, 216, 217—223；
sectors/forms/actors in 部门 / 形式 / 行为者 197—200, *199, 200,* 226；
selfgovernance 自治 193—194；
and social justice 社会正义 192, 215, 216—217, 223—224, 225, 226, 235；
social/technical, focus on 社会 / 技术，集中于 198—199, 206；
and sociotechnical regimes 社会技术制度 196；
sustainability and 可持续 215, 223—224, 235；
technical innovations 技术创新 192, 207—212, 226, 235；
three criteria for 三个标准 195—196；
Transition Towns 转型城镇 12—13, 82, 215, 217—223
climate change impacts 气候变化影响 *2—4,* **2**, 6, 14, 20—27, 230—231；
direct/indirect effects 直接影响 / 间接影响 *20, 21;*
financial cost of 经济成本 24—25；
in low-/middle-income countries 在低等 / 中等收入国家 19, 32—35；
positive 积极乐观的 20；
predicting/assessing *see* predicting climate change; on services to cities 预测 / 评估参见预测气候变化；城市服务 22；
variations in 变化 19, 20
Climate Group 气候组织 78, 102, 201, 223
climate justice 气候正义 235—237
climate models 气候模式 23, 25—27；
limitations of 限制 27
Climate Partnership (HSBC) 气候伙伴关系（HSBC）82
Climate Protection Agreement (US) 气候保护协议（美国）78
Climate Summit for Mayors (2009) 市长气候峰会（2009) 9—10
CLIMB (Climate's Long-term Impacts on Metro Boston) study（气候对波士顿地铁的长期影响）研究 32
Clinton Climate Initiative《克林顿气候倡议》78, 156, 201
co-benefits 共同效益 55, 77, *133, 182,* 185—186
coal 煤炭 63, 106
coastal areas 沿海地区 3, 7, *8;*
vulnerability of 脆弱性 20, **23**, 28—29, 36—38；
see also flooding; sea-level rise coastal erosion 另见洪水；海平面上升海岸侵蚀 *21,* 28—29
coastal management 海岸管理 168—169
Coimbatore (India) 哥印拜陀（印度）**79**
CoM (European Covenant of Mayors) 欧盟市长 78, 83
combined heat and power (CHP) 热电联产 129
commercial buildings 商业建筑 7, 122, 230
communities 社区 12—13, 72, 142, 211；
and GHG emissions 温室气体排放 47—48；
and risks/ vulnerabilities 风险 / 脆弱性 28, 36, 39, 169, 231

Community Development Carbon Fund (CDCF) 社区发展碳基金 54, 55
community-based adaptation 社区适应 142, 152, 159—163, 165—167, 187;
Accra case study 阿克拉案例研究 **161**;
Durban case study 德班案例研究 **172**;
experiments in 实验 217—222, 224;
partnerships and 伙伴关系 162—163, 165;
resilience and 弹性 159, **161**, 162
commuting 通勤 49, **49**, 52, 61, 122
compact cities 密集型城市 64, 65, 121
computer games *see* LogiCity 计算机游戏参见 LogiCity
congestion charging 交通拥堵费 93
construction industry *see* building codes; building materials 建筑业参见建筑规范；建筑材料
consumer products/patterns 消费产品 / 消费模式 66—68, 108, 117, 229
cool roofs 冷屋顶 171—173
Copenhagen Summit/Accord (2009) 哥本哈根峰会 / 协议（2009) 6, 9, 106, 223
coping strategies 应对策略 35, 104, 186;
and adaptation 适应 144—146, 178, 179, 231—232;
household 家庭 *41,* 160—161, 171;
traditional/informal 传统的 / 非正式的 150, 160—161, 175—176, 178
Costa Rica 哥斯达黎加 160
Council of European Municipalities and Regions (CEMR) 欧洲市政和地区委员会（CEMR) 75
CRAGs (Carbon Rationing Action Groups) 碳配给行动小组 223—224
cycling 循环 127, 128

dairy supply chain 乳品供应链 67—68, *68*
Dar es Salaam (Tanzania) 达累斯萨拉姆（坦桑尼亚）160, 162, 178
data 数据 49—50, 53, 236;
access to 进入 51—52, 60—61, 98—100, *101,* 112, 152—153;
see also knowledge 另见知识
The Day After Tomorrow (2004 film) 电影《后天》(2004 年）10
deforestation 森林砍伐 109
delta regions 三角洲地区 28—29
demand management 需求管理 125—126, 178
demonstration projects 示范项目 80, 93, 123, 129, 130, 194, 196
Denmark 丹麦 54
developed countries 发达国家 29, **73**, 107, 126, 150—151, 154, 168;
GHG emissions of 温室气体排放 46, 59, 61;
governance in 治理 93, 97
developing countries 发展中国家 6, 8—9, 29, 46;
carbon finance in 碳金融 55;
GHG emissions of 温室气体排放 53, 59, 61—62;
transnational networks in 跨国网络 **79**, 80—82
Dhaka (Bangladesh) 达卡（孟加拉国）38, **39**
disaster response/management 灾害应对 / 管理 150, 164—167, 179
disease 疾病 *21,* **23**, 37, **39**, 40, *41*
district heating systems 区域供热系统 129
Dockside Green (Victoria, Canada) 码头绿地（维多利亚，加拿大）121
Dongtaneco-city (China) 东滩（中国）

121
Dortmund (Germany) 多特蒙德（德国）60, *60*
drainage systems 排水系统 32, 34, 36, 127, 155, 160, 178
drought 旱灾 *3,* 6, 10, 20, *21, 32, 41,* 42, 164, 230
Durban (South Africa) 德班（南非）137, 158—159, **172**, 180, 184, 212

Earthship Brighton (UK) 布赖顿“地球号”（英国）224
eco-cities 生态城市 15, 121, 206, 226, 235, 236
economic development 经济发展 29, 32, 83, 85, 87, 158, 186, 237
economic impact of climate change 气候变化的经济影响 24—25, 28
elderly people 老年人 40—42, 155, 165
electric vehicles 电动车 114—115, 127—128
electricity grid 电网 129—130, **131**
emissions trading schemes 排放交易计划 **203—205**
emissions/carbon intensity 排放 / 碳强度 63, 108, 130
employment 就业 122, 231
Energie Cites 76, 77, 78
energy demand management 能源需求管理 125—126
energy efficiency 能源效率 76, **79**, 86, 114, 118, 122—126, *139;*
and climate change experiments 气候变化试验 211, 212, 216—217, 218;
and demand management 需求管理 125—126;
and retrofitting 改进 123—124;
standards/ regulations 标准 / 规定 123
energy infrastructure 能源基础设施 32, 128—130;
decentralized 地方化 129;
low-carbon 低碳 129—130;
street lighting 街道照明 *58,* **111**, 114, 128—129
energy production 能源生产 11, 61—62, 63—64, 68, 106, 119
energy sector 能源部门 85
energy security 能源安全 77, 129, 130, 208—209
energy use 能源使用 8—9, 11, 20, *21, 22, 33,* 45, *56,* 212;
monitoring 监控 **49**, **50—51**, 125—126;
reducing *see* energy efficiency; and urban form/density 减少参见能源效率；城市形态 / 密度 64—65;
‘value-action’ gap in “价值行动”差距 126
energy vulnerability 能源脆弱性 216
energy-intensive industries 高能耗产业 61—62, 63, 127
environmental justice 环境正义 5, 16
environmental organizations 环境组织 72
Environmental Protection Agency (EPA, US) 国家环境保护局（美国）75
Europe 欧洲 7, *24,* 40, 82, 103, 104, 107, 132, 153, 198;
adaptation in 适应 179, 184;
climate change impacts in 气候变化影响 3;
change networks in 气候变化网络 75—76
European Covenant of Mayors (CoM) 欧洲市长盟约 78, 83
European Union (EU) 欧盟 84, 136, 184
extreme events/weather 极端事件 / 极端

天气 *3,* 19, 20, 23, 36, 40

FCPF (Forest Carbon Partnership Facility) 森林碳合作伙伴关系基金 54
financial sector 金融部门 84
flooding 洪水 *3,* 6, 20, 27, 23, 28—29, 32, *41,* 42, 229, 230;
adaptation and 适应 60, **161**, 168, 169, 170—171, 175—176;
cost of 费用 24;
and poverty 贫困 34—35, 36, **39**;
social impacts of 社会影响 **39**;
variations in vulnerability to 脆弱性的变化 35—38;
see also sea-level rise 另见海平面上升
floodplains 洪泛平原 32—34, 36, *183*
food security 食品安全 *21,* 22, 37, *41, 58,* 158, **172**
food supply 食品供应 52, 67—68, *68,* 121
forestry 林业 56, 171;
urban 城市 25—26, *58,* 108—109, 153;
see also tree planting 另见植树计划
Forward Chicago initiative 芝加哥前进计划 102
fossil fuels 化石燃料 61—62, 63, 106, 108, 115, 119, 130
Frankfurt (Germany) 法兰克福（德国）74, 75
Freiburg (Germany) 弗莱堡（德国）179
Friends of the Earth 地球之友 212
futures, climate-change 未来，气候变化 4, 9—14, *13*;
dystopian 反乌托邦 10, 13;
utopian 乌托邦 11—13

garden cities 田园城市 11, 206
gender 性别 35, 231
Germany 德国 60, *60*, 74, 75, 76, 106, 123, 128, 129, 179, 193
Ghana 加纳 **161**, 162
GHG (greenhouse gas) emissions 温室气体排放 4, 5, 70;
and car ownership 汽车所有权 65;
and climate 气候 64;
confusion in debate over 混乱的辩论 46;
and consumption patterns 消费模式 66—68;
described 描述 **2**;
domestic 国内 64, 65—66;
dynamics/drivers of 动力 / 驱动 63—68;
food supply 食品供应 67—68, 68;
further reading/resources on 延伸阅读 / 资源 70;
measuring/monitoring *see* GHG emissions accounting per capita 测量 / 监测参见温室气体排放量核算；每人 61—62, 62, 63, 69;
reduction, international finance for 减少，国际金融 54, 69;
rise in levels of 上升的水平 2, 106;
sites/processes of 网站 / 进程 46, 47, 48, 49, 52—53, 55, 107, 232—234;
targets/timetables for see GHG emissions targets; and urban diversity 目标 / 时间表参见温室气体排放目标城市多样性 63, 69;
urban emissions of 城市排放 7—8, *8*, 46, 58—63, 60;
and urban form/density 城市形态 / 密度 64—65, 69;
urban responses to 城市应对 47;
and wealthy/poor cities 富裕城市 / 贫穷城市 59, 61, 62—63, 66—67
GHG emissions accounting 温室气体排放

量核算 47—54, 84, 109, 192, 202;
boundaries and 边界 52, 53;
ClimateCam model ClimateCam 模型 50, **50**, *51;*
consumption-based approach to 基于消费的方法 47, 53, 64, 66—68, 69;
and data availability 数据可用性 51—52;
data level in 数据级别 48—50, 52;
integrated approach to 综合方法 53—54;
inventories 清单 47, **48**, 50, 51, 52;
Local Government Emissions Analysis Protocol《国际地方政府温室气体排放分析议定书》47—50, **48**;
production-based approach to 基于生产的方法 47, 52—53, 60, 61, 64—66, 69, 232—233;
and Scope I/II/III emissions 范围 1/ 范围 2/ 范围 3 排放 48—49, **49**;
and sites/processes of emissions 排放的地点 / 过程 46, 47, 48, 49, 51—53, 55, 232—234;
see also carbon Finance 另见碳金融
GHG Emissions Analysis Protocol, Local Government 温室气体排放分析议定书，地方政府 47—50, **48**
GHG emissions inventories 温室气体排放清单 47—51, **48**, 53, 79, 80;
further reading/resources on 延伸阅读 / 资源 70;
and mitigation policies 减排政策 **111**, 114;
urban boundaries 城市边界 52
GHG emissions targets 温室气体排放目标 5—6, 74, 76, 83, 118;
absolute/relative 绝对 / 相对 108;
and mitigation policies 减排政策 106, 111—112, 113;
zero 零 86, 87, *88, 89*
glacial retreat 冰川消融 20—21, **22**
global cities 全球城市 80, 82, 192
Global Cities Institute (Aecom) 全球城市研究所（Aecom 公司）82
Global Cool Cities Alliance 全球城市凉爽联盟 173
Global Report on Human Settlements 2011 (UN-Habitat) 2011 年《全球人类居住区报告》（联合国人居署）80
governance, climate-change 治理，气候变化 14—15, 71—105, 135—136, 190—191;
adaptive 适应 197;
and climate change experiments 气候变化试验 195—197, 198, 201—202, 226;
range of 不同领域 71—72, 82;
drivers of/barriers 驱动 / 障碍 73, 77, 91, 98—104, *101;*
evaluating 评估 82—91;
further reading/resources on 延伸阅读 / 资源 105;
history of 历史 73, 74—91;
institutional factors in 制度因素 98—102, *101,* 192;
international 国际的 54, 72;
leadership in 领导力 86—87, 102;
Melbourne case study 墨尔本案例研究 83, 84, 85—91, *88—89, 90;*
modes of 模式 91—98, *94—95,* 104, 119, 164, 179, 184;
multilevel 多层次的 72—73, 77, 85, 100, 135, 184;
municipal enabling mode 市政扶持模式 *95,* 97, 98, 193—194, 209;
municipal provision mode 市政供应模

式 93, *94*；
municipal regulation mode 市政管理模式 93—97, *94*;
municipal self-governing mode 市政自治模式 92—93, *94;*
municipal voluntarism approach *see* municipal voluntarism; non-state actors in 市政自愿的方式参见市政自愿；非国家行为者 82, *95,* 98;
non-state mobilization mode 非国家行为者动员模式 *96,* 98
partnerships in *see* partnerships; and policy entrepreneurs 伙伴关系参见建立伙伴关系；和政策企业家 87, 102, **103**;
political factors in 政治因素 98, *101,* 102—103;
public-private provision mode 公私供应模式 *95—96,* 98;
regional/national campaigns 区域 / 国家运动 77—78;
resources for 资源 100—102;
and scale 规模 71—72, **73**;
sectoral 部门 72;
self- 自我 193—194, 233;
sociotechnical factors in 社会技术因素 98, 103—104;
'soft' regulation in "软"规定 *95,* 98;
strategic urbanism approach 战略城市化方法 74, 77—82, 83—84, 97—98, 104;
and transitional adaptation 转型适应 148;
transnational networks *see* transnational networks 跨国网络参见跨国网络
grass-roots/bottom-up approach 基层 / 自下而上的方法 11, 50, 142, 184, 196, 215, 220, 225
Great Barrier Reef (Australia) 大堡礁（澳大利亚）*3*
Green Growth Program (Amman) 绿色增长计划（安曼）55—58
green roofs 绿色屋顶 25, *89,* 173, 179
Greenworks Philadelphia 费城绿色工程 156—158
grey water 灰水 130, 173, **174**

Halifax (Canada) 哈利法克斯（加拿大）153
halocarbons 卤代烃 2
Hamburg (Germany) 汉堡（德国）128
Hammarby Sjostad (Sweden) 哈马比斯德（瑞典）130
HCCAS (Headline Climate Change Adaptation Strategy, Durban) 适应气候变化的总体战略 158
health effects of climate change 气候变化对健康的影响 3, 18, 20, 21, 32, *33,* 36, 37, 65, 77, 155;
and adaptation strategies 适应战略 165;
children's 儿童 40;
mental 心理 27, 39, 41
heating/cooling 加热 / 冷却 63, 64, 65, 108, 115—116, 130, 171—173, 176;
CHP/district heating systems 热电联产 / 区域供热系统 129
heatwaves 热浪 3, 19, 21, 23, 25, 29, 40—42, 41, 229;
adaptation and 适应 153, 154—155, 156—157, 164, 165, **166**, 171;
systems 警告系统 165, **166**
Heidelberg (Germany) 海德堡（德国）74
Ho Chi Minh City (Vietnam) 胡志明市（越南）153
Hong Kong 香港 7, 31, 82, 121, 125, 139;
'Power Smart' campaign in "智能功率"活动 212, 213

hospitals 医院 122, 123, **124**
households 家庭 115—116, 123, 125—126, 129, 212, 216—217;
and adaptation 适应 152, 161, 165, 173;
energy demands of 能源需求 64, 65—66
housing 房屋 122, 133, 155, 224;
retrofitting in 改造 125, 157, **174**
Houston (US) 华盛顿（美国）61
HSBC 汇丰银行 82
hybrid vehicles 混合动力车 127—128
hybridized climate change strategy 混合气候变化战略 215, 216—217
hydro-electric power 水力发电 21, *21*, 41, 63
hydrofluorocarbons 氢氟碳化合物 **2**, **203**
hydrogen-powered vehicles 氢动力汽车 127—128

ICLEI (Local Governments for Sustainability) 倡导地方可持续发展国际理事会 47—50, 52, 53—54, 85, 110, 194, 236;
CCP programmes *see* CCP (Cities for Climate Change) programme; and private actors CCP 计划参见 CCP 计划；私人行为者 82
IEA (International Energy Agency) 国际能源署 8, 10—11, 45, 47
India 印度 1, 6, 82, 123, **124**, 180, 206—207;
ICLEI/Solar Cities Programme in ICLEI/太阳能城市计划 **79**, 80;
poverty in 贫穷 160;
see also Mumbai indigenous peoples 另见孟买土著人 75, 163
Indonesia 印度尼西亚 82, 120
industry 工业 62
informal settlements 非正式居住区 32—54, 51, 52, 120, 160, 168, 170, 181, 184;
resettlement of 重新安置 178
infrastructure 基础设施 18, 21, 29, 32, 33, 34—55, **39**, 41, 229;
and adaptation 适应 148, 151, 158, 161, 167, 176—179, 177, 180, 181—183, 188;
and climate-change governance 气候变化治理 76, 92, 93, 95, 103—104;
energy 能源 32, 128—130;
green 绿色 158, 179;
and mitigation 减缓 107, 126—130, **131**, 233;
and mitigation, drivers/barriers in 减缓，驱动 / 障碍 132, *133—134*, 138;
and post-networked urbanism 后联网城市主义 130;
projects 项目 54;
transport *see* transport systems 运输参加运输系统
innovation 创新 9, 11—12, 14, **124**, 187;
policy 政策 15, 192, 201—206, **203—205**;
social 社会的 198— 199, 201;
see also climate change experiments 另见气候变化试验
insulation 隔热材料 103, 155
insurance 保险 24, 84, 169
international community 国际社会 1, 5—6, 14, 83, 106, 143, 195, 209, 237
International Energy Agency (IEA) 国际能源署 8, 10—11, 45, 47
international governance 国际治理 54
IPCC (Intergovernmental Panel on Climate Change) 政府间气候变化专门委员会 **2**, **19**, 28, 148;
Fourth Assessment Report (2007) 第四

次评估报告（2007 年）1—2, 18, 35
Italy 意大利 54, 76, 128

Jakarta (Indonesia) 雅加达（印度尼西亚）120
Japan 日本 7, 60, 135
justice: climate 正义：气候 235—237;
environmental/ social 环境 / 社会 5, 15, 16, 82, 95, 121, 192, 215, 216—217, 223—224, 225, 226, 235

Karachi (Pakistan) 卡拉奇（巴基斯坦）7
Kimbisa, Mayor Adam 市长亚当 142
Kinshasa (DRC) 金沙萨（刚果民主共和国）60, *60*
Kirklees (UK) 柯克利斯（英国）74
knowledge 知识 27, 38, 43, 113;
access to 获取 72, 78, 87, 95, 101, 160—161;
see also data 另见数据
Kyoto Protocol (1997)《京都议定书》(1997) 2, 5—6, 54, 77, 78, 106, 198

Lagos (Nigeria) 拉各斯（尼日利亚）34, 38, **39**, 60, *60*
land erosion/subsidence 土地侵蚀 / 下沉 21, 28—29
land-use planning/zoning 土地使用规划 / 分区 25, 91, 93, 94, 119, 120, 132, 168, 180
Large Cities Climate Leadership Group 大城市气候领导小组 117, 156
Latin America 拉丁美洲 3, 32—34, 63, 80, 127, 132, 179;
CCP programme in 城市气候保护计划 76, 78
LCMP (Low Carbon Manufacturing Programme) 低碳制造计划 212
LOOP (Low-carbon Office Operation Programme) 低碳办公室运作计划 212
LCZs (low carbon zones, London) 低碳区（伦敦）219—222
LDA (London Development Authority) 伦敦发展局 122, 129
leadership 领导 86—87, 102, *133*, 136, *182*, 185
least developed countries 最不发达国家 7, 8—9
Leicester (UK) 莱斯特（英国）74
lighting 照明 66, 72
lighting, street 照明，街道 *58*, **111**, 114, 128—129
livelihoods 生计 27, 24, 28, 36, 37
living laboratories 现场实验室 196—197
Livingstone, Ken 肯·利文斯通 78
Local Agenda 地方议程 21 74
Local Government GHG Emissions Analysis Protocol《国际地方政府温室气体排放分析议定书》47—50, **48**
London (UK) 伦敦（英国）7, 10, *60*, 66, 67, 78, 82, 135;
adaptation in 适应 166, 168, 169, 180;
climate change experiments in 气候变化试验 211;
climate risk assessment for 气候风险评估 153;
Development Authority (LDA) 发展局 (LDA) 122, 129;
electric vehicles in 电动车 128;
heatnetworks in 热网 129;
low-carbon policies in 低碳政策 122, 123;
Thames estuary project 泰晤士河口项

目 168;
Transition Towns in 转型城镇 218—222
Los Angeles (US) 洛杉矶（美国）179
Low Carbon Trust 低碳信托 224
low carbon zones (LCZs, London) 低碳区（伦敦）219—222
low-carbon cities 低碳城市 113—117, 121—122

Madrid (Spain) 马德里（西班牙）153
mal-adaptation 误—适应 *183,* 186—187
malnutrition 营养不良 40, *41*
Manchester (UK) 曼彻斯特（英国）**99**, 153, 211
Mannheim (Germany) 曼海姆（德国）76
manufacturing sector 制造部门 **49**
marginalized people 被边缘化的人 5, 7
Masdar City (UAE) 马斯达尔市（阿联酋）206
mayors 市长 9—10, 78, 83, 102, 111, 117, 129, 136, 142, 156, 194;
see also CoM; US Mayors' Agreement media 另见欧洲市长盟约；美国市长协议 1, 6, 10
Melbourne (Australia) 墨尔本（澳大利亚）15, 83, 84, 85—91, *88—89, 90;*
CCP programme in 城市气候保护计划 85, 86, *88;*
energy efficiency in 能源效率 123, 129;
hybridized climate change strategy in 混合气候变化战略 216—217;
leadership in 领导 86—87;
NAGA and 86, *88, 89;*
partnerships in 伙伴关系 86, *88, 89;*
water recycling in 水循环 173;
zero emissions target in 零排放目标 86, 87, *88, 89*
methane (CH_4) 甲烷 **2**, 108, **111**, **203**
Mexico 墨西哥 6, 82, 170, 186
Mexico City (Mexico) 墨西哥城 **22**, 34, 135—136, 137
Miami (US) 迈阿密（美国）7, 23, 24, *60*
Middlesborough (UK) 米德尔斯堡（英国）211
migration 移民 10, *41,* 52
'milestones' approach "里程碑式"的方法 110, **111**
milk supply chain 牛奶供应链 67—68*, 68*
MillionTrees campaign (New York) "纽约市百万树木"运动 222—223
mitigation 减缓 15, 55, 58, 69, 82, 84, 93, 104, 106—141, 156, 163;
and adaptation, compared 适应，比较 185—186, 187;
and built environment *see* built environment and mitigation; and climate change experiments 建筑环境参见建筑环境和减缓；气候变化试验 190, 192, 198, 226;
definition/diverse approaches to 定义 / 多样化的方法 108—109, 112—113, 118—119;
drivers/ barriers of 驱动 / 障碍 107, 112, 132—138;
finance for 金融 136;
further reading/resources on 延伸阅读 / 资源 141;
and GHG emissions targets 温室气体排放目标 106, 108, 111—112, 113;
goods/services excluded form 商品 / 服务不包括在内 117;
importance of municipalities in 城市政府的重要性 107;
and infrastructure systems 基础设施系

统 107, 126—130, **131**, 179, 198;
institutional factors in 制度因素 132—136, *133,* 140, 192, 233;
low take-up of 低吸收 117;
'milestone'approach to "里程碑式"的方法 110, **111**;
monitoring 监 控 10, 110—112, 113, 117, 143, 232—233;
and municipal powers 市政权力 123, 132—135;
and partnerships 伙伴关系 116—117;
policy, development of 政策，发展 107, 109—118;
political factors in 政治因素 *133—134,* 136—137, 140;
São Paulo case study 圣保罗案例研究 113—117, *115, 116;*
sociotechnical factors in 社会技术因素 *134,* 138, 140, 233;
transnational networks and 跨国网络 110, 234;
and urban development 城市发展 107, 119—122, 198
mixed-use development 混合使用发展 56, 57, 93, 120
mobility 移动性 41, 65, 84, 102, 119, 127, 229
Montreal Protocol《蒙特利尔议定书》**2**
Moreland Solar City project (Melbourne) 莫兰德太阳城项目 216—217
Moscow (Russia) 莫斯科（俄罗斯）60, *60*
Mumbai (India) 孟买（印度）7, 24, 30, 31, 82, 129, 170;
adaptation to flooding in 适应洪水 175—176, 178;
rainwater harvesting in 雨水收集 173, **174**, 175
Munich (Germany) 慕尼黑（德国）74, 123
municipal authorities 城市政府 5, 15, 36, 72;
and carbon finance 碳融资 54—55;
climate change governance by *see* governance, climate- change; and energy sector 气候变化治理通过参见治理，气候变化；能源部门 119;
GHG emissions accounting by 温室气体排放核算 47—54;
in partnerships see partnerships; responses to climate change by 伙伴关系参见伙伴关系；应对气候变化 8, 9
municipal voluntarism 市政自愿 74—77, 104;
and transnational networks 跨国网络 75—77

NAGA (Northern Alliance for Greenhouse Action, Australia) 北方温室气体行动联盟，澳大利亚 86, 88, 89
Nagpur (India) 那格浦尔（印度）**79**
natural gas 天然气 63, 106, 129
natural habitats 自然栖息地 3
NDTV-Toyota Green athon 新德里电视台—丰田绿色亚瑟 1
Netherlands 荷兰 54, 123, **131**, 153, 169
'new catastrophism'"新灾变论"22
New Orleans (US) 新奥尔良（美国）38
New York (US) 纽约（美国）7, **23**, 24, 30, 31, 75, 82, 173;
adaptation in 适应 173, 176—178, **177**, 179, 180;
GHG emissions of 温室气体排放 *60*, 61;
MillionTrees campaign in "纽约市百万树木"运动 222—223;
mitigation policies in 减缓政策 111, 123;
urban heat island initiative (NYCRHII)

城市热岛倡议 25—26, 27;
water wastewater management in 废水管理 176—178, **177**
New Zealand 新西兰 3
Newcastle (Australia) 纽卡斯尔（澳大利亚）50, **50**, 51, 125
Newcastle (UK) 纽卡斯尔（英国）74, 76
NGOs (non-govemmental organizations) 非政府组织 6, **73**, 98, 150, 163, 185, 196, 217
nitrous oxide (N_2O) 氧化亚氮 **2**, 108, **203**
North America 北美 7, 82, 104, 107, 198, 216;
climate change impacts in 气候变化影响 *3*
Northern Alliance for Greenhouse Action see NAGA 北方温室气体行动联盟参见 NAGA
Nottingham (UK) 诺丁汉（英国）218;
Declaration on Climate Change 气候变化宣言 83
NYCRHII (New York City Regional Heat Island Initiative) 纽约地区热岛倡议 25—26, 27

ocean circulation patterns 海洋环流模式 23—24
OECD (Organisation for Economic Co-operation and Development) 经济合作和发展组织 8—9, 46, 127
oil 石油 63, 129;
peak- 峰值 218
'On the Changing Atmosphere' conference (Toronto, 1988) 国际大气变化大会（多伦多，1988）74
Ontario (Canada) 安大略（加拿大）178
'Oxford is My World' campaign (UK)"牛津是我的世界"运动（英国）211, **211**
ozone (O_3) 臭氧 2, 108

Paris (France) 巴黎（法国）128, 166
partnerships 伙伴关系 72, **73**, 82, 86, 88, 89, **99**, 102, 181;
and climate change experiments 气候变化试验 199—200;
community-based adaptation 社区适应 162—163;
and mitigation policies 减缓政策 116—117, 122, **124**, 129, 132, 133;
public-private provision mode 公私供应模式 95—96, 98
payback periods 回收期 100, *133*, 136
PCF (Prototype Carbon Fund) 原型碳基金 54
peak-oil challenge 石油峰值挑战 218
Penn State/NCAR Mesoscale Model Penn State /NCAR 中尺度模型 25
Pennsylvania (US) 宾夕法尼亚（美国）202—206
perfluorocarbons 全氟化碳 **2**, **203**
Philadelphia (US) 费城（美国）15, 123, 154—158, 157, 166, 173
Philippines 菲律宾 160, 163
Poland 波兰 77
policy entrepreneurs 政策企业家 87, 102, **103**, 184
policy innovation 政策创新 15, 192, 201—206, **203—205**, 235
political cycle 政治循环周期 136—137
pollution 污染 3;
see also air quality/pollution population growth 另见空气质量 / 污染人口增长 4, 7, 29, 32, 45, 56
port cities 港口城市 28—29

Portland (US) 波特兰（美国）137
Postcards from the Future (art exhibition) 未来明信片（艺术展）10
poverty 贫穷 8, 19, 32—35, 36—37, 39—40, **39**, 217;
and adaptation 适应 155, 158, 159—163, 167, 231;
and GHG emissions 温室气体排放 66;
see also informal settlements 'Power Smart' campaign (Hong Kong) 另见非正式居住区“智能功率”活动（香港）212, 213
predicting climate change 预测气候变化 22—27, 29, 152—153;
models for *see* climate change models; policies and 模式参见气候变化模式; 政策 27;
and scale/local context 规模 / 当地情况 25, 26—27;
and timing/extent of impacts 影响的时间 / 范围 22—24
private sector 私营部门 8, 52, 54, 82, 192, 199—200,
see also partnerships PROMISE-Bangladesh pilot project 另见伙伴关系承诺—孟加拉试点项目 165—167
Prototype Carbon Fund (PCF) 原型碳基金（PCF) 54
public buildings 公共建筑 114, 122
public space 公共场所 72, 84
public transport *see* transport systems 公共交通参见交通系统
PVA (participatory vulnerability analysis) 参与型脆弱性分析 27

Quito (Ecuador) 基多（厄瓜多尔）**22**, 129, 163

rainfall patterns 降雨模式 20, **22**, 23, 29, *41,* 155
rainwater harvesting 雨水收集 130, 173, **174**, 224
recycling 回收 52, 57, 130;
see also water conservation/recycling 另见水资源保护 / 再利用
REDD (reducing emissions from deforestation and degradation) 减少森林砍伐和退化造成的排放 109
regional governments 地方政府 72, **73**
renewable energy 再生能源 *58,* 63, 78, **79**, 86, 104, **111**, 211, 224;
and 'smart city' projects “智慧城市项目” 129 130, **131**;
solar 太阳能 63, 115—116, *116,* 129—130
resettlement 重新安置 178
resilience 弹性 15, 38, 80, 83;
and adaptation 和适应力 147—148, *149,* 153, 159, **161**, 162, 165, 171, 178, 232;
of buildings 房屋 171;
and climate change experiments 气候变化试验 215, 216, 217—223;
defined 定义 **147**
Resilient Cities conference 弹性城市大会 80
retrofitting 改造 *89,* **111**, 118—119, 123—125, 157;
low-/middle-income economies 低等 / 中等收入经济体 125, **174**, 217
Rio de Janiero (Brazil) 里约热内卢（巴西）125, 129
risks of climate change 气候变化风险 3, 4, 6—8, 18—20, 27, 43, 229, 231;
adaptation and 适应 142, 146, 152, 160, 164—167, 168;
assessing nature/level of *see* predicting

climate change; cities as cause of 评估自然 / 水平参见预测气候变化；城市是原因 7—8;
and tipping point 临界点 23—24
Rockerfeller Foundation 洛克菲勒基金会 80
Rome (Italy) 罗马（意大利）76, 128
Rotterdam (Netherlands) 鹿特丹（荷兰）123, 153
Russia 俄罗斯 7, 60, *60*

St Petersburg (Russia) 圣彼得堡（俄罗斯）7
salinization 盐碱化 *21, 41,* 157
San Francisco (US) 旧金山（美国）128, 130
sanitation systems 卫生系统 32, 63, 127, 138, 146, 158, 160, 161, 171, 173, 176, 178, 231;
see also sewage systems São Paulo (Brazil) 另见污水系统圣保罗（巴西）15, 113—117, *115, 116,* 123, 137
sea-level rise 海平面上升 1, 3, 10, 230;
and adaptation 和适应 153, 169;
vulnerability to 脆弱性 19, 20, 27, 23, **23**, 28—29, *30—31,* 36, *41,* 42
seasonal impacts of climate change 气候变化的季节性影响 *33,* 34
Seattle (US) 西雅图（美国）78, 153—154
self-governance 自治 193—194, 233
self-sufficiency 自给自足 121, 130, 218
service industry 服务业 62, 117, 122
sewage systems 污水系统 34—35, 155, 157—158, 160;
see also sanitation systems 另见卫生系统
Shanghai (China) 上海（中国）7, *30, 31, 60,* 61—62, 82;
Dongtan eco-city 东滩 121
slums *see* informal settlements 贫民窟参见非正式居住区
'smart city' projects "智慧城市项目" 129—130, **131**
smart meters 智能电表 129, 218
social capital 社会资本 40, 42, 146, 150, 151
social innovation 社会创新 198—199, 201
social justice *see* justice, environmental/social 社会正义参见正义，环境 / 社会
social networks 社会网络 40—42, *41,* 222—223, 231
Solar American Cities programme 美国太阳能城市计划 129—130, 209, **210**
solar power 太阳能 **124**, 129—130;
hot-water systems 热水系统 63, 115—116, *116,* 123
solar thermal ordinances 太阳能热力条例 123
South Africa 南非 62, 82;
see also Cape Town; Durban South Asia 另见开普敦；南亚德班 78, **79**, 80
South East Asia 东南亚 78
South Korea 韩国 82
Spain 西班牙 54, 123, 128, 153
Stem Review (2006)《斯特恩报告》(2006) 7, 45
Stockholm (Sweden) 斯德哥尔摩（瑞典）76, 123
storms 风暴 20, *21,* 23, 24, 29, 34, 36, *41,* 42, **161**, 164, 229;
and adaptation 适应 158, **161**, 164, 171;
run-off from 径流 32, 153, 158, 173
strategic urbanism 战略城市主义 74, 77—82, 83—84, 97—98, 104, 226
street lighting 路灯 *58,* **111**, 114, 128—129
Stuttgart (Germany) 斯图加特（德国）

179
subsidies 津贴 93, *94*
sulphur dioxide (SO_2) 二氧化硫（SO_2）**203**
sulphur hexafluoride 六氟化硫 **2**, **203**
supermarkets 超市 72, 230
surface treatments 表面处理 25, 173
sustainable construction 可持续建设 114
sustainable development 可持续发展 9, 57, 74—75, 121, 122, *183,* 236;
experiments in 实验 215, 223—224, 235
sustainable energy *see* renewable energy Sweden 可持续能源参见瑞典可再生资源 76, 122, 123, 130, 135
Sydney (Australia) 悉尼（澳大利亚）130, 169

T-Zed (Towards Zero Carbon Development, India) 向零碳排放发展（印度）206—207
Tanzanian Federation of the Urban Poor 坦桑尼亚城市贫民联合会 162
taxation 税收 93, *94,* 132
technological innovation 技术创新 224, 225, 226, 235
temperature rise 温度上升 2, *3,* 20, 27, **22**, 23
Thames Estuary 2100 (TE2100) project 泰晤士河口项目 2100 167
Thane (India) 塔那（印度）123, 124
tipping point 临界点 23—24
Tokyo (Japan) 东京（日本）7, *60*
Toronto (Canada) 多伦多（加拿大）**23**, 60, *60,* **62**;
adaptation in 适应 165, **166**;
climate-change governance in 气候变化治理 74, 75
Toronto People's Assembly 多伦多人民大会 223
tourism 旅游 20, *41,* 186
traffic congestion 交通拥堵 77, 93, 128
Transition Towns movement 转型城镇运动 12—13, 82, 215, 217—223
transnational municipal networks 跨国市政网络 75—80, 83, 100, 236;
and climate change experiments 气候变化试验 192, 194, 201;
and mitigation 减缓 110, 234;
see also C40 Cities; CCP; Climate Alliance 另见 C40 城市；城市气候保护行动；气候联盟
transparency 透明化 **48**
transport systems 交通系统 9, 32, *33,* **39**, 72, 114—115, 121, 127—128;
BRT (bus rapid transit)BRT 快速公交系统 114, 115, 127;
commuters and 员工通勤 49, **49**, 52, 61, 122;
congestion in 交通拥挤 77, 93, 128;
in developing countries 在发展中国家 127;
and GHG emissions 温室气体排放 46, **49**, 52, 57, 103, 127;
and governance 治理 72;
and mitigation 减缓 114—115, 119, 127—128, 132, 198;
see also car ownership/use; mobility 另见汽车拥有 / 使用；交通
tree planting 植树 25—26, 108—109, 121, **172**, 179, 191, 219;
MillionTrees campaign(New York) "纽约市百万树木"运动 222—223
TTB (Transition Town Brixton) 布里克斯顿转型城镇运动 218, 220—222

UHI (urban heat island) effect 城市热岛

效应 25—26, **26**, 41, 154—155, 165, 173, 179
Umbrella Carbon Facility (UCF) 伞型碳基金 54
UN-Habitat 联合国人居署 53, 59, **73**, 80, 98, **99**, 151, 152, 163, 164, 209
uncertainty 不确定性 24, 142—143, 180
UNFCCC (United Nations Framework Convention on Climate Change, 1992) UNFCCC《联合国气候变化框架公约》(1992) 5, 85, 106, 109, 113
United States (US) 美国 24, 32, 84, 153—154, 173, 202—206;
adaptation in 适应 153—158, 179;
climate change denial in 否定气候变化 78;
climate-change governance in 气候变化治理 78, 103;
Environmental Protection Agency (EPA) 国家环境保护局 75;
and GHG emissions 温室气体排放 *6,* 60, *60,* 61;
and ICLEI 倡导地方可持续发展国际理事会 75, 76;
mitigation policies in 减缓政策 103, 123, 129—130, 135;
solar power in 太阳能 129—130, 209, **210**;
urban sprawl in 城市扩张 103, 120;
'weatherization' projects in "房屋节能改造项目" 123;
see also New York; Philadelphia 另见纽约；费城
urban agriculture 城市农业 *58,* 163, 219
Urban CO_2 Reduction Project 城市二氧化碳减排项目 75
urban development 城市发展 9, 20, 32—34, 65, 71, 72, 76, 102—103, 104;
and adaptation 和适应 160, 167—171, 179, *181—183;*
informal settlements and 非正式居住区 160, 168, 170, *181;*
and mitigation 减缓 119—122, 127, 132, *133—134,* 198, 233;
and poverty 贫穷 160, 167
urban diversity 城市多样性 59—63, 69, 71—72, 82, 150—151, 229—230, 237
urban forestry 城市林业 25—26, *58,* 108—109, 153, 179;
see also tree planting 另见植树
urban form/density 城市形式 / 密度 11, 64—65, 120—121, *127, 134,* 138
urban metabolism 城市代谢 67
urban planning 城市规划 9, 112, 120, 135—136, 148, 186, 199, 207;
see also building codes 另见建筑规范
urban sprawl 城市扩张 103, 119—120, 127, *133*
Urban Transitions and Climate Change project *see* UTACC 城市转型与气候变化项目参见 UTACC
urban vulnerability 城市脆弱性 9, 14, 18—20, 27, 28—44, 84, 229, 236;
and adaptation 和适应 144, 146, 160, 188, 230—232;
Cape Town case study 开普敦案例研究 36—38;
children/elderly people and 儿童 / 老年人 39—42, *41;*
cities as cause of 城市原因 7—8, 29—30;
defined 定义 **19**;
energy 能源 216;
further reading/resources on 延伸阅读 / 资源 43—44;
and geographical location 地理位置 19,

28—29, *30—31;*
and income groups 收入群体 34—35;
and infrastructure systems 基础设施系统 32, 33, 38, **39**;
and poverty 贫穷 32—35, 36—37, 39—40, **39**, 42—43;
predicting 预测 23—24, 29;
and risk 风险 28, 32—34;
as social process 作为社会进程 28, 39, 40—43;
and urban development 城市发展 32—34, 38
urbanization 城市化 *3,* 7, *8,* 9, 18, 29, 32—34, 35, 69, 104
US Mayors' Agreement《美国市长协议》78, 83, 156
USAID (US Agency for International Development) 美国国际开发署 **79**, 165—167
UTACC (Urban Transitions and Climate Change) project 城市转型和气候变化项目 197—200, *199, 200*
utilities 公用事业 9, 22, 29, 68, 72, 171

Victoria (Canada) 维多利亚（加拿大）121
Victorian Greenhouse Strategy (Australia) 维多利亚州温室气体战略（澳大利亚）85—86
Vienna (Austria) 维也纳（奥地利）123

warning systems 警告系统 165, **166**, 170
waste management 废物处理 9, **49**, **50**, 57, 68, 93, 119, 127, 158, 160;
and renewable energy 再生能源 **111**, 114, 129
wastewater treatment 废水处理 32, 34
water conservation/recycling 节水 / 循环利用 *58,* 130, 206, 224
water run-off 地表径流 32, 34
water security 水安全 130, **172**
water services 水服务业 9, 22, *33,* 34, 36, **39**, 49, 68, 94;
and adaptation 适应 158, 170, 175—177, **176**, 179, 197;
energy-intensity of 能源强度 127;
innovations in 创新 206, 207—208, *208;*
and mitigation 减缓 119
water shortages 水资源短缺 *3,* 10, 20—21, *21,* 32, 34, *41,* 56, *58;*
and adaptation 适应 155, 173, **174**;
and conflict 冲突 **22**
wildfires 野火 *3,* 37
wind power 风力 *58,* 63
women 女人 5
World Bank 世界银行 54, 55—56, 59, 60, 61, 80, 236
WWF (World Wide Fund for Nature) 世界自然基金会 67, 212
WWF Earth Hour campaign 世界自然基金会"地球一小时"活动 1

Yogyakarta (Java) 日惹（爪哇）118—119, 128—129

zero emissions target 零排放目标 86, 87, *88, 89*

图书在版编目（CIP）数据

城市与气候变化 /（英）哈莉特·巴尔克利著；陈卫卫译．— 北京：商务印书馆，2020
ISBN 978-7-100-17348-3

Ⅰ.①城… Ⅱ.①哈… ②陈… Ⅲ.①气候变化—关系—城市发展—研究 Ⅳ.①P467 ②F291.1

中国版本图书馆 CIP 数据核字（2019）第 071810 号

城市与气候变化

〔英〕哈莉特·巴尔克利 著
陈卫卫 译

商 务 印 书 馆 出 版
（北京王府井大街 36 号 邮政编码 100710）
商 务 印 书 馆 发 行
北京艺辉伊航图文有限公司印刷
ISBN 978-7-100-17348-3

2020 年 9 月第 1 版　　开本 787×960 1/16
2020 年 9 月北京第 1 次印刷　　印张 $18^3/_4$

定价：80.00 元